服装面料的鉴别与选用

FUZHUANG MIANLIAO DE
JIANBIE YU XUANYONG

邢声远　主编

化学工业出版社
·北京·

内 容 简 介

《服装面料的鉴别与选用》从知识性、实用性和可操作性出发，贯彻理论联系实际、叙述深入浅出的原则，简要地介绍了服装面料的发展与有关知识，重点介绍了各种面料的鉴别与用途以及常见服装面料的选择，并介绍了纺织纤维与服用织物的鉴别方法。

本书可供服装设计师、服装管理人员及纺织服装院校师生参考，也适合于纺织服装企业和商贸职工及广大消费者阅读参考。

图书在版编目（CIP）数据

服装面料的鉴别与选用/邢声远主编．—北京：
化学工业出版社，2023.9
ISBN 978-7-122-43601-6

Ⅰ.①服… Ⅱ.①邢… Ⅲ.①服装面料-研究
Ⅳ.①TS941.41

中国国家版本馆 CIP 数据核字（2023）第 102259 号

责任编辑：彭爱铭　张　彦　　　　　　　　　装帧设计：王晓宇
责任校对：王　静

出版发行：化学工业出版社（北京市东城区青年湖南街 13 号　邮政编码 100011）
印　　刷：三河市航远印刷有限公司
装　　订：三河市宇新装订厂
787mm×1092mm　1/16　印张 14　字数 345 千字　2023 年 10 月北京第 1 版第 1 次印刷

购书咨询：010-64518888　　售后服务：010-64518899
网　　址：http://www.cip.com.cn
凡购买本书，如有缺损质量问题，本社销售中心负责调换。

定　　价：88.00 元

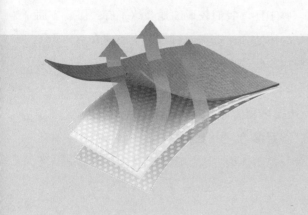

　　服装是指穿于人体起保护和装饰作用的制品，又称衣裳。广义的服装还包括鞋、帽、服饰等，是人们每时每刻都离不开的生活必需品，它不仅起着遮体、护体、御寒、防暑等作用，还有美化人们生活的作用，是反映一个民族和时代的政治、经济、科学、文化、教育水平的重要标志，也是一个国家繁荣昌盛的晴雨表。

　　中国服装服饰是人类特有的劳动成果，它既是物质文明的结晶，又具有精神文明的丰富内涵。回顾历史，我们的祖先在与猿猴相揖别后，身披树叶与兽皮在风雨飘摇中徘徊了难以计数的日日夜夜，在与自然界的搏斗中，终于艰难地迈进了文明时代的门槛，懂得了遮身暖体，并创造出了一个物质文明的世界。

　　中国服装服饰文化如同中国其他文化一样，是各民族相互渗透及相互影响而形成的。自汉唐以来，特别是步入近代后，大量吸纳与融合了世界各民族外来文化的精华与结晶，才逐渐演化成以汉民族为主体的中国服装服饰文化。

　　各种布料及毛皮、皮革是服装构成的原材料和基础。服装设计三要素包括服装色彩、款式造型和材质，其中，服装色彩和材质就是直接由服装面料来体现的，而服装的款式造型除了与设计和制作工艺有关外，也需要依靠服装面料的柔软、硬挺、悬垂及厚薄轻重等特征来保证。服装面料的装饰性、覆盖性、加工性、舒适性、保健性、耐用性、贮存性、安全性及价格等都直接影响到服装的形态加工、性能、保养和成本，是体现服装的流行性、艺术性、技术性、实用性和经济性等的关键要素。服装的制作和消费涉及卫生学、心理学、美学、市场学等多学科知识领域。服装制作过程包括设计、选择材料、加工成型三大步骤。服装设计是通过艺术构思来确定款式造型、配色、选料等，并加以形态化。选择材料是服装制作的重要组成部分，材料一般有棉、毛、丝、麻、化纤等织物，以及毛皮、皮革、人造革、非织造布、塑料等，需具有一定的保温、透气、吸湿等性能，以适应人体舒适性要求。服装加工工艺主要体现在裁剪、缝纫、熨烫等方面。

　　有关服装的基础知识不仅是服装专业人员知识结构中不可缺少的内容，作为一名普通消费者，在日常生活中也需要具备这方面的知识。鉴于此，我们较详细地介绍了有关服装方面的常识，各种面料的鉴别与用途，特别是就常见的服装如何选用面料作了全面的介绍。为了求真，还用了一章的篇幅专门介绍纺织纤维与服用织物的鉴别方法，为专业设计人员提供参考，也为广大消费者提供服装消费的常识。

本书由邢声远主编，参加编写的人员（按姓氏笔画为序）还有马雅芳、邢宇东、邢宇晨、邢宇新、耿小刚、耿铭源、殷娜、蒋志宇、蒋娇丽等。由于本书涉及的内容广泛，加上作者的水平和经验有限，难免有疏漏和不足之处，恳请业内专家、学者和读者批评指正，不胜感激！

邢声远

2023 年 6 月

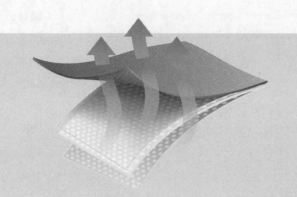

目
录
CONTENTS

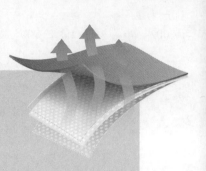

第一章

绪　论

一、中国服装面料发展简史

衣、食、住、行是人们赖以生存的生活四大要素，其中衣占有重要的地位。自古以来，除了裘、革之外，几乎所有的衣料都是纺织品。而纺织品除了用来制作御寒遮体的衣物之外，还用于家庭装饰、工农业生产、医疗、国防等方面。

中国是世界文明古国，也是世界上最早生产纺织品的国家之一。纺织业在中国古代文化发展中做出了重要贡献。早在原始社会，人们已经开始采集野生的葛、麻、蚕丝等，并且利用猎获的鸟兽毛羽，搓、绩、编、织成粗陋的衣服，用以取代遮体的草叶和兽皮。

在原始社会后期，随着农、牧业的发展，人们逐步掌握了种麻索缕、养羊取毛和育蚕抽丝等人工生产纺织原料的方法，并且利用了较多的简单纺织工具，使劳动生产率有了较大的提高。那时的纺织品已出现花纹，并施以色彩。

夏代后期直到春秋战国时期，中国的纺织生产无论在数量上还是质量上都有了很大的发展。纺织工具经过长期改进演变成原始的缫车、纺车、织机等手工纺织机器。有一部分纺织生产者逐渐专业化，手艺日益精湛，缫、纺、织、染工艺逐步配套，而且产品也逐步从粗陋改为细致。商、周两代，丝织技术发展迅速。西周初期，已能生产精细彩色的毛织品。到了春秋战国时期，丝织品已经十分精美，多样化的织纹加上丰富的色彩，使丝织品成为高贵的衣料，其品种已有绡（采用桑蚕丝为原料，以平纹或变化平纹织成的轻薄透明的丝织物）、纱（全部或部分采用由经纱扭绞形成均匀分布孔眼的纱组织的丝织物）、纺（质地轻薄坚韧、表面光洁的平纹丝织物，又称纺绸）、縠（古称，指质地轻薄纤细透亮、表面起皱纹的平纹丝织物）、缟（古称本色精细生坯织物为缟）、纨（古称精细有光、单色丝织物为纨）、罗（全部或部分采用条形绞丝罗组织的丝织物）、绮（古称平纹地、起斜纹花单色丝织物为绮）、锦（中国传统高级多彩提花丝织物，古代有"织采为文，其价如金"之说）等，有的还加上刺绣。在这些纺织品中，锦和绣已经达到非常精美的程度，从此，"锦绣"便成为美好事物的代名词。

在春秋战国时期，缫车、纺车、脚踏斜织机等手工机器以及腰机挑花、多综提花等织花均已出现。丝、麻的脱胶与精练以及矿物、植物染料染色也已出现，并产生了涂染、揉染、浸染和媒染等不同的染色方法，色谱齐全，还用五色雉的羽毛作为染色的色泽标准。布（用手工把半脱胶的苎麻撕劈成细丝状，再头尾捻绩成纱，然后织成狭幅的苎麻布）、葛（质地比较厚实并有明显横菱纹的丝织物，采用平纹、经重平或急斜纹组织织造，经丝细而纬丝粗，经丝密度高而纬丝密度低）、帛（在战国以前称丝织物为帛，秦汉以后，又称缯），从周代起已规定标准幅宽 2.2 尺（合今 0.5m），匹长 4 丈（合今 9m）。这是世界上最早的纺织标准。

秦汉时期，中国的丝、麻、毛纺织技术都达到了很高的水平。缫车、纺车、络纱、整经工具以及脚踏斜织机等手工纺织机器已被广泛采用。多综多蹑（踏板）织机已相当完善，束综提花机已诞生并能织出大型花纹织物，且已出现多色套版印花。从隋唐到宋代，织物组织由变化斜纹演变出缎纹，使"三原组织（平纹、斜纹、缎纹）"趋向完整。束综提花方法和多综多蹑机相结合，逐步推广，纬线显花的织物大量涌现。

在南宋后期，棉花的种植技术有了突破，棉花逐渐普及，促进了棉纺织生产的飞速发展。到了明代，棉纺织超过麻纺织而居于主导地位。当时，还出现了适用于工场手工业的麻纺大纺车和水转大纺车。工艺美术织物，如南宋的缂丝，元代的织金锦，明代的绒织物等，精品层出不穷。其中，缂丝是以生丝作经线，用各色熟丝作纬线，用通经回纬方法织造的中国传统工艺美术品。缂是指缂丝采用平纹组织，先把图稿描绘在经线上，再用多把小梭子按图案色彩分别挖织。这种特殊的织法使得产品的花纹与素地、色与色之间呈现一些断痕和小孔，有"承空观之，如雕镂之象"的效果。织金锦是织有彩色花纹的缎子，即一种织有图画且像刺绣的丝织品，有彩色的，也有单色的。丝织物是采用桑蚕丝织造的起绒丝织物，丝绒表面有耸立或平排的紧密绒毛或绒圈，色泽鲜艳光亮，外观类似天鹅绒毛，因此也称天鹅绒，是一种高级丝织品。

由于受到欧洲工业革命的影响，中国的手工纺织业逐渐被机器纺织工业所代替。近代中国的机器纺织工业始于1873年广东侨商陈启源在广东南海创办的继昌隆缫丝厂。1876年，清朝陕甘总督左宗棠在兰州创办了甘肃织呢总局。1890年，洋务派重要代表人物李鸿章在上海开办机器织布局，这是中国第一家棉纺织工厂，全厂分为纺纱和织布两部分，有纺纱机3.5万锭，织布机530台。1893年9月，因清花车间起火，全厂被焚。李鸿章指派盛宣怀等人筹资于1894年重建，改称华盛纺织总厂，有纺纱机6.5万锭，织布机750台。在此期间，全国相继办起的棉纺织厂有湖广总督张之洞在武汉创办的湖北织布官局，以及上海候补道唐松岩等创办的上海华新、裕源、裕晋、大纯等纺织厂。到1895年年底，全国共有纺纱机17.5万锭，织布机1800台。由于帝国主义的掠夺，中华人民共和国成立前夕，中国的纺织工业发展十分缓慢。

1949年中华人民共和国成立后，在中国共产党的领导下，人民政府改造了官僚资本纺织企业，使其成为全民所有制企业。随之，对具有半殖民地半封建经济特点的旧中国纺织工业进行了广泛而深刻的民主改革和生产改革；接着，又稳步地对民族资本纺织企业和手工纺织业进行了社会主义改造。在此基础上，迅速地展开了大规模的生产建设，有力地促进了纺织工业的发展。各类纺织品在产量大幅度增长的同时，产品质量不断提高，中高档产品的比例逐步增大，品种化色日益丰富多样，不仅满足了国内人民衣着的需要，而且还可大量出口，发展对外贸易。

目前，随着科学技术的飞速发展，现代纺织品种类繁多，用途十分广泛。现在，纺织品不但可以外护人们的肢体，而且还可以内补脏腑（人工血管、人工肾脏），既能上飞重霄（宇航服），又能下铺地面（路基布）；有的薄如蝉翼（乔其纱），有的轻如鸿毛（丙纶织物）；坚者超过铁石（碳纤维制品），柔者胜似橡胶（氨纶制品）；可以面壁饰墙（挂毯），不怕赴汤蹈火（石棉布、消防布）；可还翁妪以童颜（演员化妆面纱），可为战士添羽翼（降落伞），可护火箭之头（芳纶织物），可作防弹之衣；足以滤毒（功能纤维织物）；不惧电击（带电作业服用的均压绸）；美有锦、绣，奇有缂丝。由此可见，纺织品在现代人们生活中的重要作用，实难一言以蔽之。

二、服装面料是如何命名的?

纯纺产品的命名比较简单,主要是根据所用纤维原料的名称命名,如纯棉织物、纯麻织物、纯毛织物、纯羊绒织物、纯牦牛绒织物、纯丝织物、纯黏胶纤维织物、纯涤纶织物、纯腈纶织物、纯维纶织物等。

混纺产品的命名比较复杂,必须按照我国纺织行业标准《纺织品　纤维含量的标识》(GB/T 29862—2013)的规范进行命名。混纺产品是指包括两种或两种以上纤维组分的混纺产品或交织产品,应列出每一种纤维的名称,并在名称的前面或后面列出对应的纤维含量。可按纤维含量递减的顺序列出,也可按先天然纤维后化学纤维的顺序列出。不同天然纤维的混纺或交织产品,按绒(山羊绒、牦牛绒、骆驼绒、羊驼绒)、毛(羊毛、马海毛、兔毛)、丝(桑蚕丝、柞蚕丝等)、竹原纤维、麻(亚麻、苎麻、黄麻、大麻、罗布麻等)、棉等顺序排列。不同化学纤维的混纺或交织产品,一般按涤纶、锦纶、腈纶、维纶、黏胶纤维、氨纶、丙纶、铜氨纤维、醋酯纤维等顺序排列。

此外,也有其他命名方法,例如,以创织人的名字命名,如麦尔登(Melton)等;以重大历史事件命名,如亚马逊呢(Amazon)等;以商品名称命名,如维也纳(Vienna)等;以外文音译、意译命名,如派力司(Palace)、凡立丁(Tropical Suitings;Valitin)等;以地名命名,如克莱文特呢(Cravenette Worsted Cloth)、海力斯粗花呢(Harris Tweed)等;以织物的用途命名,如海军呢(Navy Cloth)等;以织物特征命名,如泡泡呢(Blister Cloth)等;以原料产地命名,如塘斯呢(Downs)等;以原料名称命名,如啥味呢(Worsted Flannel)等;以加工方法命名,如扎染花布(tie-dyed fabric)、扎染棉布(tie-dyed cotton cloth)、蜡染花布(batik)、蜡染服装(batik garment)等。

有关二组分纤维混纺或交织产品纤维含量允许偏差的规定如下。

① 羊绒含量为15%以上的产品,羊绒纤维含量百分比允许偏差为−3%,其中粗梳毛织物为−4%;羊绒含量为15%及以下的产品,羊绒纤维含量百分比允许偏差为−2%,但羊绒含量最低不得低于5%。

② 毛混纺或交织产品,毛纤维含量百分比允许偏差为−3%,其中粗梳毛织物为−4%。

③ 含麻的织物,麻纤维含量百分比允许偏差为−4%。

④ 棉与化学纤维的混纺产品,棉纤维含量百分比允许偏差为±1.5%;针织混纺产品棉纤维含量百分比允许偏差为−3%;棉与化学纤维的交织产品,棉纤维含量百分比允许偏差为−5%。

⑤ 丝与其他纤维的混纺或交织产品,丝纤维含量百分比允许偏差为−5%。

⑥ 二组分化学纤维产品,性能较好的纤维含量百分比允许偏差为−5%。

对于三组分及三组分以上纤维混纺或交织产品,性能较好的纤维含量减少以及性能较差的纤维含量增加,其含量百分比允许偏差按二组分纤维混纺或交织产品的规定的绝对值执行。

其他纤维的混纺或交织产品,可参照相似种类产品的规定。

三、如何界定纯纺与混纺面料?

纯纺织物是指机织物的经纬纱线或针织物的纱线都采用同一种纤维原料构成的织物,如棉织物、麻织物、毛织物、丝织物、化学纤维织物等。天然纤维的纯纺织物,各有自己的生产特点和风格特征。例如,棉织物具有品种繁多、染色性和吸色性良好、穿着舒适、洗涤方便、价格低廉等特点,为量大面广的服装面料。苎麻、亚麻、大麻纤维吸湿、散湿速度快,断裂强度高，断裂伸长率小，纤维细长，可加工成精细的织物，穿着时挺爽凉快，黄麻织物一般用作包装材料。竹原纤维可加工成各种机织面料和针织内衣、T恤衫和袜子等，吸湿、散湿速度快，断裂强度高，断裂伸长率小，具有较优的抑菌和保健性能。毛织物外观光泽自然，色调匀润，手感丰满，制作的衣服挺括，并且具有良好的弹性、保暖性、吸湿性和拒水性，不易褶皱，耐磨和耐脏。丝织物富有光泽，具有独特的丝鸣感，手感滑爽，穿着舒适，高雅华丽，可薄如纱，华如锦，产品有纱、罗、绫、绢、纺、绡、绉、锦、缎、绨、葛、呢、绒、绸十四大类，是高档服装面料和装饰用品。化学纤维纯纺织物各有特点，一般都具有强度高、电绝缘性好、弹性恢复好、不易被虫蛀等性能，有些高性能化学纤维织物还具有耐高温性或特别高的弹性模量和强度等。

在界定纯纺产品时，根据纤维种类和产品的品种进行，纤维含量允许偏差做了如下规定：①棉纤维含量为100％的产品，标记为100％棉或纯棉。②麻纤维含量为100％的产品，标记为100％麻或纯麻（应标明麻纤维的种类）。③竹原纤维含量为100％的产品，标记为100％竹原纤维或纯竹原纤维。④蚕丝纤维含量为100％的产品，标记为100％蚕丝或纯蚕丝（应标明蚕丝种类）。⑤羊毛纤维含量为100％的产品，标记为100％羊毛。在精梳产品中，羊毛纤维含量为95％及以上，其余加固纤维为锦纶、涤纶时，可标记为纯毛（其中绒线、20.8特克斯以上的针织绒线和毛针织品不允许含有非毛纤维）；有可见的起装饰作用纤维的产品，羊毛纤维含量为93％及以上时，可标为纯毛。在粗纺产品中，锦纶、涤纶加固纤维和可见的起装饰作用的非毛纤维的总含量不超过7％，羊毛纤维含量为93％及以上时，可标为纯毛（其中毛毯除经纱外，驼绒除地纱外不允许含有非毛纤维），羊绒纤维含量为100％的产品，标记为100％羊绒；由于山羊绒纤维中的形态变异及非人为混入羊毛的因素，羊绒纤维含量达95％及以上的产品，可标记为100％羊绒。但笔者认为，如此时标记为100％羊绒容易引起客商的误解，造成不必要的麻烦，还是标记为"纯羊绒"较好。化学纤维含量为100％的产品，标记为100％化纤或纯化纤（应注明化学纤维名称）。

混纺织物（机织物或针织物）是指用混纺纱线织成的织物。例如，涤/棉织物经纬纱线由涤、棉混纺纱线织制，涤/毛/黏纤织物经纬纱线由涤纶、毛、黏纤混纺纱线织制等。混纺织物按所用纤维的成分有两成分混纺织物、多成分混纺织物，后者在毛纺织物中用得较多。

四、如何识别织物的正反面？

织物是由经纱（丝）和纬纱（丝）交织而形成的，由于经纬纱（丝）的线密度、经纬密度和织物组织的不同，常导致织物的正反面光泽、纹路、风格等不同，因此，在裁剪服装前必须准确地识别织物的正反面。面料正反面的确定一般是依据其不同的外观效应加以判断的，但是在实际使用中，有些面料的正反面是很难确定的，稍不注意就会造成裁剪和缝制的错误，影响服装成品的外观。常用的识别织物正反面的方法有以下几种。

（1）按织物的组织结构来识别　一般织物，花纹和色泽较清晰悦目，线条明显，层次分明，颜色较深，且羽毛较少而短的一面为织物的正面；素色平纹织物正反面无明显区别，一般正面比较平整光洁，色泽匀净鲜艳；斜纹类织物，单面斜纹织物的正面纹路明显、清晰，反面纹路则模糊不清；双面斜纹织物的正反面纹路都比较明显、饱满、清晰。线斜纹织物的斜纹由左下斜向右上者为正面，斜纹的倾斜角为45°～65°；纱斜纹织物的斜纹由右下斜向左上者为正面，纹路的倾斜角为65°～73°。缎纹织物平整、光滑、明亮、浮线长而多的一面为正面，反面组织不清晰、光泽较暗，不如正面光滑。经面缎纹的正面布满经浮长线，纬面缎纹的正面布满纬浮长线（绉缎除外）。经密度大时，经组织点多的一面为正面；纬密度大时，纬组织点多的一面为正面。

（2）按织物的外观效应来识别　双面起毛织物，绒毛丰满、整齐、匀净的一面为正面；单面起毛织物，一般绒面为正面；印花起绒织物，应根据印花图案清晰度和方向性及绒面效果决定正反面，花型清晰、色泽较鲜艳的一面为正面；毛圈织物，一般毛圈紧密、丰满面为正面；轧花、轧纹、轧光织物，光泽好、花纹清晰面为正面；烂花、植绒织物，花型饱满、轮廓清晰面为正面。

（3）按花纹图案与光泽来识别　提花、凸条、凸格、凹凸花纹的正面，织物紧密细腻，突出饱满，一般浮线较少；反面略粗，花纹不清晰，有较长的浮线。各类织物一般正面光泽较好，颜色匀净，反面质地不如正面光洁，疵点、杂质、纱结等多留在反面。印花织物的正面花纹图案清晰明显，立体感强；反面则模糊不清，缺乏层次感和光泽（个别织物反面花纹较正面别致）。

（4）按织物的毛绒结构来识别　绒类织物分单面起绒织物和双面起绒织物。单面起绒织物如灯芯绒、平绒等正面有绒毛，反面无绒毛；双面起绒织物如双面绒布、粗纺毛织物等正面绒毛较紧密、整齐、光洁，反面光泽较差。

（5）按布边特征来识别　一般织物的布边，正面较平整、光洁；反面较粗些，有纬纱纱头的毛边，且边缘稍向里卷曲。有些织物布边织有或印有文字、号码，字迹清晰、突出、正写的一面为正面。若布边有针眼，则针眼凸出的一面为正面。

（6）按织物上的商标和印章来识别　整匹织物在出厂前检验中，一般粘贴产品商标纸或说明书于反面；每匹、每段织物的两端盖有出厂日期和检验印章的是反面。外销产品则相反，商标和印章均贴在正面。

（7）按包装形式来识别　各种整理好的织物在成匹包装时，每匹布头朝外的一面为反面，双幅呢绒织物大多对折包装，里层为正面，外层为反面。

（8）其他识别方法　纱罗织物，纹路较清晰，绞经较突出的一面为正面；毛巾织物，毛圈密度较大的一面为正面；双层、多层及多重织物，如正反面的经纬密度不同，则一般结构较紧密或纱线品质较好的一面为正面；色织物，花型清晰、色泽较鲜艳、组织浮线短的一面为正面。

五、如何识别织物的经纬向？

在面料的加工和裁制过程中，正确区分织物的经纬向十分重要。识别方法简要介绍如下。

（1）按布幅的边缘情况来识别　整幅布十分容易识别其经纬向，与布边平行的方向为经向，这一方向的纱线为经纱，俗称直丝，成衣时与人体长度方向一致；与布边垂直的方向为纬向，纬纱也就是横丝，成衣时与人体宽度方向一致。

（2）按面料的经纬密度来识别　多数面料经密大于纬密（横贡缎类织物除外）。

（3）按纱线上浆情况来识别　上浆的一方为经向，不上浆的一方为纬向。

（4）按面料的伸缩性来识别　一般面料经向伸缩性较小，手拉时紧而不易变形；纬向伸缩性稍大，手拉时略松而有变形；斜向伸缩性最大，极易变形。

（5）按纱线的粗细来识别　若面料经纬纱粗细不同，则一般细者为经纱（经向），粗者为纬纱（纬向）；若一个系统有粗细两种纱相间排列，另一个系统是同粗细的纱线，则前者为经向，后者为纬向；若一个系统为股线，另一个系统为单纱，则股线一方为经向，另一方为纬向。

（6）按经纬纱的捻度来识别　有些传统产品两个系统捻度不同，一般捻度多的一方为经向，捻度少的一方为纬向（少数面料例外，如碧绉、双绉等）。

（7）按经纬纱的捻向来识别　一般Z捻为经向，S捻为纬向。

（8）按面料外观来识别　条纹外观面料，顺条为经向；长方形格子外观面料，一般沿长边方向为经向（正方形格子可用其他方法识别）。

（9）按面料中纱线的平行度来识别　一般经向平行度好于纬向。

（10）按纱线条干均匀度来识别　若两个系统纱的条干均匀度不同，则纱线条干均匀，光泽好的一般为经向。若面料中有竹节纱，竹节一方为纬向。

（11）按面料类型来识别　毛圈面料，有毛圈的一方为经向；纱罗面料，有扭绞的是经向；绒条面料一般沿绒条方向为经向（纬向起毛）；花式线织物，一般花式线多用于纬向。

（12）纬编针织物面料　针织物的线圈依次沿纵向穿套，横向连接，线圈纵行方向为纵向（即梭织物的经向）。纬编针织物面料横向延伸性优于纵向。

（13）经编针织物面料和横机织制的片状面料　沿布边方向为纵向。

六、如何识别织物的倒顺方向？

起绒织物由于其组织结构、工艺等原因，绒毛不能完全地与组织垂直，会略倒向一边，因而倒毛顺毛方向不同，表现出织物表面的光泽不同。在服装制作过程中，如果不注意倒毛顺毛的配置就会造成服装表面的色差明显，外观质感不一致，最终影响到服装的协调统一性和质量。带有方向性图案的面料也存在类似的问题。服装在制作过程中，一般应保持整件服装的裁片上毛绒、格子、图案等一致，以免产生色差、反光不均匀、格子对不齐等现象。所以对织物倒顺方向的识别很重要，具体方法如下。

（1）起绒面料　平绒、灯芯绒、金丝绒、乔其绒、长毛绒和顺毛呢绒倒顺方向明显。通常用手抚摸织物表面，毛头倒伏、顺滑且阻力小的方向为顺毛，顺毛光泽亮，颜色浅淡；用手抚摸织物表面，毛头撑起、顶逆而阻力大的方向为倒毛，倒毛光泽暗，颜色深。立绒类织物，绒毛直立无倒顺。

（2）带方向性图案的织物　有些印花图案和格子织物是不对称的，具有方向性，按其头尾、上下来分倒顺。有些闪光织物，在各个方向闪光效果不同，要注意倒顺方向光泽的差别，使衣片连接处光泽一致。

在通常情况下，灯芯绒、平绒采用倒毛制作，而顺毛类呢绒则采用顺毛制作。凡有倒毛顺毛的织物都应采用单片裁剪，主副件及各衣片要倒顺一致，当然也可以进行巧妙的搭配，使服装整体光泽一致或明暗错落有序。

七、何谓纯纺织物、混纺织物、交织物和交并织物？各有何特点？

在机织物中，按照织物经纬纱线使用纤维原料的不同，可分为纯纺织物、混纺织物、交织物和交并织物，现将它们之间的主要区别和特点分述如下。

（1）纯纺织物　织物的经纬纱线是由单一的纯纺纱线构成的，如棉织物、麻织物、丝织物、毛织物及纯化纤织物（如黏胶人造丝绸、人造棉、涤纶绸、锦纶绸、维尼纶布等）。其特点是主要体现了所用纤维的基本性能。

（2）混纺织物　织物的经纬纱线由两种或两种以上纤维混纺而成，如麻/棉、毛/棉、毛/麻/绢等天然纤维混纺的各种织物，以及涤/棉、涤/毛、黏/毛、毛/腈、涤/麻、涤/黏等天然纤维与化学纤维混纺的各种织物。其特点是所组成原料中各种纤维优势互补，用以提高织物的服用性能。

（3）交织物 织物的经纱和纬纱原料不同，或者经纬纱中一组为长丝纱，一组为短纤维纱交织而成的织物，如丝毛交织物（经纱为真丝，纬纱为毛纱）、丝棉交织物（如线绨，经纱为人造丝，纬纱为棉纱）。其特点是由不同种类的纱线决定的，一般具有经纬向各异的性能。

（4）交并织物 织物的经纱和纬纱采用同一种交并纱（以不同纤维的单纱或长丝经捻合或并合）织成，如棉毛交并、棉麻交并。其特点是兼具两种原料的外观风格和服用性能。

八、织物的风格与影响因素

织物风格是人们凭借感觉评价的特性，是织物本身材料、结构及其所固有的物理机械特性作用于人的感官所产生的综合效应。这就使得织物风格成为织物本身的客观特性与人的主观感受交互作用的产物，成为一个包含物理、生理和心理因素的极为复杂、抽象并难以明确表达的概念。

广义的织物风格包括视感风格和触感风格。狭义的织物风格仅指触感风格即手感。视感风格是织物材料、织纹、花型、颜色、光泽和其他表面特性刺激人的视觉器官而在人脑中产生的生理、心理的综合反应。触觉风格则是人脑对于人手触摸、抓握时织物某些物理机械性能的变化，所做出的生理和心理的反应。

织物风格的内涵极为丰富，其中有手感的柔软、挺括、滑糯、粗糙、丰满、蓬松、板结等。不同品种的织物要求具有不同的风格，如毛织物要求手感柔软、挺括、富有弹性、身骨良好、丰满滑糯、不板不烂、呢面匀净、花型大方、表面富立体感、颜色鲜明悦目、光泽自然柔和而有膘光，织物的边道要求平直、不易变形、边字清晰美观等。丝织物要求轻盈柔软、色彩鲜艳、光洁美观、手感滑爽等。又如漂白麻织物要求具有天然丝状光泽、手感平滑挺爽、条干均匀、布面匀净等。织物的用途不同，对其风格的要求也是不同的，例如，外衣类织物要求有毛型感，内衣类织物则要求有柔软、吸湿的棉型感。又如，夏季服装用织物要求有轻薄滑爽的丝绸感或挺括凉爽的仿麻感，冬季服装用织物则要求有丰满厚实的蓬松感等。

织物风格的分类方法多种多样，但缺乏系统性，这是因为风格具有多方面的综合特性，从什么观点出发能抓住风格的关键，还需要作进一步的分析研讨。

目前，比较实用的分类方法是以不同纤维材料为基准，即从原材料、加工设备和工艺等风格形成要素来看，织物风格可以分为棉型风格、毛型风格、丝型风格和麻型风格四大类。以此为基础，再从具体的原料品质、纱线品种、织物组织、密度、纱线线密度和染整加工的差异来看，织物的每大类风格又可再细划分为具有代表性的小类品种风格。根据织物的用途，织物的风格还可划分为内衣用织物风格和外衣用织物风格，冬装衣料风格、夏装衣料风格和春秋装衣料风格，或者厚型织物风格、中厚型织物风格和薄型织物风格等。风格的种类不同，其基本要求也不相同。

（1）棉型织物风格 棉型织物风格一般要求纱支条干均匀，棉结杂质小而少，布面匀净，色泽莹润。其中薄型棉织物布身应细洁柔软，质地轻薄，手感滑爽，色泽浅淡。中厚型棉织物质地要坚实，布身厚实而不硬，手感柔韧而丰满，弹性较好。其中各品种又有不同的风格要求。例如府绸风格要求布面均匀洁净，粒纹清晰，色泽莹润，光滑似绸，布身薄爽柔软。平纹棉织物风格要求平整光洁，均匀丰满，手感柔实，布边平直。斜纹卡其织物风格要求光洁匀整，条干均匀，纹路清晰，紧密厚实，富有光泽，弹性较强。麻纱织物风格要求纹路清晰，轻薄挺括，凉爽透气，匀整光洁，手感如麻。贡缎织物风格要求表面光洁，条干均匀，光泽柔和，丰满柔滑，具有弹性。灯芯绒风格要求绒面整齐，绒毛圆润丰满如灯芯草，绒条清晰，柔软厚实，光泽较好。涤/棉织物风格要求纱支细洁，布面平挺，质地轻薄，手感滑爽。目前，棉型织物在保持自己风格的基础上，正向多元化风格方向发展，如利用粗节纱仿麻风格，一些高档品种还要求丝型或毛型风格化。此外，还有机织仿针织风格，针织仿机织风格，色织仿印花风格，印花仿机织风格等。

　　(2) 毛型织物风格　毛型织物风格包括呢面、光泽、手感和品种特征四个方面。光面毛织物的呢面要求织纹清晰细致，平整光洁，经纬平直，条干均匀，花型颜色雅致大方，色彩鲜明，配色调和悦目，素色地匀净滋润，混色地均匀、色相分明。绒面毛织物的呢面要求绒毛均匀细密，紧贴呢面，织纹隐约不露，不起毛，不起球。毛织物的光泽要求色光明亮，自然柔和，鲜艳滋润，膘光足，不暗呆，不沾色，不陈旧，显现羊毛自然光泽。毛织物的手感要求柔润丰满，身骨结实，弹性丰富，滑糯活络，捏放自如，握在手中具有满手的羊毛感，无粗糙、呆板感，不黏滞涩手，更不能松烂。夏令衣料以薄、滑、挺、爽为主，冬令衣料则以温暖、丰厚、滑糯为主。毛织物的各品种花型、织纹、颜色要配合衬托不同品种所必须具备的特征或者标准风格。一般来说，毛型织物的呢面、光泽和品种的风格特征是直接的，可以通过观察对比判断其优劣，但其手感则非常微妙、复杂，这不仅因为它是原料性能、毛纱结构、织物组织、经纬密度以及染整工艺等多种因素综合而表现出来的整体效果，而且还因为它涉及人的偏爱。

　　(3) 丝型织物风格　丝型织物风格的大类要求是布面平整、细致、光洁、染色色泽匀净、鲜艳，印花花纹图案完整清晰，色光柔和，布边平直，手感柔软滑爽或滑润，弹性足。其中薄型丝织物质地轻薄、飘逸，中厚型丝织物质地厚实、丰满。纺类丝织物风格要求外观平整细密光洁，质地轻薄柔软，平挺滑爽，色光柔和。绉类丝织物风格要求表面皱纹细小均匀，质地轻柔、滑爽，富有弹性，色光柔和、雅致。纱类丝织物风格要求质地轻薄透明，状似蝉翼，透气爽滑，富有弹性，表面呈现细微均匀纱孔。锦类丝织物风格要求花纹精细，色彩瑰丽，或豪华富丽、灿烂夺目或古香古色、庄重优雅，质地紧密厚实，平滑光亮。缎类丝织物风格要求外观光耀夺目，手感平滑柔软，质地较紧密坚韧，色彩鲜艳，花型大方。绸类丝织物风格要求绸面色光柔和、优美，正面花纹明亮，质地较紧密，比纺类丝织物厚重，手感柔软，挺滑。绢类丝织物风格要求表面细密，平整挺括，质地较薄。绡类丝织物风格要求质地细薄、透明。罗类丝织物风格要求表面有横条状或直条状罗纹，孔眼透气，质地紧密坚实，手感滑爽、柔软。绫类丝织物风格要求表面有明显的细斜纹纹路，质地较轻，手感较滑爽、厚实。呢类丝织物风格要求质地丰满厚实，没有一般丝型织物的光泽，毛型感强。绒类丝织物风格要求表面绒毛浓密，或顺向倾斜或直立，光彩和顺，庄重华贵，手感柔软、丰满。葛类丝织物风格要求正面呈现明显的横向凸纹，地纹表面光泽弱，质地坚牢厚实，手感柔和滑爽。绨类丝织物风格要求正面呈现亮点小花，质地较厚实坚韧，布身挺括滑爽。

　　(4) 麻型织物风格　麻型织物风格要求布身光滑、细洁、平整，纱支匀净，手感滑爽、挺括，质地坚牢，富有弹性，印染织物色泽鲜艳，花色新颖，配色调和，织物有浓郁的朴素、粗犷、豪放感。麻型织物的色调宜采用彩度较低的中淡色，主色调宜采用淡米色、糙米色、浅豆沙色、浅棕色、淡蓝、淡粉绿、浅橄灰、浅粉红、浅奶黄或麻原色。若采用五彩缤纷的颜色，就会冲淡麻型风格。

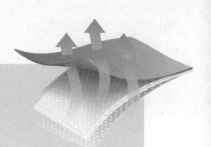

第二章

服装面料鉴别

第一节　服装用棉织物的鉴别与用途

　　棉织物是棉纤维纯纺织物或棉纤维与其他纤维混纺或交织的织物。商业经营管理中，棉布被分为四类：市布、色布、花布、色织布。现介绍如下。

一、市布

　　市布又称中平布，是经、纬纱以中特纱织制的平布，如图 2-1 所示。市布的特点是布身厚薄适中，手感较细软，以棉纱为原料织制，纬纱的特数等于或略大于经纱的特数。其坯布和经印染加工的漂白布、染色布、印花布，可用于做内衣、被单、衬布等。

图 2-1　市布

　　（1）市布（中平布、白市布、普通市布、标准市布、龙头市布、五福市布）　该市布的特点是布面平整丰满，纱支条干均匀，布面常附有棉结杂质，布身有浆料，手感较硬挺，色泽多呈淡米黄色。天然淡米黄色及其所附杂质等在多次洗涤后，易逐渐消除，故有越洗越白的优点，质地较坚牢，耐穿用。其宜做衬衫、衬里、短裤、兜布、被里、袄里、被单等，也可作工业用布，但大部分供印染厂加工成中档漂白布、色布和印花布等。

　　（2）黏纤市布（人造棉布）　黏纤市布的特点是白度好，光泽足，布身柔软，布面洁净，外观胜过原色棉布。其主要用于加工印染各种黏纤色布和花布，部分市销可做衬衣裤、衬里布等。

　　（3）富纤市布（虎木棉布、强力人造棉布）　富纤市布的特点是布面光滑柔软，吸湿性和透气性好，质地比黏纤市布结实耐用。其主要供加工印染富纤色布和花布用，部分市销本白布可做衬衣裤、衬里布等。

　　（4）棉黏市布　棉黏市布的特点是质地比黏纤市布坚牢结实，布身比棉市布光洁柔软。其主要供加工印染棉黏色布和花布用，部分市销本白布可做衬衣裤、衬里布、被里等。

　　（5）涤棉市布　涤棉市布的特点是布身平挺、不皱不缩，强力高，耐穿用，色泽较白，含棉结杂质少，手感较柔软，价格比纯棉市布高。其主要用于服装衬布、袋布、衬裤、被里等。

(6) 棉维市布　棉维市布的特点是布面平整，强力较高，较结实，耐穿用，棉结杂质少，白度好，重量较市布轻些。其主要用于内衣、衬布、被里以及供加工染色布和印花布，也可作工业用布。

(7) 细布（细平布、白细布）　细布的特点是布面平整，纱支条干均匀，质地细洁紧密，较轻薄，手感较光滑、柔软，布面棉结杂质少。其主要用于做衬衫、内衣裤、家用白布和被里等，大部分印染加工成漂白细布、色细布、印花细布以及工业用布等。

(8) 黏纤细布　黏纤细布的特点与黏纤市布相仿，质地比较细洁柔软，类似丝绸。其主要供加工印染色布和印花布用，部分市销可做衬衣裤、衬里布用。

(9) 富纤细布　富纤细布的特点与富纤市布相仿，布身轻薄细密，手感光滑柔软，白度较好。其供加工印染富纤色布和花布。部分市销用于做衬衣裤、里布等。

(10) 巴里纱　巴里纱的特点是质地稀薄，手感挺爽，布孔清晰，透明度强，透气性好。涤棉巴里纱还有良好的弹性，且免烫。其宜做夏令女装、衬衫、衬裙、睡衣、浴衣、艺装、时装、头巾及抽纱等。

(11) 棉黏细布　棉黏细布的特点与棉黏市布相仿。质量接近棉细布，外观比棉白细布光滑细洁。其主要供染成棉黏色布和花布，部分市销做衬衣用。

(12) 棉维细布　棉维细布的特点与棉维市布相仿。布身比较细洁，外观与棉细布相仿，但比棉细布耐洗耐穿。其主要供加工印染棉维色布和花布，部分市销用于做内衣裤、衬里布、被里等。

(13) 涤棉细布　涤棉细布的特点是布面平挺，细支细洁，成品质地轻薄，手感滑爽，抗皱性能好，较坚牢，耐穿用，缩水率小，成衣的尺寸稳定性好。其主要用于做衬衣裤、服装的衬布和袋布、被里、袄里，大部分供印染厂加工成漂白布、色布和印花布等。

(14) 棉丙细布　棉丙细布的特点是织物强度高，耐磨性好，结实耐穿，易洗快干，外观近似涤棉细布，但耐光性差，耐热性也较差，不能染成深色，目前多数染成中色或浅色。其宜做衬里布、服装衬衣与袋布等。

(15) 粗布（白粗布、粗平布）　粗布的特点是布身厚实粗糙，布面棉结杂质较多，价格低廉，耐穿用，手感糙硬。其主要做衬衫、短裤、袋布、衬布、袄里、被里以及工业和印染加工用布等。

二、色布（染色布）

色布又称染色布。坯布经过预处理（如烧毛、脱浆等）后浸入染液中，染料与织物中纤维发生化学或物理化学结合，或在纤维上生成不溶性有色物质，染成各种所需的颜色，然后经过汽蒸等后处理，使染料扩散进纤维或发生反应并固化，形成染色布。

（一）元布

元布又称黑布、青布，如图 2-2 所示。元布是色布中的大类品种之一，它的色泽乌黑，使用方便，有耐污易洗的特点。元布所使用的原料为棉

图 2-2　元布

纱、黏纤以及涤棉、涤富、棉维等混纺纱。染色使用硫化元和精元染料，织物组织为平纹组织，使用的坯布有粗元布、元布和细元布。精元布的色泽乌黑光亮，能耐洗耐晒，硫化元布的色泽虽乌黑，但不及精元布光亮、深艳。元布为农村和山区的主要衣着布料，可作单、夹、棉衣料用。

（1）硫化元布（硫化黑布、硫化青布）　硫化元布的特点是色泽坚牢，呈乌黑色，耐洗耐晒，但不耐摩擦，洗刷容易发花泛白，染色简单，厚薄适中，耐穿用。硫化元粗布宜做低档夹衣、棉衣；硫化元布宜做山区、农村秋冬季男女服装；硫化元细布宜做春、夏、秋季黑色男女服装、学生装、童装等。

（2）黏纤元布　黏纤元布的特点是布身柔软滑爽，色泽乌黑光亮，有黑色丝绸的风格，穿着舒适耐脏。其宜作夏季衣料用。

（3）涤棉元布　涤棉元布的特点是织物轻薄挺爽，耐磨耐穿，不皱不缩，易洗快干，色泽乌黑度不及纯棉元布和黏纤元布。其宜做夏令女裤、便装、棉袄罩衫、裙料、民族装等用。

（4）涤富元布　涤富元布的特点是织物细洁柔软，吸湿性好于涤棉元布，穿着舒适。其宜作夏令衣料用等。

（5）棉维元布　棉维元布的特点是织物较坚牢，耐穿用。其宜作秋冬季男女中装、便装、袄面、裤料等用。

（二）灰布

灰布是一种大众化的棉布，如图 2-3 所示。其色泽文雅，价廉物美，为日常服装用料，又可为服装的衬里布料。灰布所用的原料有棉纱、黏纤纱和涤棉、棉维、棉丙混纺纱等。染色所使用的染料有硫化染料和士林染料。品种有灰粗布、灰布和灰细布。根据色泽深浅，可分为深灰布和浅灰布，其色光又可分为红光和青光两种。士林灰布因色泽坚牢度好，适宜作夏季服装面料，硫化灰布因色泽坚牢度较差，容易泛红变色，多用作衬里布。

（1）棉维灰布　棉维灰布的特点是织物坚牢，耐穿用。其宜做男女外衣、内衣等。

（2）硫化灰布　硫化灰布的特点是色泽文雅，但色牢度不及士林灰布，不耐洗晒，易泛红变色。其一般多用作衬里布。

（3）士林灰布　士林灰布的特点是布面匀净细洁，光泽好，耐洗晒，色泽匀净明亮。其主要做中式便装、女装、内衣、袄罩、衬里、民族装，也可作宗教用布。

（4）黏纤灰布　黏纤灰布的特点是色泽均匀、鲜艳。其主要用作夹里布。

图 2-3　灰布

（5）涤棉灰布　涤棉灰布的特点是布面细洁挺薄，强力好，耐穿用，不皱不缩，易洗快干，免熨烫。其宜做中式便装、罩衫、衬衫、女装、童装、民族装等。

（6）棉丙灰布　棉丙灰布的特点是织物比较轻，较轻薄，强力好，抗皱性能强，耐洗快干，较耐穿用，但耐热、耐光性能差，色泽不深，也欠纯正。其宜做男女外衣、内衣等。

（三）蓝布

蓝布为色布的主要品种，在色布中占有重要的位置，如图2-4所示。蓝布色泽鲜艳，朴素大方。所使用的原料有纯棉、黏纤、富纤纱以及棉黏、涤棉、棉维、棉丙混纺纱等。蓝布染色使用的染料有凡拉明蓝、士林蓝、硫化蓝、海昌蓝、靛蓝和酞菁蓝等。织物为平纹组织。品种按采用的染料分主要有凡拉明蓝布、士林蓝布、硫化蓝布、海昌蓝布、毛蓝布和酞菁蓝布等。按使用原料分，除纯棉蓝布外，还有黏纤蓝布、富纤蓝布、涤棉蓝布、棉维蓝

图2-4　蓝布

布和棉丙蓝布等混纺和纯化纤蓝布。蓝布用途很广，宜做男女老少四季服装。

（1）凡拉明蓝布（凡蓝布、安安蓝布）　凡拉明蓝布的特点是色泽比士林蓝布鲜艳，但耐气候牢度较差，在高温潮湿中晾晒易褪色和泛红。其宜做单夹衣、罩衣、中式便装、学生装、工作服等。

（2）海昌蓝布　海昌蓝布的特点是色泽浓深，但稍带红，不太鲜艳、纯正。其色牢度介于士林蓝布和硫化蓝布之间。织物比较紧密坚牢，成衣较耐穿用。其宜做中式女夹衣、棉衣裤、中老年人罩衣、女装等。

（3）士林蓝布　士林蓝布的特点是色泽较鲜艳，质地细洁，染色牢度好，耐洗晒，深为农村群众喜爱。其宜做中装、便装、女装、童装、罩衣、棉袄面等。

（4）硫化蓝布　硫化蓝布的特点是色泽不够鲜艳，色坚牢度也较差，不耐摩擦，穿着日久易泛红褪色。其宜作低档衣料、衣里布等。

（5）毛蓝布　毛蓝布的特点是布面粗糙发毛，手感厚实，色泽蓝艳明快，朴素大方，具有自然的粗犷美。其宜做民族装、旗袍、女装、时装、便装、学生装、裙料及手工艺品等。

（6）酞菁蓝布　酞菁蓝布的特点是色泽蓝艳，色光带绿，色泽坚牢度优良，耐洗耐晒。其宜做民族装、艺装等。

（7）黏纤蓝布　黏纤蓝布比纯棉蓝布鲜艳美观，手感好，具有一定的丝绸感。其宜做中装、便装、罩衣、女装、童装、民族装等。

（8）富纤蓝布　富纤蓝布的特点是布面紧密细洁，手感好，有丝绸风格。其用途同黏纤蓝布。

（9）棉黏蓝布　棉黏蓝布比纯棉蓝布细密，手感滑柔，吸湿性强，但织物的湿强力较差。其宜做衬里、罩衫、棉袄面、衬衣裤、便装、童装等。

（10）涤棉蓝布　涤棉蓝布的特点是布面平整，细洁挺括，色牢度好。其宜做男女衬衫、罩衣、棉袄面、便装、女装等。

（11）棉维蓝布　棉维蓝布的特点是质地坚牢，耐磨耐穿。其宜做衬衫、罩衣、便装、女装、童装等。

（12）棉丙蓝布　棉丙蓝布的特点是织物较轻，较耐磨，成衣挺括，耐穿用，风格近似涤棉蓝布，但耐光性与耐热性较差。其用途同涤棉蓝布。

（四）哔叽

哔叽是指经纬用纱或线以二上二下加强斜纹组织织制的斜纹织物，如图 2-5 所示。哔叽是由毛织物移植为棉织物的品种，名称来源于英文 beige 的音译。织物质地柔软，正反面织纹相同，倾斜方向相反。按所用纤维原料不同，可分为纯棉哔叽、黏胶哔叽；按使用的纱线不同，可分为纱哔叽、半线哔叽和全线哔叽。哔叽的经纬纱线细度和密度比较接近，使斜纹倾角约为 45°。坯布经印染加工后，元色、杂色的多用于做老年男女服装、童帽，印花哔叽常用于做妇女、儿童服装，大花哔叽常用于做被面、窗帘等。

图 2-5　哔叽

（1）永固呢　永固呢的特点是质地厚实，纹路粗壮，色泽鲜艳。一般以蓝、红、酱、绿、黑、粉、黄为主，也有中浅和杂色。其主要用于缝制儿童服装等。

（2）色哔叽　色哔叽的特点是布身柔软，布面光洁，质地紧密，并有很多的倾斜纹路，斜纹纹路间距较大，斜纹线条的倾斜角度约为 45°，正反面斜纹线条都很明显。色线哔叽色泽一般以灰、蓝、黑以及杂色品种中的浅色为主。纱哔叽的色泽主要有蓝、红、酱、灰、绿、棕、咖啡、黑等，其中以黑色和蓝色居多。其宜做男女服装、童装、民族装、罩衫及被面、被里等。

（3）团结布　团结布的特点是织物紧密结实，较耐穿用，色牢度好。色泽以精元色为主，也有凡拉明蓝色。其宜做民族装、一般中装、中式便装、单夹衣等。

（4）漂白哔叽　漂白哔叽的特点是布面平整莹白、紧密，光泽好，斜纹纹路清晰。其宜做学生装、运动装、童装、医护用服及床单、被里等。

（5）纱哔叽　纱哔叽的特点是质地厚实，手感松软，布的反面织纹斜向与正面相反。其经印染加工成印花、杂色，其中深色印花哔叽为主要产品，用作被面；印有小花朵、几何图案、条格花型的小花哔叽，主要用于做妇女服装、儿童服装等。

（6）线哔叽　线哔叽的特点是布面光洁，质地结实，手感柔软，正反面织纹倾斜方向相反。元色哔叽用作棉衣、夹衣面料，藏青等色多用作外衣面料。

（7）黏纤哔叽　黏纤哔叽的特点是质地细密柔软，色泽鲜艳，有丝绸风格。其宜做单/夹/棉衣裤、童装、罩衫及被面等。

（8）中长化纤哔叽　中长化纤哔叽的特点是手感厚实，外观平整光洁，斜纹清晰，色泽匀净，有一定的毛型感。其宜做男女服装。

（五）直贡

直贡又称直贡缎、直贡呢、贡呢，是以五枚三飞经面缎纹组织织制的织物，如图 2-6 所示。直贡具有布面光洁、富有光泽、手感柔软厚实，经轧光后与丝绸中真丝缎有相似外观效应的特点。直贡有纱直贡（纱经纱纬）和半线直贡（线经纱纬）之分，多以天然棉为原料。经纬一般为中、细特纱，有两种配置方法，即经纬用相同线密度或经纱线密度小于纬纱线密度，以便突出经纱效应。由于布身组织的交织点少，织制直贡时为了保持布边平整，利于印染加工，边组织选用方平组织，两侧布边的组织点要错开，方可使布边交织良好。直贡坯布多加工为元色，宜做老年人冬季服装、鞋面，或印花做被面等家用装饰织物。

（1）纱直贡　纱直贡的特点是布面光洁，富有光泽，质地柔软，经轧光后与真丝缎有相似外观效应。大花型直贡主要用于做被面，小花型直贡宜做儿童服装等。

图 2-6　直贡

（2）线直贡　线直贡的特点是布面光洁，缎纹线清晰，质地厚实。其宜做老年男女服装、鞋面等。

（3）色直贡（色直贡缎、色直贡呢、色贡呢）　色直贡的特点是布面细洁光滑，纹路清晰而有光泽，手感柔软。色浅贡的质地比色纱贡紧密厚实，光洁柔软，多做外衣，色纱直贡的色泽有漂白、咖啡、蟹青、棕、酞菁、艳绿等；色线直贡的色泽有精元、蓝灰、咖啡、绿色等。其宜做马甲、单夹衣、长短大衣、儿童服装及被面、褥面。

（4）黏纤直贡　黏纤直贡的特点是布面平整光洁，手感柔软滑细，光泽好。其宜做单夹衣、女装、中式便装、童装及被面、褥面等。

（5）横贡缎（横贡）　横贡缎的特点是布面润滑，手感柔软，纱支细洁，光泽好，织物紧密，较耐穿用。在阳光照射下，反光强，具有丝绸风格，较坚挺。色泽有精元、漂白、蓝、灰、绿、蟹青、咖啡、棕等。其宜做女装、罩衣、时装、童装、棉衣面及被面等。

（六）卡其

卡其是一种高紧度的斜纹织物，如图 2-7 所示。卡其具有质地紧密、织纹清晰、手感丰满厚实、布面光洁莹润、色泽鲜明均匀、挺括耐穿等特点。其品种规格较多，按使用原料不同，分纯棉卡其、涤/棉卡其、棉/维卡其等；按组织结构不同，分单面卡其、双面卡其、人字卡其、缎纹卡其等；按使用纱线种类不同，分普梳卡其、半精梳卡其和全精梳卡其等。坯布经染整加工后，漂白的多做制服、运动裤，杂色的宜做男女外衣，特细卡其为理想的衬衫面料，防雨卡其多加工成雨衣、风衣等，纱卡其多做外衣、工作服等。

图 2-7　卡其

（1）单面卡其　单面卡其的特点是正面织纹粗壮突出，质地紧密厚实，手感挺括，纱卡其织纹倾斜向左，线卡其向右。其宜做男女衣裤、衬裤、工作服等。

（2）双面半线卡其　双面半线卡其的特点是织纹细密，布面光洁，质地厚实，手感挺括，耐穿用。漂白双面卡其可做工作服，杂色的可做男女外衣。双面卡其经轻柔防缩、防水后整理工艺，可做男女上装、夹克衫、雨衣等。

（3）双面全线卡其　双面全线卡其的特点与用途同双面半线卡其。

（4）双面全线精梳卡其　双面全线精梳卡其的特点与用途同双面半线卡其。此外，精梳细特纱双面卡其还宜做内衣、男女春秋衫，也可做高级雨衣和风衣等。

（5）涤/棉双面半线卡其　涤/棉双面半线卡其的特点与用途同双面半线卡其。

（6）涤/棉双面全线卡其　涤/棉双面全线卡其的特点与用途同双面半线卡其。

（7）人字卡其　人字卡其的特点与普通卡其相仿，正反面织纹相同。其用途同其他卡其。

（8）色线卡其（色线卡）　色线卡其的特点是织物厚重，布面光洁柔糯，实物质量高。色泽主要有黑、蓝、灰、米黄、棕、咖啡、蟹青以及大红、绿、驼等鲜艳色。其宜做春、秋、冬季各类男女外衣，风雨衣，工作服等。

（9）色纱卡其（色纱卡）　色纱卡其的特点是布面有细密的经纱斜纹路，质地结实，布身紧密，光洁莹润，手感丰满厚实，色泽纯正，色牢度好。该卡其色泽繁多，有、黑、灰、蓝、米黄、棕、驼、咖啡、蟹青、大红、绿、藕荷、锈红等。其用途同色线卡。细支纱卡可做内衣裤。

（10）漂白纱卡其（漂白纱卡）　漂白纱卡的特点是布面平整、光洁，纹路清晰，洁白莹润，手感滑挺，成衣挺括，多为礼仪和专业服装用布。其宜做宾馆和饭店的工作服、艺装、学生装及家具台布等。

（11）纯棉缎纹卡其（缎纹卡、克罗丁、双经呢、国光呢、如意呢、青年呢）　纯棉缎纹卡其的特点是布面斜纹纹路明显，粗壮突出，布身厚实，手感较柔软，光泽好，富有弹性，抗皱性能好，但因经纱浮线较长，故不耐磨，易起毛。色泽主要有蓝、灰、黑、棕、米黄、咖啡及杂色等。其宜做男女上衣、两用衫、猎装、夹克衫、童装、帽子及家具装饰用布。

（12）涤棉缎纹卡其（涤棉缎纹卡、涤棉克罗丁）　涤棉缎纹卡其的特点是布面挺括美观，强力好，光泽足，染色均匀，色牢度好，弹性好，耐穿用，抗皱性能强，易洗快干。色泽以中深杂色为多，如混灰、混驼、橄榄绿、深咖等。其宜做男女上装、两用衫、夹克、猎装等。

（13）涤棉卡其（涤卡）　涤棉卡其的特点是布面光洁柔滑，纹路清晰，布面紧密挺爽，色泽鲜艳，织物强力和耐磨性都很好，比棉卡其坚牢耐穿，具有良好的弹性，挺括不走样，洗后不缩、不皱，快干、免烫。色泽有漂白、黑、蓝、灰、蟹青、军绿、咖啡、驼、棕、米色等。其宜做男女中装、西装、中山装、猎装、便装及童装等。

（14）棉维卡其　棉维卡其的特点是布面光洁柔滑，纹路清晰，布身紧密，颜色较少且不鲜艳，耐磨性良好，耐洗耐穿，弹性差，易起皱。其宜做男女中装、便装、两用衫、童装、猎装及被褥面、装饰用布等。

（15）纯棉精细卡其　纯棉精细卡其的特点是布面精致、光洁、细腻，纹路突出、清晰、匀整，质地结实饱满，布身紧密，手感滑挺，坚牢耐穿用。其宜做中山装、军便装、夹克衫、学生装、猎装、风雨衣、女装、西装、童装、内衣裤、两用衫等。

（七）华达呢

华达呢是斜纹类棉型织物，来源于毛织物，经移植为棉型织物后仍沿称"华达呢"，如图2-8所示。其具有斜纹清晰、质地厚实而不硬、耐磨而不易折裂、手感柔软、富有光泽等特点。多用纯棉或涤/黏中长等混纺纱线制织，一般单纱用中特，股线用细特并股，织物组织为二上二下加强斜纹，正反面织纹相同但斜纹方向相反。经密一般大于纬密，其比约为2：1。常见的华达呢大多为半线织物，即线经纱纬；也有用单纱作经纬的，称纱华达呢，但不多见。织坯经染整加工成藏青、元色、灰色等各种色布，适宜于制作春秋冬季各式男女服装。

图 2-8　华达呢

（1）漂白华达呢　漂白华达呢的特点是布面平整光洁，色泽莹白，纹路清晰，手感滑润。其主要用于做宾馆和礼仪等服装、艺装、学生装及医院和床上用布。

（2）色华达呢　色华达呢的特点是布面平整光洁，纹路清晰，质地比较厚实，手感滑润，色泽纯正，色牢度好。色泽主要有蓝、灰、黑、棕、咖啡、驼、米黄、蟹青及杂色等，也有鲜艳的红、绿、紫等色。其宜做春、秋、冬季男女服装，如中山装、军便装、学生装、棉袄、棉大衣、女装、童装、帽子等。

（3）纱华达呢　纱华达呢的特点是质地厚实，手感柔软，斜纹向左倾斜。其宜做男女服装、运动裤等。

（4）线华达呢　线华达呢的特点是质地厚实，织纹清晰，手感滑爽。其宜做男女各种服装、罩衫等。

（5）棉黏华达呢　棉黏华达呢的特点是布面平整光洁，手感较柔软，质地厚实，色泽鲜艳，色牢度好。色泽有蓝、灰、黑、驼、绿、红、咖啡、棕、草绿、蟹青等。其用途同棉华达呢。

（6）棉维华达呢　棉维华达呢的特点是布面平整光洁，手感较柔软，质地厚实，较坚牢，耐穿用，且价格较低，经济实惠。色泽有蓝、灰和杂色等。其用途同棉华达呢。

（7）中长华达呢　中长华达呢的特点是质地厚实，手感厚糯，弹性好，经穿耐磨，快干免烫，毛型感强。其用途同棉华达呢。

（八）斜纹

斜纹又称斜纹布，如图 2-9 所示。布面有明显的斜向纹路，纹路由右下方向左上方倾斜，斜纹线条的倾斜角为 45°。布的正面纹路比较明显，反面纹路比较模糊，故又称单面斜纹。斜纹布比平纹布紧密厚实，手感柔软，是服装面料的重要品种之一。斜纹的原料为棉纱和黏纤纱。斜纹的织物组织大都是二上一下斜纹组织，少数品种采用三上一下斜纹组织。斜纹染色使用的染料有硫化、精元、士林、纳夫妥、海昌、铜盐以及活性染料等。印花使用的染料有纳夫妥、士林以及活性染料等。斜纹的品种根据用纱的不同有粗斜纹、普通斜纹和细斜纹等。按原料分有纯棉斜纹、黏纤斜纹和涤棉斜纹等。坯布用作橡胶鞋基布、球鞋夹里布、金刚砂基布，色细斜纹宜做夏季服装、裤子等。色斜纹中的电光元斜纹用作遮阳伞布。蓝斜纹一般为复制加工的辅料。漂白斜纹宜做运动短裤，漂白粗

图 2-9　斜纹

斜纹可做台布、床上用品。杂色光斜纹大多用作衬里布。花斜纹宜做妇女、儿童服装和被面。白坯粗斜纹可做船用帆篷。

（1）纱斜纹 纱斜纹的特点是质地松软，正面纹路明显。本色纱斜纹大多用作鞋夹里、金刚砂底布和衬垫布；漂白和杂色纱斜纹常用于做工作服、制服、运动服等；阔幅纱斜纹经漂白和印花可做床单。

（2）线斜纹 线斜纹的特点是布面光洁，质地松软，手感厚实，耐穿用。其经染整加工可做工作服等。

（3）粗斜纹 粗斜纹的特点是织纹粗壮，手感厚实，质地坚牢。本色粗斜纹可做船篷帆、金刚纱布底布；漂白后可做运动裤、工作服等。

（4）细斜纹 细斜纹的特点是织纹细密，质地较薄，手感柔软。本色细斜纹一般加工成大花和小花斜纹布。大花斜纹布可做被面，小花斜纹布可做儿童服装和女罩衫等。

（5）色斜纹 色斜纹的特点是布面细洁，纹路清晰，色泽鲜艳、纯正，色谱齐全。色泽主要有蓝、灰、黄、绿、咖啡、棕、大红、橘红、枣红、黑以及杂色。其主要用作一般服装面料、衬里及伞布等。

（6）漂白斜纹 漂白斜纹的特点是布面紧密，手感柔软细洁，色泽莹白，纹路清晰。其宜做男女服装、学生装、医院和饮食部门工作服及床上用品、少数民族服装。

（7）黏纤斜纹 黏纤斜纹的特点是布身轻柔，色泽鲜艳，近似丝绸。其宜做男女服装、衣里布等。

（8）涤棉斜纹 涤棉斜纹的特点是布面紧密细洁，色泽鲜艳，光泽晶莹，强力好，耐磨损，抗皱性能强，成衣挺括，洗涤简便，快干免烫。色泽有本白、漂白、浅色和中深色等。其宜做中老年外衣、中式便装、罩衫、女装、童装等。

（九）红布

红布（大红布、纳夫妥红布、旗红布）的特点是布面光洁平整，色泽鲜艳纯正，耐洗耐晒。其宜做女装、童装、红领巾及旗帜、标语等各种宣传用布，如图 2-10 所示。

（十）酱布

（1）棉酱布（紫酱布、纳夫妥酱布） 棉酱布的特点是布面光洁平整，布身洁净，色泽浓艳纯正。其宜做女装、童装、裙料、宗教用布及沙发套、窗帘、幕布等，如图 2-11 所示。

图 2-10 红布

图 2-11 酱布

（2）棉维酱布　棉维酱布的特点是布面较细洁、耐磨，由于维纶染色性能差，色泽不如棉酱布浓艳纯正，但比棉酱布坚牢耐穿用。其用途同棉酱布。

（十一）漂布

漂布又称漂白织物，如图 2-12 所示。系指各类织物经烧毛、退浆、煮练（又称精练）、漂白等前处理加工后，再经适当整理加工的织物总称。因在前处理加工过程中充分去除了织物上存留的天然杂质和浆料等，使织物具有良好的白度，故称为漂白织物。各类织物所使用的纤维原料不同，生产漂白织物的前处理工艺也各不相同。一般而言，天然纤维含杂较化学纤维高，其前处理要求较高，工艺也较复杂；混纺织物的前处理应兼顾混纺纤维各组分的要求。漂白棉织物一般经烧毛、退浆、漂白、丝光等前处理后，再经上浆、拉幅、轧光、预缩等加工。成品布面细密、平坦光洁，手感滑爽，可做夏季服装和被套等。

图 2-12　漂布

（1）漂白布（漂布）　漂白布的特点是布面平整、细密，色泽洁白，有莹润悦目的光泽，布身柔软光洁。其宜做内衣、衬衫、工作服及被褥、床上用品等。

（2）黏纤漂白布　黏纤漂白布的特点是布面洁白，手感柔软，质地光洁，吸湿性良好，穿着舒适，近似丝绸。其用途同漂白布。

（3）涤棉漂白布　涤棉漂白布的特点是布面光滑洁白，挺爽轻薄，易洗快干，成衣抗皱性强，洗可穿，免熨烫。其宜做衬衫、工作服、女装、童装及床上用品。

（4）涤黏漂白布　涤黏漂白布的特点是布身柔软，手感滑爽，吸湿性比涤棉漂白布好，非常适合夏季穿着。其用途同涤棉漂白布。

（5）棉丙漂白布　棉丙漂白布的特点是布身细薄挺括，不皱不缩，易洗快干，近似涤棉漂白布，但不如涤棉漂白布光洁，吸湿性很差，穿着比较闷气。其用途同涤棉漂白布。

（十二）府绸

府绸是中高档服装的主要用料之一，如图 2-13 所示。府绸是布面呈现由经纱构成的菱形颗粒效应的平纹织物，其经密高于纬密，比例约为 2∶1 或 5∶3。府绸具有良好的外观，有丝绸的风格，质地轻薄，结构紧密，颗粒清晰，布面光洁，手感滑爽，色泽均匀艳丽，并有丝绸感。府绸品种繁多，按纱线结构分，有纱府绸、半线府绸（线经纱纬）和全线府绸；按纺纱工艺分，有普梳府绸、半精梳府绸（经纱精梳、纬纱普梳）和全精梳府绸；按原料分，有纯棉府绸、涤/棉府绸、棉/维府绸；按加工整理工艺分，有漂白府绸、杂色府绸、印花府绸、防缩府绸、防雨府绸和树脂府绸

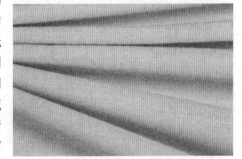

图 2-13　府绸

等；还有以色纱织制的条、格府绸和以平纹组织为基础的小提花府绸等。府绸系高经密织

物，织制技术难度较高，要求原纱棉结杂质少，条干均匀。纯棉府绸的染整加工、前处理工艺要十分注意，特别是紧度较高的府绸，必须退浆尽、煮练透、漂白好、丝光足，只有这样才能获得晶莹的白度、艳丽的色泽、均匀的满地花纹和突出的颗粒效应。府绸用途广泛，主要用于男女衬衫、外衣、风衣和雨衣等。

（1）漂白府绸 漂白府绸的特点是布面洁白，菱形颗粒丰满，经过荧光增白剂处理的府绸，更加莹白，布面光亮美观。6tex×2（100英支/2）以上的细特纱漂白府绸轻盈细致，穿着舒适，更具有丝绸的风格。其宜做高级衬衫、两用衫、女装等。

（2）纱府绸 纱府绸的特点是布面平整洁净，有菱形颗粒，粒纹饱满清晰，手感滑爽，近似丝绸。其宜做衬衫、女装、两用衫、中式便装、学生装、裙料、童装等。

（3）涤棉府绸 涤棉府绸的特点是布面洁净平整，质地细致，布面上具有均匀的菱形颗粒，粒纹饱满清晰，光泽莹润柔和，手感柔软滑润，色泽均匀艳丽，具有丝绸风格。其宜做衬衫、罩衣、女装、内衣、裙料、两用衫、风雨衣等。

（4）富纤府绸 富纤府绸的特点是质地轻薄，布身光洁滑爽，比棉府绸更具有丝绸感。其宜做衬衫、夏令衣服、日常衬衣裤等。

（5）棉维府绸 棉维府绸的特点是质地细洁，布面洁净平整，手感柔软滑润，坚牢耐穿用。色泽主要有蓝、灰、草绿、黑、咖啡及杂色等。其宜做衬衫、罩衣、女装、内衣、两用衫等。

（十三）灯芯绒

灯芯绒又称棉条绒、条子绒、趟绒，如图2-14所示。灯芯绒布面呈现灯芯状绒条，具有布面绒条圆润丰满，质地手感厚实，保暖性能好，绒条纹路清晰，绒面整齐，光泽好，绒毛耐磨，不易脱落，色泽鲜艳，耐洗涤等特点，但缩水率较大。织物组织采用起毛组织，由绒组织和地组织两部分组成。绒组织由绒纬与经纱交织组成，形成一列列毛圈，经过割绒将绒纬的毛圈割断；刷毛后，在织物表面就形成了灯芯状的绒条。地组织由平纹或斜纹组织组成，以平纹组织较为普遍。斜纹组织能适应较高的纬密，织物比较厚实。

图2-14 灯芯绒

灯芯绒的品种较多，按原料分，可分为棉灯芯绒和化纤灯芯绒两类。其中，棉灯芯绒又可分为经纬均用股线的全线灯芯绒、股经纱纬的半线灯芯绒和经纬均为单纱的全纱灯芯绒；化纤灯芯绒包括涤棉灯芯绒、棉维灯芯绒、棉腈灯芯绒、弹力灯芯绒和仿银枪大衣呢等。按织造工艺分，有色织灯芯绒和提花灯芯绒。按染整加工工艺分，有染色灯芯绒和印花灯芯绒等。按绒条的宽度来分，有阔条、粗条、中条、细条、特细条、阔狭间隔条和仿平绒等。灯芯绒绒条的阔狭是按布面2.5厘米（1英寸）中条纹的数目来区分的。其中，6条以下的称为阔条灯芯绒，6～8条的称为粗条灯芯绒，9～14条的称为中条灯芯绒，15～19条的称为细条灯芯绒，20条及以上的称为特细条灯芯绒。

灯芯绒适合做男女老幼春、秋、冬三季各式服装、鞋、帽，也宜做家具装饰用布、窗帘、沙发套、幕帷、眼镜匣和各种仪器匣箱的内衬、手工艺品、玩具等。缝制服装以中条灯芯绒最普遍，其条纹适中，宜做男女各式服装。阔、粗条灯芯绒的绒条粗壮，宜做夹克衫、两用衫、猎装、短大衣等，适合青年男女穿着。细条和特细条灯芯绒的绒条细密，质地柔软，可做衬衫、罩衣、裙料等。

（1）粗条灯芯绒　粗条灯芯绒的特点是绒条圆阔，手感厚实，结构紧密。其宜做外衣或西服上装等。

（2）杂色灯芯绒　杂色灯芯绒的特点是表面呈现耸立的绒毛，排列成条状，似灯芯草，布面绒毛圆润丰满，手感厚实，保暖性能好，绒条纹路清晰，绒面整齐，光泽好，绒毛耐磨，不易脱落，色泽鲜艳，耐水，但缩水率较大，宜做春、秋、冬三季各式服装、鞋、帽，也宜做家具装饰用布、窗帘、沙发套、幕帷、眼镜匣和各种仪器匣箱的内衬、手工艺品、玩具等。缝制服装以中条灯芯绒最普遍，其条纹适中，适合做男女各式服装。阔、粗条灯芯绒的绒条粗壮，适宜制作两用衫、夹克衫、猎装、短大衣等，适合青年男女穿着。细条和特细条灯芯绒的绒条细密，质地柔软，可制作衬衫、罩衫、裙料等。

（3）漂白灯芯绒（白灯芯绒）　漂白灯芯绒的特点是绒面洁白，绒条莹润丰满，光泽好，富有典雅文静感，是灯芯绒的娇嫩者，绒坯要求严。其宜做女时装、女装、浴衣、睡衣及医院用布等。细条用于做内衣、衬衫、裙子等。

（4）涤棉灯芯绒　涤棉灯芯绒的特点是绒面丰满，手感柔软，吸湿性好，抗皱性能强，强力高，耐穿用，成衣挺括。其宜做春、秋、冬三季男女老少各种服装、鞋、帽及家具装饰用布、幕帷、眼镜盒、各种仪器盒的内衬。

（5）棉/涤灯芯绒　棉/涤灯芯绒的特点与用途同涤棉灯芯绒。

（6）中条灯芯绒　中条灯芯绒的特点是绒条丰满，质地厚实，耐磨耐穿。其宜做男女服装、衫裙、牛仔裤、童装、鞋帽，也可做家具装饰用布等。

（7）细条灯芯绒　细条灯芯绒的特点是绒条丰满，质地厚实，耐磨耐穿，保暖性好。其宜做男女服装、衫裤、牛仔裤、儿童服装、鞋帽及家具装饰用布等。

（8）特细条灯芯绒　特细条灯芯绒的特点是绒条特细，手感柔软。其宜做男女服装、女衫裙等。

（9）提花灯芯绒　提花灯芯绒的特点是花型美观，立体感强。其宜做妇女或儿童外衣、裙子及窗帘、沙发套、家用电器套等装饰物。

（10）弹力灯芯绒　弹力灯芯绒的特点是具有良好的弹性和穿着舒适等。其常用来做牛仔裤等服装。

（11）烂花仿平绒　烂花仿平绒的特点是花地分明，花型轮廓清晰，富有立体感等。其一般用来做台布、窗帘、床罩和妇女衬衫等。

（12）提格布　提格布的特点是结构紧密，方格明显，有较强的立体感。其宜做阿拉伯民族服装长袍。

（13）华夫格　华夫格的特点是花型别致，手感柔软，弹性良好，花型立体感强。其宜做男女上衣等。

（14）拷花灯芯绒　拷花灯芯绒的特点是花型变化多，富有立体感，花色新颖。其宜做女装、时装、裙子及装饰用布、窗帘等。

（15）仿人造皮灯芯绒　该织物的特点是布面绒毛耸立，圆润丰满，绒面整齐，手感厚实，光泽好，图案形象逼真。其宜做女装、童装、长短大衣及沙发套、家具装饰用布等。

（16）仿平绒灯芯绒　仿平绒灯芯绒的特点是外观酷似平绒，采用特细密的绒条形成绒面无明显条纹，绒毛密集，手感柔糯、滑润，光泽好。其主要用于做女装、中式便装、套装及窗帘、沙发套、幕帷等。

（十四）罗缎

罗缎是指表面呈现凹凸明显的横条罗纹，光亮如缎的棉织物，如图 2-15 所示。布面具有细致的花纹，布身紧密，质地厚实，色泽鲜艳，富有光泽，花纹美观，坚牢耐磨，但经纬向强力不平衡，经向易先断裂。织物组织为斜纹变化组织，原料为纯棉纱。罗缎为全线织物，经密大于纬密，坯布染色使用的染料有精元、纳夫妥、士林、酞菁以及活性染料等。罗缎主要有花罗缎、纱罗缎和四罗缎三种。品种以杂色罗缎为主，色泽较多，有漂白、米黄、红棕、湖绿、豆灰、艳蓝、翠绿、酞菁、咖啡、精元等色。罗缎可做各种男女服装、童装、鞋帽、运动衣裤以及沙发套、窗帘、幕布等装饰用品。

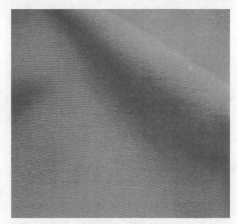

图 2-15　罗缎

（1）双经布　双经布的特点是采用两根经纱并列突出于布面呈现纵向条纹，手感柔软。用细特纱织制的双经布，染色后经防雨整理，主要用作雨衣、风衣面料。

（2）双纬布　双纬布的特点是两根纬纱并列突出于布面呈现横向条纹，颇似罗布的外观效应，手感粗厚，具有粗犷自然的风格。其坯布经树脂整理、液氨整理，具有厚而不硬、挺而不糙、软而不疲、尺寸稳定的性能，可作各种服装面料，如单面印花可做妇女、儿童衣裙；双面印花或染色可做男女两用衫。

（3）横罗　横罗的特点是布面呈现明显的凹凸横条形罗纹，条纹美丽，色泽鲜艳，布身厚实，光泽好。其宜做男女服装、童装等。

（4）纱罗缎（纱罗布）　纱罗缎的特点是布面细致美观，布身紧密，质地厚实，色泽鲜艳匀净，富有光泽。色泽主要有漂白、米黄、红棕、湖绿、灰、艳蓝、翠绿、咖啡、黑等，也有杂色品种。其宜做女装、便装、罩衣、棉袄面及装饰用布。

（5）线罗缎（四罗缎、横罗缎）　线罗缎的特点是布面光洁厚实，纬向罗纹清晰突出，经纱比纬纱细，经纬向之间的强力很不平衡，布面呈现明显的线状横向罗纹等，似丝绸中的缎类织物，色泽鲜艳明亮。色泽有蓝、灰、绿灰、蟹青、咖啡、瓦灰、驼、黑以及杂色等，也有米黄、浅驼、浅藕荷等色。其宜做中式外衣、女装、罩衣、童装、绣花底布等。

（6）花罗缎　花罗缎的特点是布面有细致的花纹，布身紧密，质地厚实，色泽鲜艳，富有光泽。色泽有漂白、棕、黄、米黄、豆绿、湖绿、翠绿、艳蓝、天蓝、咖啡、黑等，也有漂亮的杂色。其宜做男女服装、童装、帽子、运动衣裤及沙发套、窗帘等。

（7）涤棉四罗纹　该织物的特点是布面挺括光洁，横向罗纹突出，色泽鲜艳美观，具有快干免烫的优点，耐磨性能较好，经纱易先断的现象有所改善。其宜做男女上装、两用衫、罩衣、童装及绣饰底布等。

（8）羽绸（伞绸）　羽绸的特点是布面挺括平滑，织纹紧密，质地细洁，富有光泽丝绸感。其主要用于制鞋滚口、制帽用，也可作遮阳伞用布，杂色羽绸可做夏令衬衫、内衣、服装里衬等。

（9）罗布（上海罗、灯芯罗、青年罗、香港罗）　罗布的特点是质地细洁，织纹细巧，色泽匀净，布面呈现出突出的罗纹条状，在纹路的两侧密布着均匀的小孔，质地轻薄，通风透凉。其宜做夏令男女服装、童装、帽子等。

（10）纱罗（透凉罗、网眼罗）　纱罗的特点是布面具有清晰而均匀的纱孔，透气性好，轻薄凉爽。纱罗结构松软，手感疲软，缺少挺爽的感觉，缩水率大，容易发生变形。有的采用淀粉浆上浆，增加硬挺度，改善手感，但不能持久。部分产品经树脂整理后，具有挺爽持久和不变形的特点，缩水率也有明显降低。其宜做夏季衬衫、裙子、艺装、童装、民族装、披肩及面罩纱、窗帘、蚊帐、装饰用布等。

（11）涤棉纱罗　涤棉纱罗的特点是织物轻薄滑爽，丝绸感强，成品经热定型和树脂整理后，更能增加挺括度，色牢度好，耐洗涤。其宜做男女夏装、童装、裙料、面罩纱及蚊帐、窗帘、装饰用布等。

（12）剪花纱罗　剪花纱罗的特点是色泽多与提花图案或花朵成协调色或对比色，以衬托剪花图形更加醒目、秀丽。其宜做艺装、披肩、时装、衬衫及装饰用布等。

（13）胸襟纱罗　胸襟纱罗的特点是色泽富于变化，一般以各种混花色为多。其宜做时装、艺装、胸襟装饰用布等。

（14）网目纱罗　网目纱罗的特点是布面呈现网目状对称花型，似网如目。其宜做衬衫、裙子、披肩及装饰用布等。

（15）弹力纱罗　弹力纱罗的特点是弹性好，特别是混用高弹氨纶丝的产品弹力更佳，光泽好。其宜做女装、衬衫、艺装、童装、披肩、头巾及装饰用布等。

（十五）绉布

绉布又称绉纱、绉纱布，如图 2-16 所示。绉布指用一般经纱与高捻纬纱交织成织坯，经染整加工使高捻纬纱收缩，布面形成皱纹效应的织物，原始于丝绸的顺纤乔其织物。织造时采用强捻纬纱，坯布先经松式湿热起皱前处理，使高捻纬纱产生强烈的收缩，从而在织物表面形成皱纹或皱条。经起皱的织物，可进一步加工成纯白、杂色和印花织物。为了保持绉布在穿着过程中的形态稳定，需要进行松式防缩防皱整理。织物表面具有皱纹或皱条，质地轻薄，皱纹持久，

图 2-16　绉布

手感滑爽松软，富有弹性，穿着舒适透凉、宽紧适度，类似丝绸，风格别致等。绉布按外观形态可分为条形绉和羽状绉。又有规则的和无规则的条皱纹，无规则的皱形又有深、浅之分。按条形的宽窄又可分为阔条形绉和狭条形绉。由细特和特细特纱织制的绉布适宜做春夏季服装、妇女衬衫、睡衣、灯笼袖衫裤、裙子及装饰用布等。由中特纱织制的绉布可用于加工童装。

绉布宜做中式便装、罩衣、衬衫、睡衣、裙子、时装、艺装、民族装、童装及装饰用布等。

（1）涤棉绉布（涤棉绉纱）　涤棉绉布的特点是质地细薄，皱纹细巧，手感滑爽，具有丝绸乔其纱的风格。

（2）棉维绉布　棉维绉布的特点是布面平整，纹路清晰，花型新颖，配色调和。其宜做女装、衬衫、童装及床上用布、装饰用布等。

（3）皱纹布（皱纹呢）　皱纹布的特点是纹路清晰，花型具有立体感，色泽好，手感丰厚，有呢绒感。其宜做衬衫、女装、裙料、童装、睡衣、浴衣及窗帘、沙发套、家具用布、装饰用布等。

（4）黏纤皱纹布　该织物的特点是质地柔软，花色艳丽，布面皱纹效应好，近似丝绸。其宜做衣料及窗帘等不常洗涤的装饰用布。

（5）棉维皱纹布　棉维皱纹布的特点是布面平整，纹路清晰，花型新颖，配色调和。其宜做女装、衬衫、童装及床上用布、装饰用布等。

（十六）麻纱

麻纱的布面纵向呈现宽狭不等的条纹，如图 2-17 所示。因织物外观和手感与麻织物相仿，故名。麻纱采用捻度较紧的细特纱，低密度织制。在经纱中由双纱和单纱相互间隔排列，织成有阔狭不同条纹和细小孔隙的布面。按使用原料分，有纯棉、涤/棉、涤/富、涤/麻、棉/麻、棉/丙等麻纱。按织物组织结构分，有普通、柳条、异经和提花等麻纱。按织物外形分，有凸条麻纱、柳条麻纱和提花麻纱。按染整加工方式的不同，可分为漂白麻纱、杂色麻纱和印花麻纱等。杂色麻纱的色泽颇多，有蓝、绿、棕、驼、咖啡、灰、酞菁、黑、蜜等。杂色麻纱中的杂色提花麻纱，花纹和色调相衬，别具风格。印

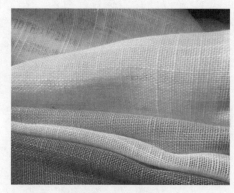

图 2-17　麻纱

花麻纱以浅色印花为多，其中的印花提花麻纱，布身细洁，花色调和。麻纱的特点是条纹清晰，薄爽透气，抗皱挺滑，穿着舒适，手感如麻，抗皱性能优于麻织物。麻纱坯布在染整加工时经硬挺树脂整理，可增强麻感和尺寸稳定性，适用于做夏令服装。漂白和浅色麻纱可做男女衬衫。印花麻纱可做妇女、儿童服装。深色印花麻纱可用做裙料。

（1）异经麻纱　异经麻纱的特点是条纹清晰明显，薄爽透气，穿着舒适。其宜做夏季男衬衫等。

（2）涤棉麻纱　涤棉麻纱的特点是质地滑爽挺括，成衣耐穿耐磨，易洗快干免烫。其宜做衬衫、女装、时装、童装、裙料等。

（3）涤棉包芯麻纱（涤棉舒适麻纱）　该织物的特点是既具有涤棉麻纱布身挺括、洗可穿和免烫等优点，又具有纯棉麻纱透气性好、吸湿性强、静电少等优点，适应夏令穿着，舒适滑爽。其宜做衬衫、女装、时装、童装、裙料等。

（4）棉维麻纱　棉维麻纱的特点是布身轻薄透气，较耐穿用，坚牢耐磨，比纯棉麻纱耐穿，但弹性较差，不挺括，容易起皱，色泽也欠鲜艳、纯正。其宜做衬衫、女装、童装等。

（5）棉丙麻纱　棉丙麻纱的特点是质地轻薄，成衣挺括，易洗快干，强力好，有较好的抗皱性，不吸湿，价格低。其宜做衬衫、女装、童装等。

（6）中长麻纱　中长麻纱的特点是布身轻薄，色泽较浅，具有挺爽、易洗、快干等特点，宜做春夏季服装等。

（十七）平布

平布是指采用平纹组织，用细度和密度接近或相同的经纬纱交织的棉织平纹织物，如图 2-18 所示。其因布面平整而得名。它具有组织简单、结构紧密、布面平整、坚牢耐用的特点。按经纬纱粗细的不同，可分为粗平布、中平布和细平布三种。按所使用原料的不同，可分为纯棉、黏纤、富纤、维纶、涤/棉、涤/黏、棉/维、棉/丙、黏/棉、黏/维等纯纺和混纺平布。平布用途广泛，普遍用于服装、装饰和工农业、医疗卫生等领域。

图 2-18 平布

（1）色双经布　色双经布的特点是色泽艳丽，布纹明显。其宜做窗帘、台布等，少量做衣物。

（2）线平布　线平布的特点是布身紧密、光洁，质地比较厚实硬挺，坚牢。其宜做男女衣裤、风雪衣、夹克衫等。

（3）黏纤双纬布　黏纤双纬布的特点是质地柔软，布面光洁，色泽匀净。其用途同色双经布。

（4）棉黏线平布　棉黏线平布的特点是布身紧密、光洁，质地厚实。其宜做男女衣裤、风雪衣、夹克衫等。

（5）涤棉线平布　涤棉线平布的特点是布身光滑挺括，快干免烫；涤棉线绢（全线线平布）布面紧密，粒纹突出，手感滑爽。其宜做男女衣裤、风雪衣、夹克衫等。

（6）黏纤线平布　黏纤线平布的特点是质地比较厚实，布身光洁柔软。其用途同线平布。

（十八）绒布

绒布由普通捻度的经纱与低捻的纬纱交织而成，经拉绒后布面呈现绒毛，如图 2-19 所示。绒布具有绒毛丰满、手感松软、保暖性好、吸湿性强、穿着舒适等特点。按织物组织分，有平纹、哔叽和斜纹等绒布；按使用原料分，有纯棉、涤/棉、腈纶等绒布；按拉绒面分，有单面绒布和双面绒布；按织物厚度分，有薄绒布和厚绒布；按染整加工工艺分，有漂白、染色和印花等绒布。平纹绒坯常正反两面拉绒，故又称双面绒布；哔叽绒坯常一面拉绒，故又称单面绒布。绒布主要用于制作各式衬衫、睡衣裤、外衣夹里或衬绒及被套等。花绒布宜做春秋季妇女、儿童内外衣和罩衣等。经阻燃整理可做儿童服装面料，还用于眼镜、照相机和仪表行业等。

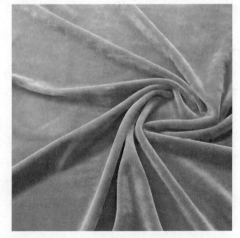

图 2-19 绒布

（1）色绒布（杂色斜绒、杂色双面绒、杂色哔叽绒、杂色双面绒、哔叽绒）　色绒布的特点是绒布表面的纤维蓬松，有一层绒毛，使导热性降低保暖性增加，穿着时可减少人体热量的散失，并具有一定的吸湿性。绒布的外观优美，手感柔软厚实，绒面丰润，色泽调和，有舒适温暖的感觉，为冬季御寒衣着用料。色泽有蓝、灰、绿、黑、天蓝、草绿、米黄、咖啡、酞菁、藏青等色。其宜做冬季内衣、睡衣、运动装、童装、外衣夹里或衬绒等。

（2）漂白绒布 漂白绒布的特点是成品洁白，表面纤维蓬松，绒毛均匀，平齐紧密，手感柔软、舒适、丰厚，保暖性好，吸湿性强。其宜做婴幼儿服、女装、包衬、睡衣、浴衣、内衣裤等。

（3）凹凸绒布（凹凸绒） 凹凸绒的特点是色泽鲜艳，立体感强。色泽以鲜艳色为多见，如姜黄、浅天蓝、艳蓝、驼、藕荷、银灰、果绿等，也有中深色的凹凸绒布。其宜做睡衣、浴衣、童装、女装等。

（4）单面绒布（哔叽绒） 单面绒布的特点是手感松软，保暖性好，吸湿性强，穿着舒适，多为正面印花，反面拉绒。其宜做男女衬衫、儿童服装等。

（5）双面绒布 双面绒布的特点是手感松软，保暖性好，吸湿性强，穿着舒适。其宜做睡衣、冬季衬衫等。

（6）双面薄绒布 双面薄绒布属于轻起绒织物，绒毛不太稠密，手感柔软，绒毛短而均匀，吸湿性能好。色泽有本白、漂白、浅天蓝、米、淡绿、湖蓝等。其宜做内衣裤、睡衣、童装、婴幼儿服，也常用于做衬里绒布。

（7）斜纹绒布（斜绒） 斜纹绒布的特点是布身柔软厚实，绒毛丰满，温暖。其宜做内衣裤、衣里衬、鞋帽里子等，也常作工业用布、装潢用布等。

（8）手套绒布（手套绒） 手套绒布的特点是布身柔软厚实，绒毛丰满，温暖。其宜做手套衬里、军帽衬里等。

（9）涤棉绒布（涤棉绒、涤棉维也纳绒布） 涤棉绒布的特点是布面轻微拉绒，形成细密的短绒毛，手感柔软舒适，具有不皱、不缩、易洗、快干和免烫等优点，色泽与花型较多，主要用途是做衬衫、女装、裙料、睡衣、童装以及窗帘、装饰用布等。

（10）麂皮绒布（麂皮绒） 麂皮绒布的特点是绒毛密集，似麂皮，绒面柔软舒适。采用静电植绒的麂皮绒，绒面细腻舒适。采用静电植绒的麂皮绒，绒面细腻，近似麂皮，效果很好。绒毛整齐匀密，手感软糯，有麂皮感。色泽多为驼、咖啡、烟以及杂色等。主要用途是做猎装、夹克衫、风衣、运动装、青年装、短大衣等。

（11）花绒布 花绒布的特点是绒毛短、匀、密，印制的花型活泼多样、细致精美，手感柔软，保暖性好，色彩鲜艳。主要适宜做女装、童装、外衣、服装衬里等。

（12）色平绒 色平绒的特点是色泽鲜艳纯正，光泽自然柔和，绒毛匀密丰满，手感柔软，布身厚实，弹性好，不起皱，具有丝绒风格。色泽主要有黑、蓝、绿、蟹青、米黄、藏青等，也有杂色和混色品种。其宜做女士衣、马甲、夹衣、旗袍、民族装、鞋料、帽料及幕布、工业仪器仪表等装衬用绒布等。

（13）沙发绒（衣领绒、火车绒） 沙发绒的特点是绒毛紧密，耐磨，不掉绒，多呈"W"形固结。色泽多为平素墨绿、藏青、咖啡、葡萄紫、深红、深驼等。其宜做火车坐垫、沙发套，也常做棉衣领、服装的绲边、艺装等。

（14）麻绒 麻绒的特点是绒面丰满，绒毛密集，光泽鲜艳、自然柔和，富有高级感。色泽多为平素黑、红、绿、橘黄、咖啡等，也有杂色产品。其宜做女装、帽子及帷幕等装饰用布。

（15）厚绒布 厚绒布的特点是手感松软，保暖性好。其用途是宜做冬季衬衣，也可做装饰和产业用布。

（十九）其他色布

（1）色巴里纱（色玻璃纱、色麦尔纱） 色巴里纱的特点是质地轻薄，手感滑爽，外观透明度差，色调自然柔和，富有丝绸感，色泽纯正，牢度好。色泽有漂白、元、蓝、酞菁、灰、咖啡和其他杂色等。其宜做女装、衬衫、裙子、艺装及家具等装饰用布。

（2）杂色涤棉巴里纱 该织物的特点是弹性好，抗皱性能强，手感滑爽，强力高，耐穿用，易洗快干，色泽鲜艳，其宜做衬衫、女装、艺装及家具装饰用布。

（3）色泡泡纱 色泡泡纱的特点是布身轻薄，布面犹如泡泡一样，泡泡凹凸不平，颇有立体感，不会紧贴皮肤。色泽主要以浅色为主，如粉、豆绿、浅天蓝、浅黄、米、月白、蟹青、藕荷等。其宜做夏令妇女儿童衣着、睡衣裤及窗帘等装饰用布。

（4）漂白泡泡纱 漂白泡泡纱的特点是布身轻薄，布面犹如泡泡一样，泡泡凹凸不平，颇有立体感。色泽莹白，光泽好，手感薄细，起泡均匀。其宜做女装及床罩、台布等。薄细漂白泡泡纱宜做衬衫、裙料及窗帘等。

（5）防绒布（防羽绒织物） 防绒布可分为漂白羽绒布、杂色羽绒布和印花羽绒布，其特点是结构紧密，平整光洁，富有光泽，防绒效果好，质地坚牢，透气性好，手感柔软滑爽，具有防寒、防缩、防水、重量轻等性能。色泽漂亮，有艳蓝、海蓝、红、深红、黄、棕、米、咖啡、奶白、绿、豆沙、墨绿等颜色。宜做登山服、防寒服、滑雪服、夹克衫、背心及鸭绒被褥、枕头、靠垫、睡袋等。

（6）涤棉羽绒布 涤棉羽绒布的特点是织物强力高，较纯棉坚牢耐用，抗皱性能好，防绒效果也好，是目前羽绒布中使用较多的品种，但吸湿性比纯棉差些，静电作用大。色泽很多，主要是杂色，其宜做登山服、防寒服、滑雪服、夹克衫、背心、女装、罩衫、服装里衬及鸭绒被褥、帆套、靠垫、睡袋等。

（7）纯棉高支斜纹防羽绒布 该织物的特点是布面平整细腻，手感柔软，结构清晰，斜纹线细致紧密，透气量小，防雨性能好，防羽绒性强，光泽柔和，织物轻薄，具有高档感。其宜做羽绒服、滑雪衫、夹克衫、风雨衣等外衣及鸭绒被、睡袋等床上用品。

（8）氯纶布 氯纶布的特点是耐热性差，在 $60\sim70℃$ 时开始收缩，在沸水中收缩 $10\%\sim30\%$。染色性能差，缺少氯纶专用染料，不能染成深色，吸湿性非常差，穿着闷气，静电作用很强，保暖性良好。其可供风湿性关节炎患者穿着，有一定的辅助疗效。又由于其化学稳定性好，耐酸碱，耐腐蚀，不燃烧，故可做劳动保护用布、过滤布、安全帐幕、窗帘、家具布等。

（9）全包芯纱烂花布 该织物的特点是质地细薄，花纹凹凸，富有立体感，手感挺爽，回弹性好，并具有易洗、快干、免烫等优点。其宜做妇女衬衫及窗帘、台布、床罩等。

（10）混纺纱烂花布 该织物的特点是具有与全包芯纱烂花布相仿的外观效应，穿着舒适性优于一般涤/棉织物。其宜做妇女衬衫及窗帘、台布、床罩等。

（11）拷花布（轧花布） 拷花布的特点是布面有凹凸花纹，富有光泽，花色新颖别致，颇有立体感。染色的色泽鲜艳，印花的花色丰富多彩。其宜做衬衫、女装、时装、童装、裙料以及装饰用布等。

（12）烂花布（凸花布） 烂花布的特点是布面具有透明、凹凸的花，富有立体感，花型设计新颖，花色变化繁多，其透明部分犹如蝉翼，凸花部分近似烂花丝绒，组成轻盈滑爽。烂花布的品种有漂白、染色、印花和色织等。其宜做女装、时装、裙子、旗袍、衬衫、艺装、童装及台布、窗帘、头巾、茶巾、床罩等。

（13）油光布（涤棉油光布）　油光布的特点是布面平整光洁，色泽滋润，光泽明亮，手感滑软，具有耐久的光泽和防水性能，成衣后不缩不皱，尺寸稳定。其宜做风雪衣、运动服、滑雪衣、女装、时装、童装、便装等。

（14）漂白帆布　漂白帆布的特点是布面平整光洁，质地紧密，但不板硬，抗皱性能好，坚牢耐穿用。其宜做夹克衫、猎装、工作服、青年装、运动装等，也可做旅行装、背包、书包等。

（15）色细帆布（色帆布）　色细帆布的特点同漂白帆布。色泽有黑、蓝、黄、草绿、红酱、棕、驼等。其宜做夹克衫、猎装、工作服、运动装、青年装、女装及背包、书包、帆布箱、领衬等。

（16）绢棉交织绸　该织物的特点是既保持了绢的风格，又兼具棉的优点，在桑蚕丝的光泽中增添了棉的洁白度，色泽鲜艳。织物轻薄光洁，手感柔软滑爽，具有较好的吸湿性、透气性、延伸性和服用性。其宜做衬衫、睡衣、浴衣、手帕及台布等。

（17）鞋面帆布　鞋面帆布的特点是布面平整紧密，经纬强力接近，耐穿用，强力高。色泽主要有黑、蓝、黄、草绿、红酱、棕、漂白等。其主要用于做鞋面，也可用于做工作服、夹克衫、青年装等。

（18）漂白巴里纱　漂白巴里纱的特点是经直纬平，布孔清晰均匀，纱线条干均匀，手感滑挺，弹性好，抗皱性能强。其宜做夏令女装、衬衫、衬裙、睡衣、浴衣、艺装、时装、纱笼、头巾及窗帘、家具用布等。

（19）涤棉、富棉交织横贡缎　该织物的特点是织物紧密，质地柔软，表面平滑匀整，富有光泽，耐磨性强，光洁丰满，吸湿性强，透气性好，富有缎纹效应。其宜做时装、女装、罩衣、童装、棉袄面及被面等。

（20）涤棉牛仔布（仿牛仔布）　涤棉牛仔布的特点是强力好，耐磨损，成衣挺括，抗皱性能强，耐穿用，缩水率比纯棉小，成衣易洗快干，保形性能好，是牛仔布中比较坚牢耐穿用的品种。其宜做各类牛仔裤、牛仔衫、牛仔童装、牛仔背心、牛仔包、牛仔鞋帽、牛仔风雨衣、牛仔领带等。

（21）高级棉皱纹布　该织物的特点是轻薄、光洁，表面有皱纹，穿着舒适、凉爽，透气性好，具有仿印花的表面效应。其宜做女衬衫、连衣裙、旗袍等。

（22）条纹织物　条纹织物的特点是织物粗犷，表面有细绒毛，手感柔软，穿着舒适，吸湿透气性好。其宜做女时装、女裤、裙子等。

（23）高支棉涤交织织物　该织物的特点是轻薄，手感柔软，穿着舒适、美观，具有立体感和高雅感。其宜做女时装、女衬衫、女罩衫、连衣裙等。

（24）棉麻轻薄织物　棉麻轻薄织物的特点是表面平整，吸湿排湿快，透气性好，穿着凉爽舒适，具有优雅的风格。其宜做妇女衬衫、罩衫、连衣裙等。

（25）高支纯棉织物　高支纯棉织物的特点是布面光洁平整，手感柔软，吸湿、透气性好，穿着舒适，具有高级感。其宜做连衣裙、女罩衫等。

（26）高支纯棉仿麻织物　该织物的特点是布面平整，光洁细腻，纹路清晰，手感柔软，经丝光整理后具有麻织物的风格。其宜做夏令服装，如女时装、男女衬衫、夹克衫、罩衣、裤子、连衣裙、裙子等。

（27）高级棉绢交织织物　该织物的特点是表面平整光洁，具有绢丝特有的光泽，吸湿排湿性能好，透气性强，穿着舒适，富有高级感。其宜做高级女衬衫、女罩衫、连衣裙等。

（28）纯棉抗癣布　纯棉抗癣布的特点是对皮肤有保护和保健作用，对体癣、股癣、阴囊皮炎、足癣等皮肤病，以及妇女阴道炎、宫颈炎等有明显预防作用。其宜做保健衬衣、衬裤、鞋垫和被褥等。

（29）柔道运动服织物　该织物的特点是表层提花，浮点突出，便于比赛时扭住对方，而里层平整柔软，穿着舒适，不伤皮肤，为双层提花织物，主要用于柔道运动服。

（30）竹节布　竹节布有纯棉竹节布、涤棉竹节布和涤黏竹节布之分，它们的特点是布面呈现不规则分布的竹节，具有类似麻织物外观的风格特征，美观，立体感强，穿着舒适。其主要用作服装面料及窗帘、茶巾等面料。

（31）结子布　结子布的特点是布面有大小适中的结子，颗粒挺凸，立体感强，色彩新颖，别具风格，具有艺术和装饰效果。其用途广泛，毛型结子布用作秋冬季上衣面料；绢子结子布和棉结子布用作夏季轻薄上衣面料；化纤结子布用作春秋外衣面料，也可制作装饰用品。

（32）提花布　提花布的特点是布面织有简单小花纹图案，经纬大多用中、细特纱，一般是平素的地纹上分布小花纹。提花图案的配置有散点或连缀排列，图案均由不太长的经浮长或纬浮长构成，条状排列，以平纹或斜纹等原组织与其他变化组织呈条状间隔配置，形成提花条子或格子。一般提花多用于床单及台布、窗帘等室内装饰用布；提花府绸、提花麻纱和提花线呢多用于服装面料，如提花织物的织坯经漂白或染整加工后可作男、女衬衫用料或装饰用布等。

（33）稀密条织物（纯棉稀密条布、涤棉稀密条布）　稀密条织物的特点是轻薄透，穿着舒适。其宜用于夏令男、女衣料等。

（34）经条呢（纯棉经条呢、涤/棉经条呢）　经条呢的特点是布面呈现凹凸条纹，条纹清晰饱满，立体感强，质地厚实，宜做春秋季外衣、西装、风衣、夹克衫、童装等。

（35）巴拿马　巴拿马有厚型巴拿马、中型巴拿马和薄型巴拿马 3 个品种，其特点是质地厚实、松挺，风格粗犷，具有较好的透气性和抗曲折、耐磨性能。其宜做中档西装、男女夹克衫、牛仔裤等。

（36）麦尔纱　麦尔纱的特点是结构稀疏，质地轻薄，手感柔软，透气性好，主要用于头巾、面纱、衬衣等。

（37）黏纤织物（人造棉）　黏纤织物的特点是质地柔软，布面洁净，手感滑爽，吸湿性好，穿着舒适。其缺点是弹性差，不耐磨，缩水率大，不耐水洗，保形性差，湿强度低（湿强为干强的 40%～50%）。

（38）富纤织物　富纤织物的特点是在水中溶胀度低，回弹恢复率高，尺寸稳定性好，湿强约为干强的 80%。其宜用于男女衬衫、妇女儿童衫裙、冬季外衣、睡衣、床上用品及装饰用布等。

三、花布

花布又称印花布、深浅花布，是指应用于手工或机械对织物印染着色，呈现花纹、图案的织物，如图 2-20 所示。商业上习惯将印花布按色泽划分为浅色花布和深色花布。按织物组织可分为印花哔叽、印花府绸、印花细布、印花巴里纱、印花卡其、印花各类针织物和毛织物等。为使花纹图案清晰，用浆料作介质，将染料配成印花色浆，印在织物上，然后经烘燥、蒸化、水洗等后处理，使染料渗入织物与纤维固化。印花工艺有直接印花、防染印花、拔染印花等。手工印花有手绘蜡染印花、扎染和折染印花等，大多用于民族纹样，是国际市场上的高档产品。机械印花有模板、型板、喷墨、筛网（平网、圆网）、辊筒、转移、感光、静电植绒等。深色花布宜做春秋季妇女、儿童服装。浅色花布宜做夏令服装，也可做窗帘、被面、衬衫裤等。花粗布可做沙发套、窗帘、家具装饰布等。

图 2-20　花布

（1）花哔叽　花哔叽有大花哔叽和小花哔叽之分，其特点是布身紧密厚实，坚牢耐穿。大花哔叽的花型图案以大朵花和飞禽为主，花色艳丽，衬以大红、紫酱、咖啡、墨绿、藕荷等地色，构成漂亮的布面，常用做被面。小花哔叽的花型主要是小朵花、几何图案、条格及儿童喜欢的花鸟动物等，小花哔叽底色多以中浅色为主，常做女装、童装。

（2）花直贡（花贡）　花直贡的特点是布面细洁光滑，纹路清晰、匀直，光泽好，手感柔软厚实，富有丝绸感，花色鲜艳，图案精美，别具风格，有大花贡和小花贡之分，其中以大花贡居多。大花贡的花型较大，布面光滑，色泽浓艳漂亮，多以热烈、奔放、吉祥的红地和酱地为主，主要做被面。小花贡的花型较小，配色协调，常见的色泽有红、酱、咖啡、黑、蓝、紫等花色，宜做春、秋、冬季女装和便装、童装、棉袄面等。

（3）花横贡缎　花横贡缎又称横贡、贡缎，特点是布面润滑，手感柔软，织物紧密，花型图案美观，色彩鲜艳，光泽好，有印花丝绸缎的风格。其宜做女装、罩衣、时装、童装、棉袄面及被面等。

（4）花斜纹（花斜、花光斜纹）　花斜纹有大花斜纹和小花斜纹之分。其特点是布面紧密，手感柔软细洁，纹路清晰，花色艳丽，图案秀美。大花斜纹宜做女装、时装、裙料、童装及被面等；小花斜纹宜做女装、童装及被面等。

（5）花纱卡其　花纱卡其的特点是布面光洁，布身厚实而实用，花型活泼，色彩浓艳，宜做女装、童装，大部分做窗帘、沙发套、椅套等家具、装饰用布。

（6）印花横罗（花横罗）　印花横罗的特点是布面呈现明显的凹凸横条形罗纹，条纹美丽，布身厚实，色彩丰富，层次清晰，花纹更觉饱满，宜做男女服装、童装等。

（7）印花涤棉纱罗　该织物的特点是织物轻薄滑爽，丝绸感强，成品经热定型和树脂整理后，更能增加挺括度，色牢度好，耐洗涤，宜做妇女夏装、裙子、童装及窗帘、装饰用布。

（8）印花巴里纱（花巴里纱）　印花巴里纱的特点是织物稀薄，印花效果非常好，透染性强，两面均有花型图案，酷似双面印花，优美的图案设计，富有艺术品的价值，别具风采。花型活泼，配色鲜艳协调，彩色深浓。其宜做女装、衬衫、时装、艺装、裙子、头巾及窗帘、装饰用布等。

（9）印花皱纹布（印花皱纹呢）　该织物布面上具有独特的皱纹，呈现着细小的菱形花纹、纹路清晰，具有立体感，色泽艳亮，手感厚实，有呢绒的感觉，加上印制不同风格的彩色大花，花纹有毛绒和绣花感，它的经纱浮点不长，耐磨性好，印制精细，花型活泼新颖，花色鲜艳。其主要用于窗帘、沙发套、椅套、缝纫机套，也可做部分衣料及室内装饰用布。

（10）印花麻纱　印花麻纱的特点是布面光洁匀净，条纹清晰，纱捻度大，布身轻薄、滑爽，成衣挺括，透气性好，穿着舒适凉爽，外观和手感如麻织物，花纹和色调相衬，别具风格，宜做妇女、儿童衣着，深色印花麻纱可做裙料等。

（11）柳条麻纱　柳条麻纱的特点是质地细薄，手感滑、挺爽，孔隙清晰，穿着舒适。宜做男女夏季衫衬等。

（12）提花麻纱　提花麻纱的特点是布面条纹清晰，还有花纹点缀，增加了织物的美观性，质地薄爽透气，穿着舒适，宜做男、女、儿童夏季服装等。

（13）涤棉印花麻纱　该织物的特点是布面细薄精致，质地滑爽挺括，成衣耐穿耐磨，易洗快干免烫，宜做妇女夏令衬衣、女装、时装、童装、裙子等。

（14）花泡泡纱　花泡泡纱的特点是质地轻薄，布面布满泡泡，花型若隐若现，凹凸不平，立体感强，成衣穿着凉爽，不贴身，宜做夏季女装、裙子、童装、浴衣、睡衣、连衣裙及床上用品、窗帘等。

（15）花双经布　花双经粗布质地厚实，布面的纹路与花纹相衬，使花色更加美观；中特纱花双经布质地较薄，花纹比较细致，色彩鲜艳明亮，花型活泼。其宜作窗帘、台布等装饰用布，少量作衣料。

（16）花绒布　花绒布的特点是绒布表面的纤维蓬松，有一层绒毛，绒毛短、匀、密，使导热性降低，保暖性增加，穿着时可减少人体热量的散失，并具有一定的吸湿性。印制的花型精致秀美，手感柔软厚实，有舒适温暖的感觉，宜做女装、童装、外衣、晨衣、睡衣、内衣、服装衬里等。

（17）花平绒　印花纬起绒绒面平整，绒毛短密，易于印花，花型清晰，绒面光泽自然柔和，色彩丰富。印花经起绒绒毛较长，花型更富有立体感。花平绒宜做女便装、上衣、礼服、旗袍、艺装、时装、童装及家具装饰用布。

（18）印花灯芯绒　印花灯芯绒的特点是色泽鲜艳，花型丰富逼真，可分为深色印花和浅色印花两种。深色印花花色多浓艳，浅色印花多在浅地印花，花色较浅，淡雅文静。花型图案有条、格等几何图形和人物花卉，也有仿色织格子花型、仿呢绒产品人字花呢以及风景建筑等，宜做女装、童装、浴衣、睡衣及家具装饰用布等。

（19）印花布（花布、深浅花布、印花平布）　印花布的特点是地色和套色丰富多彩，花样变化灵活，花纹精细，具有印花丝绸的风格。浅花布比深花布细薄透凉，花型活泼而多变化，色彩鲜艳美观，花纹细致，穿着凉爽，宜做夏令衣服，也可做窗帘、被面、衬衫裤等。

（20）黏纤花布　黏纤花布的特点是吸色性好，色彩浓艳，花纹精致，比棉印花布漂亮，有印花丝绸的风格。网印黏纤花布印制精良，层次分明，套色多，比机印黏纤花布美观。其宜做衬衫、两用衫、连衣裙、裙子、童装、睡衣、浴衣、裤子、窗帘、被面及沙发套、家具装饰用布等。

（21）棉黏花布（棉黏印花平布）　棉黏花布具有黏纤花布的特点，但比黏纤花布结实，手感柔软，富有光泽，但花色不如黏纤花布鲜艳。其用途同黏纤花布。

（22）涤棉花布（涤棉印花平布）　涤棉花布的特点是织物轻薄光洁，弹性好，抗皱性能强，易洗、快干、免烫，花型美观，配色协调，多印成浅色和中深色，也有少数深色产品。涤棉涤丝花布手感非常滑爽，富有丝绸感，但吸湿性和抗静电性略差些，印花较困难，宜做衬衫、两用衫、裙子、女装、旗袍、中式便装及家具、装饰用布。

（23）涤棉印花仿丝绸　该织物的特点是具有真丝绸的轻薄爽括性，抗皱性能好，不黏皮肤，穿着凉爽，易洗快干，宜做夏令女装、便装、睡衣裤等。

（24）印花涤棉丝缕绉　该织物的特点是花样变化多，布面富有光泽，仿丝绉效应较强，手感挺中有爽，穿着舒适，不粘身，透气性和尺寸稳定性好，易洗、快干、免烫，宜做女时装、衬衫、裙子、童装等。

（25）棉维花布　棉维花布的特点是质地轻薄坚牢，耐洗耐穿，染色性能较差，弹性较差，花纹色泽不及涤棉花布鲜艳美观，容易起皱，宜做妇女、儿童衣着用料。

（26）棉丙花布　棉丙花布的特点是具有近似涤棉花布的特点，挺括不皱，易洗快干，尺寸稳定性好，缩水小，不易变形，宜做春秋季服装。

（27）印花涤棉拷花布　该织物的特点是布面有凹凸的花纹，印花的花色丰富多彩，富有光泽，花色新颖别致，颇有立体感，宜做妇女、儿童夏季衬衫等。

（28）麦里司　麦里司的特点是质地稀松，布面平整，透气性能好。色泽以中浅色为主，如橘红、中驼、天蓝，地加印浅色花卉，也有平素品种，宜做女装、窗帘等。

（29）疏松布　疏松布的特点是布面平整，松软爽滑，吸湿性和通气性好，轻薄透凉。其色泽以印花为主，也有平素杂色产品，宜做夏令服装，主要是衬衫、女上衣、童装、连衣裙、睡衣、睡裤及窗帘、门帘等。

（30）黏纤花直贡　该织物的特点是光滑细洁，色彩鲜艳，手感柔软。部分产品采用网印印花，印制精细，更近似丝绸风格。其宜做单夹衣、女装、中式便装、童装及被面、褥面等。

（31）黏纤花双纬布　该织物的特点是花色浓艳，布面的色彩花纹加上纬向的纹路衬托，比黏纤花布美观，宜做窗帘、台布等装饰用布，少量做衣料。

（32）涤黏花布　涤黏花布的特点是花色鲜艳，吸湿性和透气性较好，手感柔软。其宜做女时装、衬衫、裙子、童装等。

（33）涤富花布　涤富花布的特点是外观与涤黏花布相仿，质地比涤黏花布结实耐穿，穿着滑爽舒适，有的经过树脂整理，弹性增加，缩水减少，服用性能改善，宜做夏令衣着。

（34）中长印花布（中长印花呢）　该织物的特点是质地厚实耐穿，毛型感较强，布身挺括，花纹图案新颖美观。全纱印花布质地轻薄，印制精细，但耐磨性较差。其宜做妇女、儿童春秋季衣料及装饰用布，其中中长涤黏全纱印花布质地轻薄，宜做上衣、衬衫、两用衫等。

（35）腈纶花布　腈纶花布的特点是花色非常鲜艳，布身轻松柔软，带有毛型感，缩水小，不起皱，易洗快干，宜做妇女、儿童衣着及被面、窗帘等。

四、色织布

色织布又称色织物，是采用染色纱线，结合组织结构与配色的变化、整理工艺等生产的织物，可构成各种花型图案，较印花布丰富多彩，色彩调和，色调鲜明，花型多变，层次清晰，立体感强。花色品种和组织规格甚多，采用原纱染色，染料渗透性强，色牢度高。常见品种有线呢（男线呢和女线呢）、色织绒布、色织灯芯绒、色织府绸、色织仿毛织物、牛仔布等。

（一）线呢

线呢是色织布中的主要品种之一，如图 2-21 所示。因其采用染色的纱线或花式纱线为经、纬纱，模仿精梳毛花呢类织物风格，故名。线呢的花纹细巧，布面光洁平挺，手感滑爽，光泽柔和自然，纹理清晰，色泽鲜艳。商品名称与产品规格较多，是色织物中的传统品种。按色泽的深浅可分为深色线呢和浅色线呢；按纱线不同可分为全线线呢和半线线呢（线经纱纬）；按穿用对象可分为男线呢和女线呢。男线呢的特点是花型色泽素雅大方，质地坚牢厚实，有毛料花呢的感觉。按外观特征又可将男线呢分为素线呢、条线呢和格线呢等，条线呢又可分为素条、暗条和明条。女线呢的花型新颖亮丽，变化繁多，色彩丰富鲜艳，主要品种有格花呢、提花呢、花线呢、皱线呢、格子线呢等。深色线呢适合做秋冬季服装，浅色线呢适合做春秋季和初夏服装。

图 2-21　线呢

（1）女线呢　女线呢的特点是质地厚实，坚牢耐穿，仿毛感强。花纹图案丰富细巧，布面光洁平挺，手感滑爽，光泽柔和，纹理清晰，色泽鲜艳。部分经过防缩、防皱和树脂整理的成品，服用性能有所提高。除了上述共同特点外，不同原料的女线呢还具有各自独有的特点，如纯棉女线呢的手感柔软，吸湿性好；维棉女线呢与纯棉相似，使用寿命比纯棉长；涤棉女线呢具有挺括、耐穿、免烫的优点，但吸湿性差；涤黏、涤腈女线呢保暖性、吸湿性、弹性、蓬松性好；膨体腈纶女线呢厚实丰满，易洗快干，防蛀耐晒。

女线呢的原料有纯棉、涤棉、维棉、涤黏、涤腈、膨体腈纶等。采用各种原料的有色股线、双色花线、多色花线、花式捻线等织制的女线呢，花式品种丰富多彩，并各具特点。按经纬纱线的不同，女线呢可分为全线、半线、全纱三类。织物组织变化范围广，一般在平纹或皱地上形成条格及各种起花方式，有皱花呢、松花呢、经花呢、提花呢等。女线呢宜做妇女、青年、儿童两用衫、裙子等，主要做女装。

（2）男线呢　男线呢的特点为质地坚牢，手感厚实，保暖性好，具有类似毛料呢绒的外观风格。其品种有全线、半线和全纱，造型设计以仿毛料条子花呢为主，部分为素色，格子很少。常用配色以深色调为主，如深咖啡、藏青、铁灰、深蟹青等，部分为中浅色，如驼灰、青灰、中灰、蓝灰等捻花线色混色。男线呢宜做春、秋、冬季外衣等服装。

（3）色织涤棉线绢　该织物的特点是织物具有毛女式平纹呢的外观，在手感、服用性能等方面仍保持原有涤棉混纺织物的特性，经树脂整理后，织物具有持久的抗皱免烫性能，其成品布面平整，光滑如绢，色泽柔和，手感厚实、挺括，富有弹性。采用平纹组织织造，以格为主，色泽以趋于中浅复色为基本色调，如蓝、米、灰色等。

（二）色织绒布

色织绒布是指通过机械起绒的方法，使表面具有绒毛的色织物，如图 2-22 所示。其质地柔软厚实，绒毛稠密而蓬松，具有良好的保暖性、吸湿性和耐磨性。运用织物的规格、组织和色彩变化的科学配合，可以形成各种不同的品种和风格。按起绒方法的不同，可分为拉绒布和磨绒布；按织物组织的不同，可分为平纹绒、斜纹绒、提花绒和凹凸绒等；按单面或双面拉绒的不同，可分为单面绒和双面绒；按色纱配置的不同，可分为条绒和格绒；按织物厚薄的不同，可分厚绒和薄绒。绒布的绒毛由纬纱形成，拉绒时将纬纱的部分纤维一端拉出织物表面形成绒毛，为便于拉绒和增加织物的厚度，使用的纬纱比经纱粗得多。色织绒布主要用作内、外衣料，也有少数用作过滤材料。

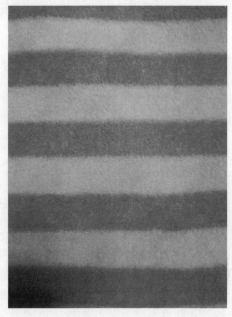

图 2-22 色织绒布

（1）色织绒布 色织绒布的特点是布身柔软厚实，绒毛稠密而蓬松，具有良好的保暖性、吸湿性和耐磨性。运用织物的规格、组织，色彩变化的配合，可形成各种不同的品种和风格，宜做内、外衣等。

（2）双纬绒 双纬绒的特点是织物的手感较一般绒类织物柔软，质地厚实，绒毛丰满、稠密，主要用于做睡衣。

（3）厚格绒（双面绒） 厚格绒的特点是手感厚实、柔软，绒毛丰满，保暖性好，立体感强，宜做童毯和装饰品，既能衣着用，又是艺术装饰品。

（4）色织彩格绒布 该织物的特点是布面柔软，配色文雅，宜做内衣、套裙、男装、女装、童装等。

（5）条绒布（条绒） 条绒布的特点是织物表面纤维蓬松，绒毛均匀、平齐紧密，手感舒适、柔软丰厚，保暖性强，有一定的吸湿性。因织物表面经过反复拉绒，强力损失较多，通常纬向强力为原来的一半左右，耐磨而不耐拉伸，宜做内衣裤、睡衣、浴衣、童装等，也可做被里。

（6）格绒布（格绒、格子绒布） 格绒布的特点是单面格绒的绒面柔软，保暖性好，肤感舒适；双面格绒的布身厚重，绒毛紧密丰满，宜做内衣裤、睡衣（单面格绒布）、童装大衣、女装、晨衣及毯子（双面格绒）等。

（7）彩格绒布（彩格绒） 彩格绒布的特点是织物既有一定的保暖性，又有一定的挺括、悬垂性，即既有绒布织物的特点，又有一般非拉绒织物的特点。色泽有红、绿、黄、蓝、咖啡等各种大小不同的彩格。宜做男女外衣，如夹克衫、女装、罩衣、童装、两用衫、裙装等。

（8）提花绒布 提花绒布的特点是表面纤维蓬松，有一层绒毛，保暖性好，并有一定的吸湿性，手感丰润，有仿毛感。宜做内衣裤、女装、外衣、童装、睡衣、浴衣等。

（9）芝麻绒布（芝麻绒） 芝麻绒布的特点是绒毛较长，保暖性好，较耐脏污（不显脏），质地柔软厚实。色泽以灰色和杂色居多，杂色主要是酱、藏青、墨绿等。宜做夹衣衬里、手套、鞋帽夹里等。

（10）衬绒布（衬绒）　衬绒布的特点是双面起绒，绒毛丰满，布身柔软。色泽以白色为主，也有米黄、粉、浅天蓝等。厚衬绒宜做衣帽、手套衬里及儿童床上用品等；薄衬绒宜做童装、婴幼儿装、服装衬里等。

（11）双纬绒布（双纬绒）　双纬绒布的特点是绒面柔软，穿着舒适，彩色浮悬，似彩云悬空，别具风格，宜做睡衣、浴衣、童装、女装、时装等。

（12）双面薄绒布（双面薄绒）　双面薄绒布的特点是织物经起绒，绒毛不太稠密，手感柔软，绒毛短而均匀，吸湿性能好。色泽有本白、漂白、浅天蓝、米色、淡绿、湖蓝等，宜做内衣裤、睡衣、童装、婴幼儿服、服装衬里绒布等。

（13）维也纳绒　该织物的特点是织物经起绒，绒毛柔软，短而均匀，保暖性好，吸湿性强。产品多为条格型，单面或双面轻拉绒，宜做男女衬衫、童装、女装、裙装等。

（14）突桑　突桑的特点是织物的经纱多采用彩色，纬纱为灰色，呈现浅棕色或浅黄褐色的深色条纹，纬纱较粗，纬向产生凸条效应，宜做高档凸条服装等。

（三）色织灯芯绒

色织灯芯绒是由色经、色纬纱依靠特殊的织物组织织制成坯布，如图 2-23 所示。在整理加工时将部分纬纱的浮线割断，使表面形成灯芯条状毛绒的织物，故名。它是灯芯绒的一个品种，与其他灯芯绒的不同之处是：先将纱线染色后再织成各种花色的灯芯绒，而不是先织成灯芯绒白坯再染色加工。色织灯芯绒质地坚牢耐用，美观大方，手感丰满，它由两个系统的纬纱（地纬和绒纬）与一个系统的经纱交织，其中地纬和经纱交织成地布，绒纬和经纱交织后，其浮长部位在整理加工中被割断、松解即形成毛绒。色织灯芯绒利用色纱排列、花色线和组织的配合，能使绒面形成多种不同的色彩和花纹图案。其用途广泛，适合做男女老少的春、秋、冬季服装和装饰用料。

图 2-23　色织灯芯绒

（1）色织灯芯绒　色织灯芯绒的特点是手感柔软，线条圆润，纹路清晰，绒毛丰满，色彩富于变化，色泽纯正，配色调和，色牢度好，主要作一般女装、时装、艺装、睡衣、童装、高档鞋、帽等的用料。

（2）色织提花灯芯绒　色织提花灯芯绒有大提花、小提花和绒编提化等品种。其特点是布面绒毛松软一致，线条圆润丰满，绒条间纹路清晰，手感柔软糯、厚实，保暖性和耐磨性好，光泽好。大提花灯芯绒宜做时装、艺装、裙子及装饰用布，小提花灯芯绒宜做女装、童装；轻薄产品宜做两用衫、裙子等；绒编提花灯芯绒宜做女装上衣、短大衣、两用衫等。

（3）仿烂花丝绒灯芯绒　该织物的特点是绒面美观，手感滑糯柔软，花型逼真，具有立体感，宜做艺装、旗袍及家具装饰用布等。

（四）条格布

条格布是色织布中的一大类，花型大都为条格，故名，如图 2-24 所示。条格布的质地轻薄滑爽，花色文静明朗，在外观上与男女线呢相似，一般是全纱织物，也有少数是半线与全线织物。它与线呢的主要区别是：它的经纬纱很少配置花线，如配置花线，一般也不超过三分之一，幅宽较宽，一般不经过丝光和大整理。使用的原料主要为棉纱，也有富纤纱、涤/棉纱和棉/维纱。织物以平纹组织为主，也有小花纹、蜂巢和纱罗组织等。品种主要是深色条格布和浅色条格布。其他还有冲条格府绸、哔叽条格和嵌线条格等。深浅条格布以条型和格型以及色泽的深浅而分为深色条布、深色格布、浅色条布、浅色格布等。深浅条格布大都为全纱织品，少数全线织品称线条布和线格布，质地比较厚实。有的成品最后还要经过磨绒整理，使布面成为绒面，称为磨绒线条布或磨绒线格布。条格布多做内衣衫裤、夏季外衣、冬服衣里及鞋帽等。

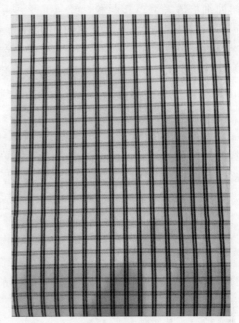

图 2-24　条格布

　（1）色织自由条布　该织物的特点是织物较轻薄、凉爽，穿着舒适，表面具有不规则的条格，宜做上衣、内衣，四季皆宜。

　（2）纬昌呢　纬昌呢的特点是布面平挺、丰满、厚实，有呢绒的外观效应，吸湿性好，服用舒适，主要做男女老少衬衣、儿童衣裙、女两用衫等。

　（3）色织拎包布（色织方格布）　色织拎包布的特点是格型明朗，线条清晰，主要用作大、小手拎箱和各种手拎包面料，也有部分用作上衣面料。

　（4）全棉向阳格布　该织物的特色是色泽鲜明，洁白，宜做中小学生和儿童内外衣等。

　（5）色织维棉条格布　该织物的特点是布面光洁，质地轻薄，手感较同类纯棉条格布挺括、滑爽，吸湿性、透气性均较好，穿着舒适，不感觉闷热，且坚牢耐穿。其以白底浅色调的套格或条子为主，配色文雅大方，宜做夏、秋季的衬衣、衬裤、童装等。

　（6）条格布　条格布的特点是质地轻薄滑爽，花色文静明朗，在外观上与男女线呢相似，宜做内衣衫裤、夏令外衣、冬令衣里、鞋、帽及其他制品的里面。

　（7）富纤条格布　富纤条格布的特点是布身细洁光滑，色泽浓艳，比纯棉条格布的外观漂亮，近似丝绸风格，穿着舒适滑爽，宜做妇女夏令服装。

　（8）涤棉条格布　涤棉条格布的特点是质地细薄，花色繁多，滑爽挺括，易洗快干，缩水率小（2%左右），宜做女衬衫、裙料、童装等。

　（9）棉维条格布　棉维条格布的特点是质地比纯棉条格布细洁，但比纯棉条格布耐磨耐穿，外观和花型基本上与纯棉条格布相仿，宜做妇女衬衫。

　（10）条格纱罗　条格纱罗的特点是布面呈条格花型，配色协调，色泽鲜艳，织物薄透秀丽，宜做夏令服装，如衬衫、连衣裙、艺装等，也可做装饰用布等。

　（11）格花呢　格花呢的特点是花纹图案丰富细巧，布面光洁平挺，手感滑爽，光泽自然柔和，纹理清晰，色泽鲜艳，宜做女装、童装等。

（五）色织府绸

　色织府绸是指采用漂染过的纱线织制的仿绸型府绸织物，如图 2-25 所示。其手感柔软，绸面细洁滑爽，色彩调和，经丝光整理，富有丝绸感。根据经、纬纱原料的不同，可分为纯棉府绸、涤棉府绸及涤棉纬长丝府绸等。根据经纬纱的结构不同，也可分为纱府绸、半线府绸和全线府绸。按组织及花色的不同，又可分为条格府绸、提花府绸、剪花府绸、缎条府绸、嵌线府绸和套色府绸等。色织府绸宜做男、女、老、幼四季穿用的内衣、衬衫和裙料等；纯棉精梳高支府绸可做高档衬衫；色织半线府绸的花型、色泽千变万化，宜做男、女睡衣裤；涤棉提花府绸质地挺括，手感柔滑，抗皱性强，宜做内、外衣。

图 2-25　色织府绸

（1）色织纯棉精梳高支府绸　该织物的特点是除表面具有菱形颗粒的府绸特征之外，比一般府绸的外观更细洁、光亮，更有丝绸感。成衣尺寸稳定，缩水率低，具有良好的透气性、吸湿性，色牢度好，日晒、洗涤后仍能保持本色，穿着文雅华美。其主要用作高档衬衫面料。

（2）色织纯棉高支壁织府绸　该织物的特点是除具有高支全棉织物所特有的优良服用性能外，还有绸的手感，柔和的色泽，配以富有特色的壁织（管状），体现了别具一格的新奇格调，宜做时装、女装等。

（3）色织半线府绸（色织4234府绸、色织缎条府绸）　色织半线府绸的特点是产品经过烧毛、丝光、漂白等工艺，手感滑、挺、爽、薄，富有绸缎光亮感。花型、色泽千变万化，有深、中、浅各色。其宜做男女睡衣裤、衬衫、两用衫、女装、内衣裤等。

（4）涤棉提花府绸（色织棉涤纶府绸）　该织物的特点是原组织平纹起花，各种提花组织相结合以及点缀较复杂的组织等，其有8种类型，有细条小格、平素提花、彩条彩格、胸花、剪花、左右捻隐条隐格、织花印花和提花、烂花。织物宜做内、外衣。

（5）涤棉纬长丝府绸（色织涤棉纬三叶丝府绸）　该织物的特点是质地挺括，手感滑爽糯软，光泽柔和，纬浮花纹闪烁，丝绸感强，宜做男女衬衫及装饰用布。

（6）色织树皮绉　色织树皮绉的特点是经浮点较长，吸湿、透光性好，光泽自然柔和，纹路清晰流畅，过渡自然，经向色泽浓艳，纬向稍次，层次分明，立体感强，宜做青年男女春、夏、秋三季衬衫、裤子、裙子等。

（7）花府绸　花府绸的特点是布身细洁光滑，布面花纹精致，图形美观，套色多，色彩鲜艳，宜做女装、罩衣、女便装、童装及被面等。

（8）线府绸　线府绸的特点是布面光滑细洁，手感柔软滑爽，菱形颗粒清晰，丝绸感强，吸湿透气性好，服用性能良好，宜做衬衫、睡衣、罩衫及床罩、枕套等。高级纯棉线府绸经各种特殊的整理工艺，具有防缩防皱、免烫等优良性能，用于制作高级衬衫，穿着舒适。

（9）色织涤棉府绸　该织物的特点是布面洁净平整，质地细致，布面上具有均匀的菱形颗粒，粒纹饱满清晰，光泽莹润柔和，手感柔软滑润，色泽均匀艳丽，具有丝绸的风格。

（10）涤棉纬长丝仿绸织物　该织物的特点是织物轻盈飘逸，手感柔软滑爽，易洗快干，抗皱免烫，色泽艳丽，晶莹悦目，宜做衬衫、裙子及装饰用窗帘、台布等。

（11）色织富纤府绸　该织物的特点是质地轻薄，布身光洁滑爽，比棉府绸更具有丝绸感，宜做衬衫、夏令衣着、日常衬衣裤等。

（12）色织棉维府绸　该织物的特点是质地细洁，布面洁净平整，手感柔软滑润，坚牢耐穿用，宜做衬衫、罩衣、女装、内衣、两用衫等。

（13）条格府绸　条格府绸的特点是布面平整细洁，手感滑爽，文静高雅。运用色纱线的色彩协调搭配或不同捻向的纱线排列形成条格花型或隐条、隐格、闪光等府绸，宜做衬衫、内衣、女装罩衣等。

（14）提花府绸　提花府绸的特点是布面平整细洁，手感滑爽，文静高雅，宜做高级衬衫、两用衫、女装等。

（15）印线府绸　印线府绸的特点是布面平整细洁，手感柔软滑爽，花型美观，宜做女装、罩衣、衬衫、两用衫、裙装、童装等。

（16）双纬府绸　双纬府绸的特点是布面形成不规则的云彩状的花型，宜做女装、罩衣、衬衫、旗袍、裙装、童装等。

（17）套色府绸　套色府绸的特点是布面洁白，菱形颗粒丰满，色泽莹润柔和、均匀纯正，手感柔软滑爽，具有丝绸风格，宜做女装、衬衫、两用衫、罩衫、童装等。

（18）露依绸　露依绸的特点是高支、高密，布面光洁、匀整、丰满挺括，光泽好，耐磨性强，具有良好的吸湿性、透气性和染色性，质地挺爽，缩水率低，穿着舒适，高雅，有高档感，宜做风雨衣、夹克衫、羽绒服等的高档面料。

（六）色织仿毛织物

色织仿毛织物是利用各种化纤纱经染色并线后，仿照毛织物的风格，织出的各种具有毛型感的织物，如图 2-26 所示。其轻、软而富有弹性，光泽自然滋润，具有良好的悬垂性，手感挺括等。色织仿毛织物使用的原料为涤/黏、涤/腈中长纤维混纺纱，织物品种有色织中长中厚花呢、中复式中长花呢、中长薄型花呢、中长啥咪呢、中长马裤呢、中长板司呢、中长海力蒙、中长凡立丁和海力斯等，主要用于制作男女各式服装等。

图 2-26　色织仿毛织物

（1）色织烂花布（绸）　色织烂花布的特点是花型逼真，层次分明，立体感强，透气性能较烂花前提高 2～3 倍，有丝绸感，高雅美观，宜做妇女衣料、裙料，特别适宜制作台布、窗帘、床罩等装饰用布。

（2）色织涤棉牙签条　该织物的特点是质地紧密，布身挺括，手感滑爽，条纹富有立体感，服用性能良好，宜做衬衫、西裤、裙子、外套、童装等。

（3）色织拷花绒　色织拷花绒的特点是绒面上呈现人字形（或斜纹）绒纹，明暗隐约，风格别致，外观效果犹如拷花大衣呢，色泽鲜艳，人字形绒毛丰满，宜做服装及装饰用布。

（4）色织维棉交织花呢　该织物的特点是外观近似色织中长仿毛花呢，以中色调的套格或条子为主，其配色调和，质地厚实，手感不软不糙，穿着比其他合纤织物舒适，无闷感，服用牢度好，宜做女装、裤子、童装及沙发套等。

（5）涤棉花呢　涤棉花呢的特点是织物外观厚实，带有毛型花呢的风格，配色调和，织纹清晰，布面光洁，手感丰满，具有滑、挺、爽的特点，经久耐穿，易洗快干，宜做春、秋、冬季男女套装等。

（6）色织中长中厚花呢　该织物的特点是布面平整丰满，有厚实花呢绒之感，宜做秋冬季男女及儿童的套装、外衣、西装。

（7）中复色中长花呢　该织物的特点是织物外观平整，织纹细洁，色泽文静调和，宜做春、秋、初夏季节的两用衫、裤、裙等，也可做秋、冬季的罩衫和棉衣。

（8）色织中长薄型花呢　该织物的特点是织物轻薄、滑爽、挺括，色泽淡雅、文静，宜做春、夏、秋季男女上衣、裙、裤等。

（9）色织中长啥味呢　该织物的特点是手感滑糯、柔软，弹性好，布面绒毛均匀、丰满，外观有呢绒效果，酷似全毛啥味呢，宜做男女外衣。

（10）色织中长马裤呢　该织物的特点是色泽柔和文静，组织结构紧密，斜纹纹路清晰，粗壮而突出，手感厚实，富有弹性，毛型感强，宜做春、秋、冬季外衣、套装、夹克衫等。

（11）色织中长板司呢　该织物的特点是织物质地平挺，织纹颗粒突出，利用色纱排列与组织配合，形成配色模纹，毛型感强，宜做男、女西装、套装等。

（12）色织中长海力蒙　该织物的特点是质地紧密，色泽纯正，条型活泼，手感糯爽，布边挺括，快干免烫，宜作春、秋季中厚型仿毛西装面料。

（13）色织中长凡立丁（色织凡立丁、化纤凡立丁）　该织物的特点是织物手感挺爽，富有弹性，毛型感强，宜做男女春秋衫、裤子、裙子等。

（14）涤黏海力斯　该织物的特点是布面丰满，质地粗厚，挺糯，毛型感强，宜作春、秋季男女服装面料。

（15）涤黏低弹交并花呢　该织物的特点是由于改善了织物结构，在光泽和手感方面更具有仿毛型感，挺括、滑爽、强度高，且弥补了纯低弹产品易滑移和拉光的缺点，宜做春、秋季裤子、套装、两用衫、裙子和冬装等。

（16）色织富纤细纺　该织物的特点是手感柔软似绸，穿着轻盈飘逸，透气滑爽，外观风格介于全棉和涤棉之间，色泽丰润、悦目、鲜艳，宜做妇女上衣、衬衫、袍裙等。

（17）色织涤黏巴拿马花呢　该织物的特点是织物表面具有粒纹粗而清晰，质地松、挺、厚、软等特征，毛型感强，宜做春、秋、冬季套装面料、裙料等。

（18）色织化纤派力司　该织物的特点是质地轻薄，色泽淡雅，并特意使色纤维在纱线中混色不匀，因而使织物表面具有明显的疏密不匀、随机分布、纵横交错的夹色条纹，形成派力司织物的外观特征，而且在手感、服用性能等方面仍保持原有化纤混纺织物的特性，毛型感较强，宜作春、夏、秋季服装面料等。

（19）色织凉爽呢（化纤凉爽呢、凉爽呢）　该织物的特点是织物呈现隐条，透气性好，挺括耐磨，富有弹性，手感疏松而滑爽，仿毛型感良好，宜做春秋季男女上装、裤料、裙子、套装等。

（20）纯涤纶低弹长丝仿毛花呢　该织物的特点是织物滑爽，有弹性，表面呈直条形，具有弹、挺、丰、爽、匀的毛型感，宜做男女套装、裤子等。

（21）大提花中长纬低弹花呢　该织物的特点是织物的滑糯性、挺括性介于中长织物和纯涤纶织物之间，而防起毛起球和防静电性能优于纯涤纶织物，主要用作女式上衣料等。

（22）色织仿毛双层粗厚花呢　该织物的特点是构思巧妙，配色各异，色彩柔和，织纹精细，正面为浅米色和驼色交织的小提花纹，反面为彩色斜纹钢花呢，具有高档女衣呢风格，宜做各种旅游、装饰织物。

（23）色织腈纶膨体粗花呢　该织物的特点是质地厚实丰满，保暖性强，装饰性好，易洗快干，防蛀耐晒，价格适中，手感蓬松柔软，主要用作中青年女式上衣、童装、中长大衣、两用衫、裙套装等面料。

（24）色织丙纶吹捻丝粗花呢　该织物的特点是手感粗涩，风格粗犷，仿毛型感强，宜作男女老少冬季服装面料。

（25）色织中长克罗丁（色织中长双纹呢）　该织物的特点是布身挺括厚实，色牢度好，耐洗涤，花色比较调和，仿毛感较强，宜做男女上衣、两用衫等。

（26）中长色织华达呢　该织物的特点是质地厚实，手感厚糯，弹性好，经穿耐磨，快干免烫，花色美观，毛型感好，近似毛织品，其用途同棉华达呢。

（27）中长色织花呢　该织物的特点是男花呢的花色比较文静，以条格花呢居多，有浅色、深色、嵌条等，有时也混入异形化纤或夹入化纤长丝等。女花呢的花色比较鲜艳，以提花呢居多，并夹入毛巾线、结子线、竹节纱、金银丝、涤丝等，呢面显得丰富多彩。部分女花呢以中长涤黏与弹涤丝交织或采用膨体腈纶纱织成，织物丰厚，弹性好，手感和毛型感均可增强，更具有毛型女花呢的特色。该织物宜做春、秋、冬三季的男女套装。

（28）中长条纹呢（中长明条呢）　该织物的特点是布面上有明显的条形纹，有阔有狭。条纹中嵌有不同色泽的纱线，有规则地间隔排列，有阔有狭，使织物增加仿毛感，类似于条子花呢，宜做男女套装。

（29）中长皱纹呢　该织物的特点是布面有密集的皱纹，花纹细致美观，手感软糯，质地厚实，色泽匀净，毛型感强，宜做女式服装面料及装饰用布。

（30）中长提花呢　该织物的特点是布面上的提花仿照呢绒的花纹，花纹图案变化多，美观大方，织纹清晰，配色协调，毛型感强，富有呢绒的风格，宜做男女上装、两用衫、裤装等。

（31）中长平纹呢（中长织物、仿毛织物、中长凡立丁）　该织物的特点是具有中长化纤纺呢绒的凡立丁风格，布面平整挺括，织纹清晰，手感丰满滑糯，弹性好，光泽足，宜做春秋季男女衣裤、两用衫、罩衫等。

（32）中长隐条呢　该织物的特点是呢面上呈现隐条花纹，条形细致美观，若隐若现，排列协调，文静大方，和呢绒中的隐条花纹相似，使织物更接近呢绒风格，宜做春、秋、冬三季男女套装、罩衫等。

（33）中长法兰绒　该织物的特点是呢面经起绒后，有丰满细洁的绒毛覆盖，色泽呈混色夹花风格，有深灰、浅灰和其他杂色，手感厚实，保暖性好，仿毛型感强，宜做春秋季男女套装、两用衫等。

（34）中长派力司　该织物的特点是布面散布着均匀的白点和纵横交错、隐约可见的有色细线条纹，织物手感滑爽，弹性好，身骨挺薄，为中长化纤织物中的薄型织物，宜作夏令男女衣裤用料等。

（35）中长大衣呢　该织物的特点是呢面丰满，绒毛密集，手感厚实柔软，富有保暖性，花色繁多，具有纺呢绒大衣呢的风格，宜做冬令外衣和大衣。

（七）牛仔布

牛仔布如图 2-27 所示，是一种较粗厚的色织经面斜纹棉布，经纱颜色深，一般为靛蓝色，纬纱颜色浅，一般为浅灰或煮练后的本白纱。采用三上一下组织，也有采用变化斜纹，平纹或绉组织织造。坯布经防缩整理，缩水率比一般织物小，质地紧密，手感厚实，色泽鲜艳，织纹清晰，坚固耐穿，可形成特殊的外观风格，品种有氨纶弹力牛仔布、白花蓝底大提花牛仔布、色织印花牛仔布、纬向嵌金银丝的牛仔布等。牛仔布适宜于缝制男（女）式牛仔衫（裤）、牛仔背心、牛仔坎肩、牛仔短裤、牛仔裙和牛仔包等。

图 2-27　牛仔布

（1）色织牛仔布（靛蓝劳动布、靛蓝坚固呢）

色织牛仔布的特点是纱粗，织物密度高，手感厚实，色泽鲜艳，织纹清晰，主要做男女式牛仔裤、牛仔上装、牛仔短裤、牛仔裙等。

（2）劳动呢（劳动布、劳动卡、中联呢、坚固呢）　劳动呢的特点是布身坚牢结实，密度大，结构紧密，织物硬挺，强力高，弹性好，宜做劳动工作服、防护服、青年男女衣裤等。

（3）棉维劳动呢　该织物的特点是布身坚牢结实，比纯棉劳动呢耐穿，服用性能好，宜做劳动工作服、防护服等。

（4）中长劳动呢　该织物的特点是布面挺括丰满，富有呢的风格，毛型感强，宜做劳动工作服和防护服等。

（5）重磅牛仔布　重磅牛仔布的特点与用途同牛仔布。

（6）中磅牛仔布　中磅牛仔布的特点同牛仔布。其宜做时装、运动装、猎装、夹克衫等。

（7）弹力牛仔布　弹力牛仔布的特点是富有弹性，穿着舒适，紧身而能突出体形美，能充分体现人体的健美和潇洒风度，宜做青年男女紧身衣裤、时装、运动装、牛仔裤等。

（8）紧捻纱起皱牛仔布　该织物的特点是具有良好的服用性能，透气性好，吸湿性强，质地柔软，富有弹性，皱纹自然、潇洒，美观大方。织物多用作夏季衣料、裙料及装饰用布。

（9）麻棉牛仔布　麻棉牛仔布的特点是手感挺爽，比纯棉薄型牛仔布穿着舒适凉爽，宜做衬衫、夏装、童装等。

（10）棉维牛仔布　棉维牛仔布的特点是布身坚牢结实，比纯棉产品耐穿用，主要用于做工作服、防护服等。

（八）其他色织布

（1）二六元贡　二六元贡的特点是色泽乌黑均匀，带青光，丝光度足，斜纹纹路清晰而陡直，布面光洁平整，少茸毛，无条状色光色差，无极光；布身紧密，手感厚实，略具毛型感，布边平直。其主要用于男女布鞋面料。

（2）填芯织物（高花织物）　填芯织物的特点是布面花纹凹凸明显，立体感强。织物的底色多为浅色，以充分呈现凹凸效应，使其外观风格多姿多彩，是一种工艺性强、风格独特的高档产品。其宜作外衣料及装饰用布。

（3）色织纯棉树脂青年布　该织物的特点是布面光洁，条干均匀，手感挺括，具有良好的吸湿性、透气性，因经树脂整理，织物具有持久的抗皱免烫性能，布身挺括，弹性良好。其宜作衬衫面料。

（4）牛津布（牛津纺）　牛津布的特点是布面平、滑、爽，手感松软，吸湿性好，易洗快干，外观似色织物，穿着舒适，宜做男女衬衫等。

（5）色织牛津纺　色织牛津纺的特点是织纹的颗粒丰满，色彩淡雅，纱线条干均匀，手感柔软、滑爽、挺括，透气性好等。织物的花色有素色、漂色、色经白纬、色经色纬以及中浅色地纹嵌以简练的条格等。其主要用作衬衫、运动衣、睡衣等面料。

（6）俄罗斯防雨布　该织物的特点是质地紧密，不透气，不透湿，布面平整、滑爽，宜做风衣、雨衣。

（7）色织涤棉细纺　该织物的特点是布面平整细洁，质地柔软滑爽，透气吸湿性好，色泽鲜艳，花型条格多变，宜作夏季衬衫料、裙料等。

（8）色织涤棉稀密织物　该织物具有凉爽、易于散热和透气等特点，宜做夏季男女服装等。

（9）色织绞纱罗织物　色织绞纱罗织物的表面具有清晰均匀的孔眼和屈曲的网目，织纹精致美观，经纬密度小，织物透气性好，结构稳定，具有透、凉、轻、薄、爽的独特风格，宜作夏季衣料及蚊帐、窗帘及装饰等用布。

（10）色织涤棉裙布　色织涤棉裙布的特点是布面光洁，色泽鲜艳，手感滑爽，宜作非洲女装料、裙料等。

（11）色织巴里纱　色织巴里纱的特点是质地轻薄，布眼清晰，手感滑、挺、爽，透气良好，富于弹性，淡雅清丽，文静中显出华贵，宜做夏季女式衬衫、裙子、童装、男礼服衬衫、民族服装、头巾、面纱及窗帘等。

（12）色织复合丝闪光绸　该织物的特点是光泽含蓄，色泽丰富，手感挺爽，质地轻盈，抗皱性能好，宜做各种时装。

（13）泡泡纱　泡泡纱的特点是质地轻薄，泡泡立体感强，外观别致，穿着不贴身，宜做妇女、儿童夏令衫、裤，彩条泡泡纱可做窗帘、床罩等。

（14）色织泡泡纱　该织物的特点是布面起泡与不起泡部分的间隔呈纵向条形，泡泡条宽狭并存，棱次排列清晰整齐，泡峰泡谷起伏均匀，立体感强，耐穿耐洗，以永久性泡泡著称，经烧毛、平洗、松式工艺整理及永久性定型后，更丰满光洁，色泽鲜艳，质地柔软滑爽，穿着舒适，宜做妇女衬衫、连衣裙、各式童装及床罩、窗帘等。

（15）色织绉纱　色织绉纱的特点是轻薄飘逸，有皱纹自然丰满的特点，织物表面呈现不规则柳条状效应，皱纹立体感较丝绸更强，手感柔软，吸湿透气性良好。品种有单向绉纱织物和双向绉纱织物，前者起皱似波浪或柳条，后者根据交织数不同可形成双皱或胡桃皱纹样。色织绉纱主要用于作春、夏、秋三季的女装、童装、裙料、衬衣及窗帘等装饰用布。

（16）色织起圈织物　色织起圈织物具有滑爽、光泽好、丝绸感强等特点，且起圈花点稳定不变，富有立体感。纱圈分散在织物表面，并完全浮在织物上面起装饰作用。织物宜做男女衬衣、女装、连衣裙等。

（17）涤黏低弹仿麻织物　该织物的特点是具有麻织物粗犷、挺爽的风格特征，织物坚牢、挺括、免烫，宜作春、夏、秋季男女服装面料及窗帘、床罩、台布等装饰用布。

（18）色织薄型弹力绉　该织物的特点是皱泡自然、灵活多变，久洗不变形，立体感强，手感滑爽，弹性和变形恢复性好，有丝绸高级感，穿着舒适合体。织物宜作春、夏季服装面料。

（19）色织涤棉结子花呢　该织物的特点是质地较一般细纺织物厚实丰满，柔软而有弹性，立体感强，结子点缀如雪花。色彩以复色为主，明朗、素静，偶尔以鲜艳嵌线点缀，或以深色为底，也有独特的艺术效果。织物主要用作衬衣和裙子面料等。

（20）色织涤纶竹节丝仿丝麻花呢　该织物的特点是织物具有丝的光泽、麻织物的风格，且手感滑爽、挺括免烫，宜作春、夏季男女服装面料等。

（21）色织高皱中长织物　该织物的特点是手感厚实，弹性好，花型清晰，布面丰满，凹凸效果显著，立体感强等，主要用作外衣面料。

（22）色织七梭织物　该织物的特点是外观五彩缤纷，绚丽多彩，宜做女装及装饰用织物。

（23）印经布　印经布的特点是织物不同于普通印花布，布面呈现似花非花、若隐若现、抽象含蓄、立体感强的美丽图案和丰富色彩，具有既像印花布又非印花布的独特风格，宜作男女夏令衬衫、裙子面料及沙发套、窗帘、帷幕等装饰用布。

（24）色织涤棉弹力绉　该织物的特点是运用平纹地原组织起花，由于PBT（聚对苯二甲酸丁二酯）纤维具有较好的弹性和收缩率，提花部用PBT做纬纱交织，使布面呈现凹凸起皱效果，花型丰满而有立体感，穿着舒适，独具风格。织物宜做女时装、衬衫、春秋衫等。

（25）色织断丝织物（雪花呢）　该织物的特点是色泽鲜艳柔和，质地细腻高雅，宜作妇女、儿童的外衣面料等。

（26）青年布（自由布、桑平布）　青年布的特点是布面光洁平整，形成双色效应，色泽调和文静，风格特殊，质地轻薄，穿着舒适。宜做衬衫、内衣、被套等。

（27）涤棉青年布（牛津布）　该织物的特点与用途同青年布。

（28）棉维青年布　棉维青年布的外观与青年布相似，质地比较坚牢，宜做衬衫、内衣及装饰用布。

（29）二二元毕叽　二二元毕叽的特点是布身紧密，质地厚实，坚牢耐穿用，色泽乌黑，宜作鞋面料等。

（30）色织涤棉纱罗　该织物的特点是织物轻薄滑爽，丝绸感强，成品经热定型和树脂整理后，更能增加挺括度，色牢度好，耐洗涤。宜做男女夏装、童装、裙子及装饰用布。

（31）花线纱罗　花线纱罗的特点是布面富于变化，呈现结子线、毛巾线等花式效果。宜做时髦女装、披肩、衬衫、裙子、童装及家具等的装饰用布。

（32）中长元贡呢　中长元贡呢的特点是布身紧密挺括，手感厚实，光泽好，纹路清晰，色泽乌黑纯正，富有毛贡呢感。宜做长短大衣、猎装、女装、民族装、鞋面等。

（33）色织涤棉提花巴里纱　该织物的特点是配色调和，花型美观，手感挺爽，光泽和透明度均较好，特别是织有装饰纱的品种，色彩更加丰富、秀丽，弹性好，抗皱性能强，耐穿用，易洗快干。宜做高档衬衫、女装、童装、裙装及室内装饰用布。

（34）色织绉布 色织绉布的特点是织物表面具有皱纹或皱条，皱缩均匀，轻薄松软，手感滑爽、糯润，光泽自然柔和，透气性好，穿着舒适透凉，宽紧适度，弹性好，不贴身，类似丝绸，风格别致。宜做中式便装、罩衣、衬衫、睡衣、裙子、时装、艺装、民族装、童装及装饰用布等。

（35）色织涤棉拷花布 该织物的特点是布面有凹凸的花纹，富有光泽，花色新颖别致，既有色织花型风格，又有凹凸花纹的立体感。宜做妇女、儿童夏令衬衫。

（36）色织涤棉烂花布 该织物的特点是布面具有透明的凹凸花纹，富有立体感，花型设计新颖，花色变化繁多，其透明部分犹如蝉翼，凸出部分近似烂花丝绒，组成轻盈滑爽。宜做女装、时装、裙子、旗袍、衬衫、艺装、童装及台布、窗帘、头巾、茶巾、床罩等。

（37）色织花呢 色织花呢的特点是花色品种丰富，配色调和，色泽文雅，织纹清晰大方，弹性好，手感厚实，布身挺括滑糯，富有毛型感。花色有条花呢、格花呢、雪花呢、薄花呢、提花呢等。使用范围广泛，宜做春、秋、冬三季男女套装。

（38）棉维色织花呢 该织物的外观与涤棉花呢相仿，质地厚实坚牢，但不及涤棉花呢光洁挺括。布面厚实，耐穿用，但染色性能差，宜做春、秋、冬三季男女套装。

（39）涤棉色织花呢 该织物的特点是布面平整光洁，强力高，耐穿用，弹性和抗皱性能好，配色协调，花型鲜艳，富于变化，手感丰满，夏季面料滑挺爽，秋冬季面料滑挺糯，夹丝产品色彩富丽，光彩闪烁，富有高级感。织物主要用来做套装、便装、女装、时装、裙装、童装、艺装、民族装及家具装饰用布等。涤棉夹丝花呢主要用来做时装和晚礼服。

（40）结子纱色织物 该织物的特点是布面平整光洁，手感柔软，吸湿透气，穿着舒适。由于经起毛加工并具有碎纹花型，布面呈现朦胧色效应。宜做妇女时装、女裤、短裙、连衣裙等。

（41）经花呢 经花呢的特点同格花呢，品种有映雪呢、元宵呢、群星呢、培立呢、乐思呢、孔雀呢、肤雪呢、丰彩呢等。宜做女装、时装、艺装、童装等。

（42）提花呢 提花呢的特点同格花呢，是以色线为主的纬向提花织物，还有纺针织经编的提花线呢。宜做女装、时装、童装等。

（43）麻棉色织竹节布 该织物的特点是手感硬挺，质地厚实，线条粗犷，布面上有较强的立体效应和外观花纹效应，外观新颖独特，穿着舒适，吸湿性和透气性好，特别是不规则的竹节纱在布面上呈现不规则的分布，具有独特的风格和韵味。宜做西装、夹克衫等。

（44）雪尼尔织物 该织物的特点是绒面丰满，手感柔软，悬垂性好，有丝绒感，宜做服装及各种装饰用织物（如床罩、床毯、台毯、沙发套、墙饰、窗帘、帷幕）等。

第二节　服装用麻织物的鉴别与用途

目前对麻织物尚无统一的标准分类方法。一般可根据组成麻织物的原料、麻织物的加工方法和麻织物的外观、色泽来分类与编号。

（1）按原料分　有苎麻织物（以苎麻纤维为主要原料织制的麻织物，是麻类织物中最优良的夏季服用织物。除纯纺苎麻织物外，还包括与涤纶等混纺的苎麻织物）、亚麻织物（以亚麻纤维为主要原料织制的麻织物，大多为粗犷风格的面料或材料，也包括与涤纶等纤维混纺的亚麻织物）、大麻织物（以大麻纤维为主要原料的麻织物，以混纺织物为主）、黄麻织物（含洋麻、苘麻等织物。以黄麻纤维为主要原料的麻织物，因纤维较粗，不易纺制成细特纱线，故大多用于包装用布、麻袋、绳索、地毯底布等）。

（2）按加工方法分　有手工麻织物（也称为夏布。是一种手工捻纱织造的粗犷型麻织物）、机织麻织物（以各种麻纤维为原料，经纺纱、机织加工的麻织物）。

（3）按外观、色泽分　有原色麻织物（未经漂白加工、具有天然原色的麻织物）、漂白与染色麻织物（坯布经漂练加工或再经素色匹染的麻织物）、印花麻织物（坯布经漂练后再印花加工的麻织物，有手工印花、机器印花、蜡染、扎染等织物）、色织麻织物（纱线经漂练、染色后再织制的麻织物，可织成彩条、彩格、提花等各种图案）。

麻织物品种较多，各类编号既不统一也不规范。常用的苎麻织物和亚麻织物介绍如下。

一、苎麻织物的编号

苎麻织物的品种较多，编号及名称也极不统一。产品编号通常由英文字母与数字组成，英文字母代表织物的原料特征，冠在数字的前面。不经印染加工的苎麻织物，包括三位阿拉伯数字，第一位表示产品的类别，第二、三位表示产品的序号；需经印染加工的苎麻织物，包括四位阿拉伯数字，第一位表示印染类别，第二、三、四位为原坯布的三位编号。如TR101表示产品序号为1的涤麻单纱平纹织物；TR3101表示产品序号为1的印花涤麻单纱平纹织物（表2-1～表2-3）。

表 2-1　苎麻织物编号中英文字母的含义

字母	含义	字母	含义
R	纯苎麻织物或棉麻交织物	RC	麻棉混纺织物
TR	涤麻混纺织物	RW	麻毛混纺织物

表 2-2　苎麻织物的类别代号

代号	类别	代号	类别
1	单纱平纹织物	4	股线提花织物或斜纹织物
2	股线平纹织物	5	单纱交织织物
3	单纱提花织物或斜纹织物	6	股线交织织物

表 2-3　苎麻织物的印染类别代号

代号	类别	代号	类别
1	漂白类	3	印花类
2	染色类		

此外，产地不同，苎麻织物的命名方式也各异。四川省以总经数作为织物的代号，如600夏布、750夏布、925夏布等；广东省以织物幅宽作为织物的代号，如18寸（1寸＝3.33厘米）抽绣夏布、24寸抽绣夏布等；而湖南、江西等省又常以产地作为织物的代号，

如浏阳夏布、萍乡夏布、宜春夏布等。

二、亚麻织物的编号

亚麻织物的编号由三位阿拉伯数字组成：第一位数字表示亚麻织物的类别；第二、三位数字表示同一类别中不同技术条件的顺序号。如101表示根据第1种技术条件生产的纯亚麻原色酸洗平布，102表示根据第2种技术条件生产的纯亚麻原色酸洗平布。另外，在编号后可以附加半字线及表示染整加工特征的两位数字，如705-03表示根据第5种技术条件生产的染色斜纹亚麻布（表2-4、表2-5）。

表2-4　亚麻布的类别

代号	类别	代号	类别
1	纯亚麻酸洗平布	5	棉麻交织帆布
2	纯亚麻漂白平布	6	不经过染整加工的亚麻原布
3	棉麻交织布	7	斜纹亚麻布
4	纯亚麻帆布	8	提花与变化组织亚麻布

表2-5　亚麻布染整加工特征代号

代号	亚麻布染整加工特征	代号	亚麻布染整加工特征
-01	丝光布	-61	经不同化学加工的帆布
-02	色纱布	-81	印花布
-03	染色布		

三、苎麻织物

苎麻织物是以苎麻纤维为原料制织的织物，如图2-28所示。苎麻纤维具有吸湿散湿快，

光泽好，断裂强度高，湿强高于干强，断裂伸长率极小，遇水膨润性较好等特点。由它制织的苎麻织物布身细洁、紧密，布面光洁，手感挺爽，强力高，刚性强，吸湿散湿快，散热性好，穿着透凉爽滑，出汗不粘身，凉爽舒适，是夏季衣物的理想衣料。苎麻织物的品种规格比较简单，按织物的色相分，有原色苎麻布、漂白苎麻布、染色苎麻布和印花苎麻布四种。原色苎麻布主要作漂白、染色和印花加工用坯布。苎麻织物适宜做夏季服装、床单、被褥、蚊帐、床罩、台布、窗帘、工艺品抽绣、手帕等，也可用作特殊要求的国防和工农业用布，如皮带尺、过滤布、钢丝针布的基布、子弹袋、水龙带等。

图2-28　苎麻织物

（1）粗支苎麻布　粗支苎麻布的特点是布面的纱线具有自然、不均匀粗糙感，风格粗犷，个性化强，质地紧密坚牢，手感干爽、挺括，耐水洗，耐摩擦。织物宜做春秋季男女休闲风衣、西装、套裙、裤装等。

（2）纯苎麻细布　纯苎麻细布的特点是织物薄细爽透，吸湿快，散热好，穿着透凉爽身，主要做夏令男女高档衬衫、两用衫、女装、时装、连衣裙、手帕等。

（3）高支纯麻细布 该织物的特点是经高级后整理加工，其轻柔细腻，有飘逸感，适用于夏季高级时装、晚装及服饰产品。

（4）特高支纯麻细布 该织物是麻类产品中的极品，薄如蝉翼，适用于做夏季高级时装、晚装及服饰产品。

（5）夏布 夏布是用手工将半脱胶的苎麻韧皮撕劈成细丝状，再头尾捻绩成纱，然后织成狭幅苎麻布。该织物的特点是布面较粗糙，具有手工纺织的古朴美观，强力高，质地坚牢，手感粗硬，穿着时清汗离体、透气散热，爽挺凉快。品种有原色夏布、漂白夏布、染色夏布和印花夏布，宜做夏令服装及蚊帐等。

（6）纯苎麻面料 纯苎麻面料的特点是纱线有较明显的竹节，手感挺括、干爽，布面平整光洁，纹路清晰，质地坚牢，耐洗涤，耐摩擦，具有良好的吸湿排汗性能，穿着舒适、凉爽，色泽鲜艳，多为染色和印花产品。通常经水洗、空气柔软整理，可改善手感和外观风格。该产品宜做春、秋季男女休闲西服、外套、风衣和夏季男士休闲衫及各种女士衣服、裙子、宽松裤等。

（7）纯苎麻异支条纹面料 该织物的特点是经纱由细支麻纱与粗支麻纱按照一定比例搭配，在布面形成凸显的纵向条纹花型，较同类产品的平纹织物更具个性化，风格独特，宜做夏季男士休闲衫及女士上衣、裙装、宽松裤装等。

（8）纯苎麻竹节布 该织物的特点是织物风格自然、粗犷，厚重感强，竹节突出明显，古朴自然。织物宜用于制作怀旧或休闲西服及秋冬季休闲装等。

（9）纯苎麻皱织物 该织物的特点是面料轻透、细薄，布面呈现真丝乔其的精细皱纹，是一种独特、典雅、高档的麻类中的精品，宜做夏季女士装饰类服装，如披肩、空调围巾及高档服装等。

（10）双经布 双经布的特点是织物厚重感强，竹节明显，古朴自然，适用于制作秋、冬季休闲装等。

（11）高支苎麻色织提花布 该织物的特点是织物纵向花纹精细、清秀、文雅，质地轻薄，干爽透气，光泽柔亮，色泽温和，穿着舒适，凉爽宜人，不粘身，清新、飘逸、高雅，宜做夏季高档女士服装，多为休闲、宽松款式。

（12）纯苎麻提花布 该织物的特点是凉爽挺括，小提花纹式样多，可根据服装的用途设计，适用于缝制春末夏初的服装。

（13）苎麻斜纹布 苎麻斜纹布的特点是布面光亮平整，织纹精细，色泽柔和，手感爽滑、挺括，吸湿排汗不粘身，穿着舒适宜人，宜做春末夏初男女服装等。

（14）高支苎麻色织布 该织物的特点是质地轻薄，干爽透气，光泽柔亮，色泽温和、雅致，穿着舒适、凉爽宜人，不粘身、清新、飘逸、高雅，属于传统的高档苎麻面料，多为染色、印花产品，宜做夏季高档女士服装，多为休闲、宽松款式。

（15）苎麻高支异支提花细布 该织物的特点是花纹清秀，品质优良，生产难度大，改变了苎麻的简约风格，属苎麻织物中的优质品，适宜于制作夏季高级女时装。

（16）苎麻高支提花细布 该织物的特点与用途同苎麻高支异支提花细布。

（17）色织苎麻面料 该织物由高支苎麻股线与细支苎麻纱交织而成。其特点是织物清晰、明亮，布面平滑，光泽度好，手感挺爽，吸湿排汗性能优良，穿着舒适不粘身，宜做男士休闲服装和各种女士服装、裙子、宽松裤装等。

（18）苎麻牛仔布 苎麻牛仔布的特点是该织物比麻棉牛仔布更加干爽透气，易洗快干。

水洗后布面的麻质感透出自然、怀旧的独特风格。织物宜做女士夏季高档牛仔服装等。

（19）苎麻弹力牛仔布 该织物的特点是纬向弹性较好，服用性能和保形性能优良，吸湿透气性能优越，易洗快干，穿着舒适、干爽，宜做夏季女士高档牛仔服装等。

（20）苎麻棉双经牛仔面料 该织物的特点是经纱采用不同粗细的纱线混合搭配，增加了布面的粗糙感和条影效果，经后整理加工后纹路更有特征，别具一格，手感丰厚、紧密，吸湿透气性能优良，穿着舒适宜人，宜做各种男女牛仔服装、休闲裤装、裙装等。

（21）苎麻棉交织牛仔布 该织物的特点是布面平整，手感舒适、轻薄、透气，吸湿排汗功能强，穿着舒适宜人，宜做夏季男士休闲短袖衫、夹克式背心、各种女士服装、裙装、裤装及遮阳帽等。

（22）苎麻黏胶弹力牛仔布 该织物的经向为苎麻纱，纬向为黏胶氨纶弹力纱交织，充分体现麻纤维的粗犷特质，别具一格，贴身穿着比棉牛仔服的吸湿透气性能更优良，麻纤维的除异味功能得到充分发挥，宜做男女各种高档牛仔服装等。

（23）苎麻棉牛仔布 该织物的特点是布面纹路清晰、平整，手感柔软、丰厚，外观粗犷、古朴，风格独特，吸湿透气性能优良，穿着舒适宜人，宜做男女各种牛仔服装、裤装、裙装、帽子等。

（24）苎麻亚麻交织牛仔布 该织物的特点是手感柔软、挺括、滑爽，有身骨，色彩丰富，吸湿排汗性能优良，易洗快干，穿着舒适宜人。织物宜做夏季女士时尚牛仔服装、男士休闲短袖衫等。

（25）苎麻棉竹节牛仔布 该织物的特点是经纬纱由平纱和竹节纱组合而成，或是由不同粗细的平纱与竹节纱组合而成，突出了竹节效果，外观自然、粗犷、古朴，别具一格，手感厚实、紧密，穿着舒适宜人，宜做各种男女牛仔服、休闲裤装、裙装等。

（26）苎麻棉弹力牛仔布 该织物的特点是纬向弹性好，质地紧密，采用斜纹组织设计，使织物表面体现棉的精细，反面获得麻的吸湿透气功能，使面料的服用性能优良，宜做各种高档男女牛仔服装、休闲运动鞋的鞋面等。

（27）爽丽纱 爽丽纱的特点是具有苎麻织物的丝样光泽和挺爽感，是由细特单纱织成的薄型织物，略呈透明，犹如蝉翼，非常华丽，穿着舒适、高雅，用于制作高档衬衫、裙料、装饰用手帕和工艺抽绣制品。

（28）苎亚麻格呢 该织物是采用苎麻与胡麻（油用种亚麻）混纺纱织成的麻织物，布面光洁、平整，手感滑爽、挺括，保持了苎麻和亚麻的良好风格，具有一定的特色。如在后整理时印上深本色的格型图案，则更增添了织物粗犷、豪放及较强的色织感，宜做春、夏、秋季各种服装等。

（29）涤麻派力司 涤麻派力司的特点是布面具有疏密不规则的浅灰或深棕（红棕）色夹花条纹、平纹组织，形成了派力司独具的色调风格，既具有苎麻织物吸湿排湿快、手感挺爽的特点，又具有快干易洗及免烫的特点，宜作春末、夏季直至秋初的男女服装面料。

（30）鱼冻布（鱼冻绸） 鱼冻布是采用桑蚕丝与苎麻交织的织物，其特点是织物柔软、坚韧，富有光泽，色泽洁白如鱼冻，而且越洗越白，宜做夏季服装及床单、被褥、蚊帐、手帕等。

（31）涤麻（麻涤）混纺花呢 该织物是以苎麻精梳落麻或中长型精干麻等苎麻纤维与涤纶短纤维混纺的纱线，织制成的中厚型织物。其产品大多设计成隐条、明条、色织、提花，染整后具有仿毛型花呢的效果和风格。成品外观类似毛料花呢，具有苎麻织物的挺爽感，又有洗可穿、免烫的特点。织物适宜于作春秋季男女服装的面料，单纱织物也可作夏令衬衫面料和裙料等。

（32）苎麻扎染布　苎麻扎染布的特点是具有民族特色，淳朴自然、图案丰富。该织物适用于制作春夏季服装及头巾、披肩、包、袋等装饰用布。

（33）棉麻交织布　该织物的特点是布面柔软、平整，色泽柔和光亮，纹路细腻，手感舒适，凉爽透气，适用于制作夏季服装及家用纺织品。

（34）棉麻交织弹力布　该织物的特点是手感厚实，弹性好，布面平整，适用于制作春秋季服装等。

（35）苎麻棉交织提花面料　该织物的特点是织物紧密，质感强，小提花纹路凸显个性，手感坚实、挺括，耐磨、不起毛，色光纯正饱满、自然，吸湿透气性优良，宜做男士休闲西服、两用衫、夹克衫、休闲裤、女士商务套装、裙装、裤装、时尚个性化服装等。

（36）黏麻交织布　黏麻交织布的特点是悬垂透气，性能好，质地柔软，穿着舒适。该织物适用于做春季服装、服饰产品等。

（37）高支苎麻黏胶交织面料　该织物布面平整、细腻，手感滑糯，轻薄柔软，悬垂性能好，光泽明亮，时尚潮流，吸湿透气性能优良，适合染色、印花整理，宜做夏季高档女装系列时尚款式服装及春秋季围巾、披巾等。

（38）苎麻黏胶交织色纺面料　该织物的特点是面料色泽饱满、丰富，层次感强，可以根据流行趋势改变色系，保持面料的时尚感，手感滑爽、挺括，吸湿透气性能优良，宜做夏季高档女装系列时尚款式服装等。

（39）苎麻黏胶长丝交织面料　该织物的特点是手感滑爽、飘逸，布面具有类似涂层的反光效果，光泽柔软亮丽，风格独特、经典、高雅，时尚感强，宜做夏季高档女装系列时尚款式服装及春秋季围巾、披巾等。

（40）丝麻交织布　丝麻交织布的特点是织物轻薄，织纹细腻、平整，手感柔爽，悬垂飘逸，有丝的光泽、麻的风格，穿着舒适，服用性能优良，适用于缝制夏季高级女装产品。

（41）麻棉交织弹力布　该织物的特点是质地紧密、厚实，弹性好，适用于缝制春秋季衣裤、裙装等。

（42）天丝麻交织布　天丝麻交织布的特点是悬垂透气，性能好，质地柔软，穿着舒适，适宜制作春季服装、服饰产品。

（43）涤棉麻交织布　该织物的特点是风格粗犷，强力高，质地厚重，适宜制作秋冬季休闲类服装产品。

（44）高支苎麻棉交织面料　该织物的特点是布面平整、光洁，手感柔软、挺括，色泽纯正、饱满自然，色光优雅、漂亮，吸湿透气性能优良，穿着舒适宜人，宜做春秋季男士休闲西服、两用衫、夹克衫、休闲裤、女士商务套装、裙装、裤装、时尚个性化服装、休闲长短衬衫、围巾、披巾、裙衬及高档春秋季床上用品等。

（45）棉苎麻尼龙交织面料　该织物的特点是质地轻薄、爽滑，不仅吸湿透气性能优良，而且耐水洗，免熨烫，时尚、经典，宜做夏季高档时尚女装及春秋季披肩、装饰围巾、头纱等。

（46）苎麻亚麻棉交织面料　该织物的特点是质地轻薄、爽滑，手感柔软、挺爽，吸湿透气性能优良，服用性能和染色性能佳，穿着舒适宜人，时尚、经典，宜做各种高档女士时尚款式的夏季服装、裙装、裤装及男士休闲衫等。

（47）苎麻涤纶长丝交织面料 该织物的特点是面料轻薄滑爽，透视感强，涤纶长丝的光泽隐约闪烁，彰显时尚魅力，印花、染色效果极佳，具有独特的外观风格，宜做夏季高档时尚女装及春秋季披肩、装饰围巾、头纱等。

（48）苎麻棉交织斜纹织物 该织物的特点是布面斜纹纹路清晰，平整度和光泽度好，色泽稳重、自然、大方，吸湿透气性能强，手感柔软、挺括、耐磨，质感强，穿着舒适宜人，宜做男士休闲服、两用衫，女士各种时尚休闲服、裙装、裤装、高档衬裙、围巾、披巾及床上用品等。

（49）苎麻亚麻黏胶交织面料 该织物的特点是布面纬向呈现隐条竹节纹路，手感干爽、柔滑，色泽柔和、稳重，悬垂性优良，时尚感强，宜做夏季高档女装系列时尚款式服装等。

（50）棉麻交织府绸 棉麻交织府绸的特点是布面呈现不规则的隐约横条，质地紧密，有身骨，光泽好，色泽纯正、饱满，吸湿透气性能优良，穿着舒适宜人，宜做春末、秋初高档男士休闲西服、两用衫、休闲长裤、女士商务西服、套裙、裤装等。

（51）苎麻改性涤长丝交织面料 该织物的特点是布面呈现明显的纬向收缩和细微的水波纹，风格独特，手感滑爽，悬垂性能优良，时尚感强，宜做夏季高档女装系列时尚款式服装等。

（52）苎麻改性涤纶交织面料 该织物的特点是布面呈现明显的纬向收缩和细微的水波纹，风格独特，质地紧密、坚实，身骨好，手感滑爽，悬垂性能优良，时尚感强，宜做春秋季女士风衣、套裙、休闲西服等。

（53）苎麻亚麻交织面料 该织物的特点是手感柔软、干爽，质地轻薄，飘逸，色彩丰富多样，有身骨，挺滑爽，易洗快干，吸湿、排汗、透气性能佳，色泽稳重、平和，质感温文尔雅，显高档。织物宜做各种高档女士服装，如晚礼服、裙装、裤装、头巾、围巾、披肩及男士夏季休闲衫等。

（54）苎麻黏胶交织斜纹面料 该织物的特点是细支黏胶短纤纱与苎麻加有光黏胶长丝交织，长丝特有的光泽赋予面料隐约闪烁的外观效果，时尚感强，经向悬垂性好，斜纹组织带来更好的手感舒适度，柔糯、滑爽，服装有飘逸感，适合染色或漂白加工，充分体现面料光泽。织物宜做夏季女士各种时尚休闲服装等。

（55）麻交布（苎麻） 该织物泛指用麻纱线与其他纱线交织的布。现在专指苎麻精梳长纤维纺制的纱线（长麻纱线）与棉纱线交织的布。布面纬向突出纯麻风格，宜做夏令西服等。

（56）天丝麻混纺布 天丝麻混纺布的特点是布面平整光洁，手感干爽，服用性能好，适用于夏季服装及服饰产品。

（57）天丝麻棉混纺布 该织物的特点是布面平整光洁，手感干爽，服用性能好。适用于夏季服装及服饰产品。

（58）麻棉混纺布 麻棉混纺布的特点是织物柔软、光洁，吸湿透气性佳，风格质朴、自然，适用于缝制夏季服装、服饰及家用产品。

（59）麻天丝棉混纺布 该织物的特点是织物细薄光洁，上色性好、鲜艳，穿着舒适，适用于夏季高级女装产品。

（60）苎麻棉混纺斜纹布 该产品的特点是质地柔软、干爽、细腻，有较好的亲肤效果，吸湿透气性能优良，出汗不粘身，色泽自然、柔和，光泽好，风格别致，宜做夏季高档女装系列时尚款式服装及春秋季围巾、披巾等。

(61) 高支苎麻棉绉布 该织物的特点是经纱为优质高支苎麻纱或麻/棉混纺纱，纬纱为优质高支强捻棉纱或强捻棉纱与麻纱组合，强捻棉纱与麻/棉纱1:1组合。布面呈现细密的纵向皱纹，或横向呈现不规则的泡泡皱纹或条纹。手感轻柔滑爽，悬垂性好，色泽高雅、时尚，低调奢华，吸湿排汗性能强，出汗不沾身。其宜做夏季高档女装系列时尚款式服装及年轻女性时装及个性化服装等。

(62) 高支苎麻亚麻混纺面料 该织物的特点是质地轻薄，透光感强，手感挺爽，由于纱支细，织物尽显麻纤维的肌理特征，非常引人注目，集时尚、古朴于一体，宜做高档晚礼服、头巾、披肩、围巾等。

(63) 苎麻棉混纺纱卡 该织物既体现了麻的外观风格又融合了棉的柔软手感，提升了织物的染色性能，具有良好的吸湿透气性能，穿着舒适宜人。斜纹组织增加了面料的光泽效果，更显高雅气质。其宜做男装类商务西装、休闲裤、夹克衫及女装类商务西服套装、西服裙、时尚秋冬靴裤等。

(64) 高支苎麻棉缎纹布 该织物的特点是纬纱粗于经纱约3倍，使织物的悬垂性大增，缎纹组织极大地改善了手感柔软度，提高了布面的平整度和光洁度，色泽纯正，色光优雅、漂亮，服用性能优良，宜做春夏季高档女装、休闲长短衬衣、连衣裙、长短大摆裙及床上用品等。

(65) 苎麻棉混纺直贡 该织物的特点是面料的经向条纹突显，纹理清晰，纬纱为弹力包芯纱，增加了织物的紧密度和厚实感。色泽以中性素色调为主，稳重大方，吸湿透气性能优良，穿着舒适宜人。其宜做男装类商务西服、休闲裤、夹克衫及女装类商务西服套装、西服装、时尚秋冬靴裤等。

(66) 苎麻棉乔其 苎麻棉乔其的特点是布面呈现隐约的不规则细微纹样，增加了布面朦胧感。麻纤维含量高，手感滑爽，透气性强，吸湿排汗功能好，外观风格独特，时尚感强，多为素色，色泽高雅、纯正。其宜做夏季高档女装系列时尚款式服装及春秋季围巾、披巾等。

(67) 苎麻弹力斜纹布 苎麻弹力斜纹布具有苎麻织物的优良性能，而且纬向（横向）弹性较好。该织物宜做夏季女士套裙、上衣、裤装等。

(68) 苎麻棉涤天丝混纺布 该织物的特点是质地紧密，布面平整、光洁、细腻、雅致，手感柔软、爽滑，色光温和，色泽丰富、饱满，时尚感强，服用性能优良，宜做春、夏季高档职业服装、女士商务套装等。

(69) 苎麻棉混纺弹力格织物 该织物的特点是格子的大小和颜色可根据季节变化的流行趋势设计，变化多样。风格自然淳朴，弹性好，穿着舒适、随意、大方，彰显年轻潇洒的气质。其宜做男士春秋季休闲长短袖衬衫，女士时尚休闲裙、裤、套衫等，也可做遮阳帽、小手袋、钱包等。

(70) 苎麻棉混纺面料 该织物的特点是布面平整光洁，纹路清晰，纹理漂亮，手感柔软、干爽、舒适，质地轻薄、飘逸、柔软紧密，色泽柔和、自然，风格独特，吸湿排汗透气性好，穿着舒适宜人，不粘身。其宜做男女高档商务西服、休闲裤、夹克衫、风衣、西服裙、时尚秋冬靴裤、高档女装内衬、围巾、披肩、遮阳帽、休闲运动鞋、凉鞋、手袋及床上高档用品等。

(71) 苎麻棉混纺帆布 该织物的特点是质地紧密、厚实、有弹性，纹路粗犷、清晰，个性化强，耐磨耐洗，经多次洗涤后更显自然、平和，穿着舒适，宜做各种男女夹克衫、棉服、裤装、休闲鞋、帽及背包等。

（72）苎麻棉混纺弹力纱卡 该织物的特点是经纱比纬纱略细，可增加织物的经向紧度，纬纱收缩提高了织物平整度和光洁度，质地紧密，身骨厚实，弹性好，色泽纯正、雅致，服用性能优良，宜做男装类商务西服、休闲裤、夹克衫及女装类商务西服套装、西服裙、时尚秋冬靴裤等。

（73）苎麻尼龙线卡 苎麻尼龙线卡的特点是布面有精细的微小花纹，似有似无，风格时尚，质地细腻、轻飘，手感柔软、滑爽，穿着舒适宜人，耐洗涤，免熨烫，宜做夏季高档时尚女装及春秋季披肩、装饰围巾、头纱等。

（74）苎麻黏胶混纺面料 该织物的特点是布面平整、光洁，外观精致、高雅，面料中含麻比例高，体现麻纤维的特征，吸湿透气性能优良，手感干爽柔滑，光泽度和染色性能好。宜做夏季高档女装系列时尚款式服装、披肩、围巾、高档睡衣等。

（75）麻天丝混纺布 该织物的特点是布面细薄光洁，染色性能好，色泽鲜艳，穿着舒适宜人，适用于缝制夏季高档女装产品。

（76）麻毛混纺布 麻毛混纺布的特点是手感柔软，富有弹性，色泽柔和，吸湿透气性能好，风格质朴、自然，适用于缝制高级时装、职业装、制服、夏季服装等。

（77）麻毛涤混纺布 该织物的特点是手感柔软，富有弹性，色泽柔和，适用于制作高级时装、职业装、制服等。

（78）涤棉与涤麻交织布 该织物的特点是质地紧密，布面光洁，色泽柔和、自然，风格大方美观，适宜于制作春秋服装，如休闲服、衬衫等。

（79）麻涤混纺布 该织物的特点是织物细薄、挺括，布面平整光洁，抗皱性能好，凉爽宜人，色泽柔和自然，宜做春秋季服装。

（80）麻棉混纺布 麻棉混纺布的特点是花纹清晰、匀整，舒适透气，适用于制作夏季女装产品。

（81）麻涤黏混纺布 该织物的特点是风格自然大方，手感舒适，适用于制作夏季女装等。

（82）黏麻混纺布 该织物的特点是风格自然大方，手感舒适，适用于制作夏季女装等。

（83）麻棉帆布 麻棉帆布的特点是织物紧密厚实，耐磨，吸湿透气性好，适用于制作鞋面、休闲包及服装。

（84）麻涤黏泡泡纱 该织物的特点是布面有纵向泡泡皱，纹理自然协调、时尚，适用于夏季女装等。

（85）麻毛涤纱罗 该织物的特点是手感松软，富有弹性，色泽柔和自然，穿着舒适宜人，适用于制作春末夏初的高级女装等。

（86）高支苎麻棉色织布 该织物的特点是面料中的经向色条由纯棉纱构成，纬纱是麻棉混纺纱。棉纱的色彩鲜艳度优于麻纱，提高了面料的色彩效果。面料融合了麻与棉的性能优点，手感舒适，色泽高雅，吸湿排汗功能强，宜做春秋季高档女装、休闲长短衬衣、连衣裙、波希米亚风格的长短大摆裙等。

（87）苎麻棉交织色织布 该织物的特点是采用细支棉纱与中支麻纱交织，既突出了麻纱的天然肌理效果，又融合了棉纱的柔软手感，织纹细腻，滑爽舒适，色彩明亮、饱满，光泽温润，轻飘透气，吸湿排汗能力强，宜做春夏季高档女装、休闲长短衬衣、连衣裙、波希米亚风格的长短大摆裙等。

（88）麻毛腈黏混纺色织布　该织物的特点是色彩搭配自然、大方、明快，蓬松感强，厚实温暖，适用于制作春秋大衣、风衣类服装。

（89）苎麻棉交织色织格布　该织物的特点是采用优质高支棉纱与优质高支苎麻纱交织，面料既突出了麻纱的天然不匀效果，又融合了棉纱的柔软手感，质地轻飘、滑爽，色泽高雅、稳重，低调奢华，吸湿排汗功能强，出汗不粘身，宜做夏季高档女式衣、裙、披肩、头纱、围巾、高档晚礼服、时尚服装的内衬等。

（90）麻毛涤黏混纺色织呢　该织物的特点是色彩丰富、柔和，立体感和毛型感强，适宜于制作春秋大衣和风衣类服装。

（91）苎麻棉交织色织面料　该织物的特点是含麻比例高，吸湿透气性优良，质地轻飘、柔滑，布面平整细腻，无论染色或印花都能体现面料的高档、优雅风格，宜做夏季高档女装系列时尚款式服装及春秋季围巾、披巾等。

（92）毛麻涤竹节呢　该织物的特点是经纬向竹节分布自然，纹路清晰，手感干爽，有派力司风格。适用于制作春秋季休闲装等。

（93）涤麻竹节呢　该织物的特点是经起绒整理，布面柔软、舒适，风格独特，适用于制作春秋季服装等。

（94）高支苎麻棉竹节面料　该织物的特点是轻透、飘逸、柔滑，自然、细腻的竹节效果更呈现了布面的别样风韵，无论染色或印花都能体现织物的高档、优雅，宜做夏季高档女装系列时尚款式服装及春秋季围巾、披巾等。

（95）麻毛黏女式呢　该织物由多种纤维混纺，利用各种纤维的优良性能，使产品达到呢绒丰满、挺括、手感滑爽的风格，色彩丰富、柔和，适用于制作秋冬季大衣、风衣休闲服装。

（96）麻毛涤色织女式呢　该织物的特点与用途同麻毛黏女式呢。

（97）毛麻涤女式呢　该织物的特点同麻毛涤色织女式呢，适用于制作春秋季女装等。

（98）毛麻涤黏女式呢　该织物的特点是散纤维染色，色纱交织，风格粗犷，毛感强，色彩沉稳，适用于制作秋冬季休闲类服装等。

（99）毛麻女式呢　毛麻女式呢的特点是散纤维染色，色纱交织，花纹立体感强，时尚，适用于春秋季服装等。

（100）毛麻黏纬顺大衣呢　该织物的特点是各种纤维混纺，毛绒丰满，风格粗犷，色彩稳重端庄，适用于制作秋冬季防寒大衣等。

（101）毛麻黏花式大衣呢　该织物的特点与用途同毛麻黏纬顺大衣呢。

（102）毛麻花式大衣呢　该织物的特点与用途同毛麻黏纬顺大衣呢。

（103）毛麻黏锦大衣呢　该织物的特点与用途同毛麻黏纬顺大衣呢。

（104）毛麻黏方格大衣呢　该织物的特点与用途同毛麻黏纬顺大衣呢。

（105）毛麻腈黏达顿大衣呢　该织物的特点与用途同毛麻黏纬顺大衣呢。

（106）毛麻黏大衣呢　该织物的特点与用途同毛麻黏纬顺大衣呢。

（107）毛麻大衣呢　毛麻大衣呢的特点是纹路粗犷，手感蓬松、柔软，色泽清新，适用于制作春秋季休闲服装等。

（108）麻涤色织大衣呢　该织物的特点与用途同毛麻大衣呢。

（109）毛麻涤衬衣呢　该织物的特点是布面精细、平整、挺括，舒适透气，适用于制作春秋季衬衫面料等。

（110）毛麻腈黏凸条呢　该织物的特点是条纹突出，呢绒感强，手感丰满厚实，适用于制作秋冬季风衣类服装等。

（111）麻腈毛威纹呢　该织物的特点是纹路粗犷，织物厚实松软，色彩鲜艳，适用于制作秋冬季服装等。

（112）麻腈涤三合一花呢　该织物的特点是采用散纤维染色、混纺，布面平整细腻、挺括，色泽自然柔和，适宜于制作初春女装等。

（113）麻腈黏三合一花呢　该织物具有杂色效果，起绒整理后织物毛呢感强，手感松软厚实，适用于制作秋冬季服装等。

（114）毛涤麻中厚花呢　该织物的特点是色泽稳重、大方，色泽清新、自然，布面平整、光洁、挺括，手感滑爽，穿着舒适、透气，适用于春夏季服装，如衣裙、裤等。

（115）毛麻涤花呢　毛麻涤花呢的特点是布面精细、挺括，织纹清秀、典雅，立体感强，手感滑爽松软、丰满，色泽自然大方，宜做春夏季服装，如女装、裙、裤等。

（116）毛麻黏粗花呢　该织物的特点是织物色彩丰满、自然，悬垂感好，舒适透气，适用于制作春秋季女装等。

（117）涤麻树皮绉　涤麻树皮绉的特点是织物纵向有不规则细密皱纹，自然大方，风格独特，滑爽，适用于制作夏季女装等。

（118）毛麻涤树皮绉　该织物的特点是织物细薄，手感滑爽，花纹文雅大方，适用于制作夏季时装等。

（119）棉麻强捻绉　该织物的特点与用途同毛麻涤树皮绉。

（120）涤麻影帘绸　该织物的特点与用途同毛麻涤树皮绉。

四、亚麻织物

亚麻织物是以亚麻纤维为原料纺纱织造的织物，如图 2-29 所示。其特点是吸湿、散湿快，不易吸附尘埃，易洗快干，表面有特殊光泽，伸缩小，平挺无皱缩，穿着爽挺、透凉、舒适，是夏季的理想衣料。亚麻织物品种有亚麻细布、亚麻帆布和水龙带三个大类。亚麻织物可用于制作衬衫、短裤、工作服、制服、被单、台布、食品包装布和抽绣坯布等。

（1）本色亚麻布（亚麻原色布）　本色亚麻布的特点是布面平挺光洁，具有天然色泽和粗犷美，成衣易洗快干，吸湿好，散热快，穿着爽挺，透凉舒适，手感较柔软坚韧，强力好，较耐脏污，成衣平挺。主要用途是做外衣、衬衫、工作服、衬里以及窗帘、沙发套、抽绣等。

图 2-29　亚麻织物

（2）亚麻西服布　亚麻西服布的特点是挺括凉爽，具有一定的毛型感，不粘身，肤感舒适，耐脏污，易洗涤，干得快，主要用于做西装、女装、军装、运动服、两用衫、猎装、裙料等。

（3）亚麻细布　亚麻细布的特点是织物滑爽薄透，穿着凉爽、挺括、舒适，易洗快干，成衣尺寸稳定，保形性好。其色泽多为漂白，也有杂色和印花品种。主要用途是做高档衬衫、女装，以及手帕、台布、床上用品、装饰用品等。

（4）亚麻粗布　亚麻粗布的特点是所用纱线捻度较小，紧度适中，手感平滑柔软，光泽自然柔和，吸湿散热性能好，穿着舒适挺爽，易洗快干。主要用途是做制服、工作服、猎装、运动服，以及窗帘、台布、抽绣底布、家具用布等。

（5）麻棉交织布　麻棉交织布的特点是织物兼有棉麻二者的优点，吸湿好，干得快，布身较松软，透气性好，易洗涤，穿着挺爽透凉。色泽主要有本白、漂白、杂色和印花。主要宜做夏季中低档各类男女服装、短裤、汗衫，以及围裙、茶巾、餐巾、台布等。

（6）透明薄纱　透明薄纱的特点是织物轻薄爽挺，吸湿透气性好，肤感舒适，出汗不粘身，是夏令贴身衣料的上品，具有挺、薄、透的特点，是亚麻织物的高档产品。主要用途是做男女高档衬衫、夏令贴身女装、婴幼服、时装、裙料，以及手帕、装饰用布等。色泽主要有漂白、浅绿、淡黄、粉白、浅驼，以及灰、蓝、咖啡、元青等深色。

（7）荷兰亚麻布　荷兰亚麻布的特点是布面平挺光洁，吸湿好，散热快，穿着挺括，透凉舒适，出汗不粘身，手感柔软坚韧，强力好，易洗快干免熨烫。其用途是做男女外衣、两用衫、衬衫、女装及台布等。

（8）麻涤呢　麻涤呢的特点是布面呈现麻涤混纺疙瘩纱形成的粗细节，因而布面显得凹凸不平，具有手工织物的粗犷风格，自然古朴，并有较强的吸湿性，散热散湿快，透气性好，挺括不起皱，尺寸稳定、保形性好，易洗快干免熨烫，穿着爽挺，是理想的夏令衣料。其主要用途是做春秋季男女服装，如青年装、两用衫、夹克衫、猎装、运动装，也可做面装、时装等。

（9）漂白亚麻布　漂白亚麻布的特点是织物平挺光洁、紧密，布面洁白，吸湿散湿性能好，穿着透凉舒适、爽滑，是缝制高档西装、衬衫的重要面料之一。其主要用途是做衬衫、西裤、制服、工作服、军服、裙料，以及被单、台布、窗帘、手帕、绣饰底布等。

（10）漂白麻棉交织布　该织物的特点是具有麻、棉二者的优点，吸湿好，散热快，布面平挺洁白，织物松软，透气性好，穿着透凉爽滑、舒适。其主要用途同漂白亚麻布。

（11）亚麻平布　亚麻平布的特点是织物平整光洁，手感粗厚，有自然原始风格。其适用于制作春秋季男女各类休闲服装。

（12）亚麻色平布　该织物的特点是织物平挺光洁，色彩柔和、自然，具有田园风格，适用于制作夏季休闲服装等。

（13）亚麻竹节布　亚麻竹节布的特点是由于竹节纱采用 PC 机控制生产，所以竹节周期、节长、节粗调节灵活，布面竹节匀称。利用经向竹节、纬向竹节、经纬全向竹节的不同配置，可获得不同的独特风格。其宜做衬衫、休闲装、旗袍、连衣裙等。

（14）亚麻牛仔布　亚麻牛仔布的特点是织物风格粗犷自然，布面凹凸分明，手感柔顺、滑爽，品种有轻型和重磅型两种，宜做男女牛仔服、休闲服等。

（15）亚麻外衣服装布　该织物的特点是织物易皱，尺寸稳定性差，用碱处理和树脂整理或用涤纶混纺纱制织可以改善尺寸稳定性和易皱的现象，宜做外衣等。

（16）粗支亚麻布　粗支亚麻布的特点是外观粗犷、古朴，自然竹节风格明显，有较好的亲和感，手感干爽、温和，吸湿排汗功能优良，采用涂层、石磨、水洗、机械柔软加工更显休闲风格，宜做休闲类西服、外套、风衣、长衫、裤装、裙装及遮光窗帘、台布、墙布、休闲鞋、包等。

（17）中支亚麻布　中支亚麻布的特点是织物显细小的竹节纹理，质感强，手感丰厚、柔和、吸湿透气，不起毛起球，能迅速排出汗液，不会粘贴皮肤，有舒适凉爽感，易洗快干，穿着时间越长，布面越光洁舒适，适用于各种后整理的加工和花型图案，能获得较为多样化和丰富的花色品种。其宜做男女各种服装，既可制作经典、稳重的商务装，也可制作时尚、流行服饰，还可制作高端的床上用品和家纺。

（18）高支亚麻布　高支亚麻布的特点是手感柔软、干爽，质地轻柔、飘逸，光泽自然，风格高雅，属麻类织物中的极品。多采用半脱胶亚麻与水溶性纤维混纺工艺纺纱，在染整过程中退去水溶性纤维，得到高支织物。其宜做高档女时装、晚礼服、披巾、装饰围巾等。

（19）亚麻色织布　亚麻色织布的特点是色彩搭配稳重大方，和谐自然，适用于制作春秋季女装及家用装饰产品。

（20）粗支亚麻棉交织面料　该织物的特点是布面平整、细腻，略显细微竹节条纹感，外观自然清晰、粗犷，略有粗糙不平的颗粒感，手感柔和、丰满、细密、紧实、柔中带刚，色泽温润，有田园风格，吸湿透气性好，穿着舒适，宜做夏季女士时装、休闲服、裙装、裤装、男士休闲装、裤装、夹克衫、长短袖衫及高档床上用品、窗帘、休闲布包、遮阳帽、手袋等。

（21）高支亚麻棉交织面料　该织物的特点是布面平整、光洁，纹路清晰，质地细致、紧密，手感舒适、柔软、挺括，光泽温润柔亮，色泽清新、自然稳重、高雅，色彩丰富多彩，悬垂性好，吸湿透气性好，穿着舒适宜人，宜做女士时装、休闲裤装、裙装、男士长短袖衫、休闲裤、休闲衫、薄型夹克及高档床上用品、台布、窗帘等。

（22）高支亚麻黏胶交织面料　该织物的特点是布面细致、精美，显现隐约的竹节效果，手感柔软、润滑，光泽自然、柔和，悬垂性好，吸色性好，色泽温润、亮丽，质地轻薄、飘逸，尽显时尚、高雅风格，宜做高级女时装、睡衣、宽松裙子、裤装、披肩、装饰围巾及高档床上用品等。

（23）亚麻棉交织印花面料　该织物的特点是粗支亚麻纬纱给织物带来粗犷的竹节风格，具有粗糙不平的颗粒效果，质地厚实坚实，干爽透气，花型图案时尚亮丽。中支亚麻纬纱织制的织物稀薄松软，吸湿透气性能优良，花色品种丰富多彩，时尚与含蓄并行，穿着舒适宜人。其宜做夏季男女时尚休闲衫及高档家纺用品（如抱枕、台布、靠垫、窗帘）等。

（24）亚麻黏胶棉交织面料　该织物的特点是布面平整，织纹精细，手感滑糯柔和，色泽丰满，有隐约的闪烁光亮，高雅、时尚，吸湿透气性好，服用性能优良，宜做春夏季男士休闲服装、裤装及女士休闲西服、短裙等。

（25）亚麻/天丝交织布　该织物刚柔相济，既有坚挺的身骨，又有柔软、丰满的手感，加上真丝般的光泽，是一种理想的环保型高档面料，宜做男女衬衫、内衣系列、时装裙衫、夹克衫、晚礼服、高档时装等。

（26）双经亚麻棉交织面料　该织物的特点是布面平整、光洁，纬向略显条纹感，手感挺括、干爽、舒适，质地紧密厚实，光泽柔和、自然，色泽稳重、平和，外观朴实、粗犷、自然，吸湿透气性能好，穿着舒适，宜做男士休闲西服、夹克衫、风衣、休闲裤、休闲衫，女士休闲西服套装、时装、裙装、裤装、休闲布包、遮阳帽、手袋及沙发靠垫、台布等。

（27）亚麻棉交织面料　该织物的特点是布面平整、光洁，质地纹理细致、紧密、坚实，手感柔和、滑爽、挺括、丰厚，色光柔和、高雅，光泽柔和、稳重，吸湿透气性能优良，穿着舒适，宜做男女休闲衫、休闲裤、薄型夹克，女士休闲西服、裙装、裤装，也可做休闲布包、遮阳帽、手袋及高档床上用品、沙发靠垫、台布等。

(28)黏胶亚麻交织面料　该织物的特点是手感柔软、丰厚、干爽，色光靓丽鲜艳，表面闪烁出黏胶长丝的点点银光，时尚、高雅，成品的花色品种丰富，吸湿透气性好，穿着凉爽舒适，宜做各种女士时尚服装和休闲服装等。

(29)亚麻天丝棉交织面料　该织物的特点是纹路清晰，手感滑爽，吸湿透气性好，染色产品表面色光丰富，有层次感和时尚韵味，穿着凉爽舒适，宜做春秋季女士套装、短裙及夏季休闲裤装等。

(30)黏胶亚麻棉交织面料　该织物由三种不同的纱组合交织，改善了织物的手感和光泽，人字纹组织的设计，呈现纵宽窄条纹，条纹的宽窄可根据流行趋势确定，变化多样，色泽自然、大方，宜做春、夏、秋季男女休闲裤装等。

(31)亚麻黏胶交织面料　该织物的特点是布面平整、光洁，纬向有轻微的条纹感，手感柔软、舒适，飘逸感强，悬垂性好，光泽自然、柔和，色泽鲜艳、亮丽，吸湿透气性好，穿着舒适宜人，宜做夏季各种时尚女装、春秋季长裙等。

(32)天丝亚麻棉交织面料　该织物的特点是三种纤维的纱线粗细搭配，使布面具有沙粒感，色光丰富、柔和，有层次感，纹路清晰，手感柔软、舒适，光泽柔和温润，显得高雅，穿着舒适、凉爽、飘逸、时尚，宜做春夏季时尚女士休闲装、裙装、裤装等。

(33)棉亚麻交织提花面料　该织物的特点是布面平整，质地紧密，手感滑爽，花色丰富多样，或精致，或朦胧，个性化强，别具风格，吸湿透气性好，穿着舒适凉爽，宜做夏季女士时尚服装等。

(34)丝亚麻交织布　该织物的特点是布面平滑、悬垂感强，光泽亮丽、高雅，适宜制作夏季高级女装等。

(35)黏胶亚麻交织布　该织物的特点是花纹自然大方，色泽淡雅，悬垂透气性好，手感柔软，穿着舒适，宜做春夏季女装等。

(36)黏胶亚麻混纺交织布　该织物的特点是通过各种后整理形成不同风格产品，色彩丰富，美观自然，穿着舒适，适宜于制作春夏季休闲类服装等。

(37)黏麻混纺布　该织物的特点是通过各种后整理形成不同风格产品，色彩丰富，美观自然，穿着舒适，适宜制作春夏季休闲类服装等。

(38)粗支亚麻棉混纺面料　该织物的特点是布面平整、光洁，纹路清晰，质地紧密、厚实、粗糙，手感舒适、干爽、丰满，有较好的吸湿透气性能，色彩丰富多彩，光泽度好，色泽自然、柔和，耐洗涤，服用性能优良，宜做男女休闲服装、夹克衫、裙装、裤装及高档床上用品、沙发靠垫、台布、休闲布包、窗帘、休闲鞋面等。

(39)高支亚麻棉混纺面料　该织物的特点是织物轻薄、柔软、飘逸，竹节风格自然灵活，纹理突出，外观自然、清新，色彩、花纹丰富多彩，色泽自然、柔软、温润、高雅，吸湿排汗性能优良，透气性极佳，穿着舒适宜人，宜做男士牛仔服装、女士牛仔服、裙装、裤装、披肩、高档晚装、装饰围巾及高档床上用品等。

(40)亚麻棉混纺面料　该织物的特点是布面平整光洁，手感柔软、干爽，色泽温润、淡雅，色彩丰富多样，悬垂性好，吸湿透气性能佳，穿着舒适宜人，宜做夏季男士休闲衫、短袖衫，春夏季女士各种服装、裙装、裤装及高档床上用品、窗帘等家用纺织品。

(41)亚麻涤黏混纺面料　该织物的特点是质地松软，手感滑爽，具有较好的抗皱性能和耐水洗性能，水洗尺寸稳定，易洗快干，色彩丰富，宜做夏季各种时尚款式的女士服装等。

（42）亚麻棉混纺青年布　该织物的特点是布面外观颗粒效果明显，织纹突出，色彩丰富，手感柔和，悬垂性能好，穿着舒适透气，宜做春末夏初男女长、短衫等。

（43）涤亚麻混纺布　该织物的特点是布面挺括、平整，织物组织松散，手感柔和、滑爽、舒适，色彩稳重、自然，适用于制作春秋季服装、夏季女装等。

（44）涤亚麻毛混纺布　该织物由各种纤维混纺、交织，改善了织物服用性能，改变了染色效果，织物美观、大方、自然，色泽沉稳，手感松柔舒适，适宜制作夏季女装等。

（45）涤黏亚麻混纺布　该织物的特点与用途同涤亚麻毛混纺布。

（46）涤黏低弹仿麻织物　该织物的特点是具有麻织物粗犷、挺爽的风格特征和化学纤维坚牢、挺括、免烫的特点，宜做春、夏、秋季男女各种服装及床罩、台布、窗帘等装饰用布等。

（47）涤棉亚麻混纺布　该织物的特点与用途同涤亚麻毛混纺布。

（48）亚麻黏胶混纺面料　该织物的特点是织物的麻质感强，干爽透气，手感轻薄、柔软，悬垂性好，飘逸感强，穿着不粘身，舒适宜人，时尚、高雅，色泽自然，色光温和，宜做春秋季女套装、短裙，夏季高级女时装、睡衣、休闲裤装、披肩、装饰围巾等。

（49）亚麻棉色织面料　该织物的特点是通过巧妙的织物设计，将不同色系的经、纬纱线进行组合，搭配成各种大小的格纹、条纹花型，体现服装的时尚和潮流，可供不同年龄、群体的消费者选用，宜做春末、夏季男女休闲长、短袖衫，如搭配牛仔裤显得帅气十足。

（50）天丝亚麻棉交织提花面料　该织物是三合一轻薄型面料，织物精致、细腻、美观、大方，手感柔软、挺爽，吸湿透气性好，光泽柔和，穿着舒适、高雅、气派，宜做夏季女士时尚休闲装、裙装、裤装等。

（51）亚麻棉交织提花面料　该织物的特点是布面平整、光洁，织纹清晰，手感干爽，色泽柔和，吸湿透气性好，穿着舒适宜人，宜做夏季女士时尚休闲装、裙装、裤装等。

（52）亚麻棉交织府绸　该织物的特点是质地轻柔，手感舒适，悬垂性好，吸湿排汗功能强，织物结构紧密、平整，光泽柔和漂亮，时尚潮流，宜做夏季各种高档女士时尚款式服装、裙装、裤装等。

（53）亚麻内衣服装布　该织物的特点是吸湿散湿快，吸湿后衣服也不贴身，穿着凉快、舒适、易洗、快干、易熨烫，宜做高档内衣等。

（54）雨露麻　雨露麻的特点是手感柔软滑爽，质地轻薄飘逸，悬垂性好，并具有天然暗绿色彩的独特风格，宜做高档时装等。

（55）亚麻弹力布　亚麻弹力布的特点是织物弹性极好，可随人体关节运动而适度伸缩，无压迫感，穿着舒适且织物不会变形，宜做妇女休闲装等。

（56）亚麻棉混纺弹力面料　该织物的特点是布面细密、平整，纬向弹性好，手感丰厚、柔软，光泽亮丽，吸湿透气性好，穿着舒适宜人，宜做春秋季男女休闲服、上衣、裙装、休闲运动鞋等。

（57）亚麻黏胶混纺弹力面料　该织物的特点是布面平整、纹路清晰，质地丰厚、粗犷，有牛仔织物的风格，吸湿透气性好，穿着舒适，水洗加工后更显自然、休闲、高雅，宜做春秋季男女休闲裤装等。

（58）亚麻棉竹节弹力面料　该织物的特点是布面平整、细密，手感丰厚、柔和，纬向弹力好，吸湿透气性能好，穿着舒适宜人，宜做春秋季男士休闲服、女士休闲西服、上衣、裙装、裤装等。

第三节　服装用毛织物的鉴别与用途

毛织物是由羊毛或特种动物毛织制，或由羊毛与其他纤维混纺或交织的织物，或由化学纤维纯纺及其混纺的仿毛织物。毛织物分精纺毛织物和粗纺毛织物两大类。

一、精纺毛织物

精纺毛织物又称精梳毛织物、精纺呢绒，俗称"薄料子""毛料""毛布"等，指采用精纺毛纱织制的织物。其采用较长或中等长度的羊毛纤维为原料，织物的呢面光洁，光泽自然，手感结实挺爽或滑糯丰厚，弹性好，不易起皱，成衣的外形美观挺括，耐脏，耐磨，保暖性和吸湿性好，织物的经纬纱采用相同的特数（粗细），也有的采用线经纱纬织制。混纺产品有羊毛与涤纶、黏胶或腈纶等。坯呢经光洁整理，较少采用缩呢工艺，织物表面清晰地显现织纹，少数特定产品如啥味呢，可通过轻缩绒以增加手感的丰满程度。各品种适宜制作不同季节、不同场合穿用的男、女服装面料和服饰用料。

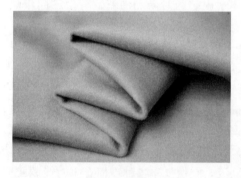

图 2-30　哔叽

（一）哔叽、啥味呢

哔叽是精纺毛织物中一个重要品种，如图 2-30 所示。其名称源于英文 beige 的音译，起初采用绢丝为原料，英文名称 serge，来源于拉丁语"serica"，原意为绢丝或蚕丝。采用斜纹组织织制，织纹倾斜角为 50°左右。有光面和毛面之分：光面哔叽的呢面光洁，织纹清晰；毛面哔叽的呢面绒毛短小匀称，具有丰满感，光泽自然，手感丰满而软糯，悬垂性好。哔叽的品种较多，按原料的不同，可分为全毛、毛混纺、纯化纤三类。其中全毛产品还分为粗毛和细毛两种；毛混纺以毛/黏和毛/涤混纺较多；纯化纤以涤、黏较多。按呢身的重量和纱线的粗细，又可分为厚哔叽、中厚哔叽和薄哔叽等品种。一般说的哔叽指厚哔叽和中厚哔叽，薄哔叽又称为细哔叽。哔叽有全线哔叽和半线（经线纬纱）哔叽之分。哔叽的规格与啥味呢相类似，它们的区别在于：哔叽为素色产品，呢面光洁；啥味呢一般为混色夹花织物，呢面有绒毛。哔叽的呢坯以匹染为主，纱线不蒸纱，色泽以藏青、黑色为主，也有少量中、浅杂色及漂白色等。全毛产品用作西服、中山套装、西裤和西服裙等面料；厚哔叽可用于制作风衣和春秋季夹大衣及帽；细哔叽宜作夏季女士服装面料或裙料。

啥味呢是一种有绒面的精纺毛织物，如图 2-31 所示。其起源于英国，采用英国的啥味呢羊毛为原料，又称"精纺法兰绒"，以 flannel 的音译取名。在精纺毛织物中，人们常把啥味呢与法兰绒两种织物名称通用。又由于啥味呢最适宜春秋季穿用，故又有人称它为春秋呢。啥味呢以二上二下斜纹组织为主织制，也有采用二上一下斜纹组织织制，织纹角度为 50°左右（斜纹方向自织物左下角斜向右上角）。呢面的光泽自然柔和，色泽鲜艳，手感丰满柔糯，有身骨，弹性好，品种较多。按所用原料的不同，有全毛啥味呢、毛混纺啥味呢、纯化纤啥味呢等。毛混纺啥味呢有毛涤、丝毛、毛黏、毛黏锦、毛黏涤等品种。纯化纤啥味呢有涤黏、涤纶、黏锦、腈黏、黏纤等品种。纯化纤啥味呢均属仿毛型低档产品。按呢面的不同，有毛面啥味呢和光面啥味呢。啥味呢多为条染混色品种，呢面色泽以深、中、浅混色灰为主。啥味呢坯呢有轻缩和重缩的区别，主要用作男女西装、学生装和女装面料、裤料、裙料等。

图 2-31　啥味呢

（1）纯毛哔叽　纯毛哔叽的特点是呢面平整光洁，织纹清晰，贡子匀直，纹道之间较宽，可见到经纬纱交织构成的"人"字形斜纹结构，手感柔软滑糯，有身骨，弹性好，较丰厚，保暖性、透气性和散湿性均较好，光泽柔和，色泽鲜艳，抗皱性能好，穿着挺括，缩水率小，尺寸稳定性好，不易变形，但对于经常摩擦的部位（如臀部、肘部等）容易产生极光。其主要用于做男女西装、中山套装、军便装、青年套装、西裤、西装裙等；厚哔叽也可做春秋夹大衣、风大衣以及鞋料、帽料；薄哔叽宜做妇女夏季女装和裙装等。

（2）涤毛哔叽（涤毛混纺哔叽）　涤毛哔叽的特点是呢面平整光洁，织纹纹道清晰匀直，纹道间距较宽，可见到经纬纱交织构成的人字形斜纹结构，手感滑挺爽，身骨紧密厚实，富有弹性，光泽自然柔和，无色差，不起极光，色泽鲜艳均匀。其用途同纯毛哔叽。

（3）毛黏哔叽（毛黏混纺哔叽）　毛黏哔叽的特点是呢面平整光洁，不起毛，织纹清晰匀直，手感柔软而不烂，身骨紧密丰厚，光泽自然、均匀而无色差，色泽鲜艳，但缩水率较纯毛哔叽高，尺寸稳定性较差，特别是裤子穿久后，膝部易起弓状突起，褶裥保持性较差。其用途同纯毛哔叽。

（4）棉黏毛哔叽　该织物的特点是呢面平整光洁，织纹清晰匀直，不起毛，手感较硬挺，身骨紧密而丰厚，呢边平直，光泽自然，染色均匀而无色差。其用途同纯毛哔叽。

（5）毛腈哔叽　毛腈哔叽的特点是呢面平整洁净，织纹清晰，手感松爽柔软，弹性好，色泽鲜艳，保暖性好。其用途同纯毛哔叽。

（6）毛黏锦哔叽（黏锦毛哔叽）　毛黏锦哔叽的特点是呢面平整光洁，织纹清晰匀直，不起毛，手感较硬挺，身骨紧密而丰厚，呢边平直，光泽自然，染色均匀而无色差，耐磨性较好，毛型感不如毛黏哔叽，缩水率较大。因此，织物在裁剪前应充分喷水进行预缩。其用途同纯毛哔叽。

（7）全毛啥味呢　该织物的特点是织物绒面丰满，呢面平挺，手感细腻滑糯，有身骨，富有弹性，毛绒匀净短齐而平整，混色均匀，光泽自然，有膘光，色泽柔和明快。其中毛面啥味呢轻轻缩绒后，呢面覆盖有短细的毛绒，手感丰满而柔软；光面啥味呢，呢面平整，纹路清晰，手感滑糯，光泽自然柔和；高级啥味呢，呢面呈现细微的异色色点，散布均匀，显得素雅大方，外观精美。其适宜制作春秋季男女各种服装，如西装、中山装、青年装、两用衫、西裤、女式风衣、西服裙及帽料等。

（8）丝毛啥味呢　丝毛啥味呢的特点是除具有一般全毛啥味呢的特点外，还具有特殊细腻柔滑的手感，光泽更为柔和滋润，宜做春秋季上衣和裤子等。

（9）涤毛啥味呢（涤毛混纺啥味呢）　涤毛啥味呢的特点是呢面平整，毛绒短齐，覆盖均匀，织纹清晰匀直，手感爽挺，有身骨，弹性好，边道平直，色泽自然、柔和、鲜艳，无陈旧感，强力较高，耐磨性较好，褶裥能长久保持不变，挺括美观，尺寸稳定性好。其缺点是透气性、抗熔孔性较差。其用途同全毛啥味呢。

（10）毛黏啥味呢（毛黏混纺啥味呢） 毛黏啥味呢的特点是呢面平整，织纹清晰，手感柔软，强力好，吸湿性好。毛面毛黏啥味呢的绒毛短齐，覆盖均匀；混色匀净，色泽鲜艳，无陈旧感，光泽自然，色光正。但织物弹性较差，易褶皱，褶裥保持性和尺寸稳定性较差。其用途同全毛啥味呢。

（11）毛黏锦啥味呢（毛黏锦混纺啥味呢） 该织物的特点是呢面平整，织纹清晰，手感柔软，强力好，较耐磨，吸湿性好。毛面织物的绒毛平齐，覆盖均匀；混色匀净，色泽鲜艳，光泽自然，色光正。但弹性、褶裥保持性和尺寸稳定性较差。其用途同全毛啥味呢。

（12）毛黏涤啥味呢（毛黏涤混纺啥味呢） 该织物的特点是呢面平整，织纹清晰，手感柔软，吸湿性好，绒毛短齐，覆盖均匀，混色均匀，色泽鲜艳，光泽自然。其用途同全毛啥味呢。

（13）涤黏啥味呢（涤黏混纺啥味呢） 该织物的特点是外观特征很像全毛啥味呢，毛型感好，有身骨，手感柔软。经树脂整理的织物，抗皱性能、缩水率和尺寸稳定性均有所改善，具有易洗、快干、免烫等优点。其宜做春秋季男女服装等。

（14）涤纶啥味呢 涤纶啥味呢的特点是呢面平整，富有光泽，弹性好，抗皱性能好，缩水率小，尺寸稳定性好。穿着长久后，易受摩擦的部位，容易起毛起球，熔孔性严重。其宜做春秋季服装等。

（15）黏锦啥味呢 该织物的特点是毛型感强，外观特征与纯毛啥味呢很相似，有身骨，手感较硬，弹性差，易褶皱，经过树脂整理后，尺寸稳定性尚好，褶裥持久性差。其宜做春秋季男女服装，如青年装、学生装、两用衫、夹克衫、西裤等。

（16）腈黏啥味呢 腈黏啥味呢的特点是织纹平整，纹路清晰，色泽鲜艳，光泽柔和，毛型感较好，手感柔软、活络，强度、耐磨性、弹性均较好。其宜做学生装、两用衫、夹克衫、运动装、青年装、中山装、西装、裙装等。

（17）黏纤啥味呢 该织物的特点是纱支粗，织物厚重，有身骨，有一定的纯毛感，手感柔软，特别是经过柔软剂整理的产品，手感更加滑细柔软，保暖性好。其用途同腈黏啥味呢。

（二）华达呢

华达呢又称新华呢、轧别丁、毛华达呢（如图2-32所示），是精纺毛织物的重要品种之一，是以精梳毛纱作经纬的中厚斜纹织物。呢面光洁平整，织纹清晰挺直而饱满，光泽自然

图2-32 毛华达呢

柔和，无极光，色泽庄重而无陈旧感，身骨结实，手感滑挺、丰厚、柔顺，富有弹性，耐磨性能好。其品种较多，按织纹组织的不同，可分为双面、单面和缎背三种；按所用原料的不同，可分为全毛、涤毛、毛黏及纯化纤仿毛产品等。采用二上二下或二上一下斜纹组织织制，斜纹倾角呈63°左右，经密大于纬密，织纹的贡子凸出饱满，斜纹纹道的距离较狭，形成华达呢特有的外观风格。全毛华达呢是高档衣料，可制作男女西装、套装、春秋大衣等，也可用于作帽料和鞋面料。

（1）全毛华达呢 全毛华达呢的特点是呢面光

洁平整，纹路清晰，斜纹纹道饱满、匀、深、直，织物身骨结实丰厚。手感滋润滑糯，弹性好，保暖性能好，透气、吸湿和散湿性好。光泽自然柔和，色泽鲜艳，富有膘光。用该织物做成服装后，穿着舒适贴体，悬垂性好，褶裥线条挺括而美观，抗皱性能强，缩水率小，尺寸稳定性好，穿着不易变形。其宜做男女西装套装、中山装套装、青年装套装、制服、两用衫、夹克衫、西裤、西服裙、女西式背心、春秋夹大衣、风衣、高级晴雨大衣，也可作帽料和鞋面料等。

（2）单面华达呢　单面华达呢的特点是手感滑糯，活络而丰满，呢面洁净，细洁雅致，织纹贡子清晰，悬垂性好，有弹性，光泽柔和自然，色泽范围广，是目前色谱最齐全的一个品种。其宜做男女各类外衣、女装、连衣裙等。

（3）缎背华达呢（缎背轧别丁）　该织物的特点是正面呈现双面华达呢的风格特征，而背面却似经面缎纹。呢面光洁平整，织纹清晰细洁，结构紧密、厚实，富有弹性，光泽自然，颜色有藏青、黑灰等深色，宜做上衣、风衣、秋季大衣等，但不宜作裤料（因织物厚重，裤线难以持久）。

（4）涤毛华达呢（涤毛混纺华达呢）　涤毛华达呢的特点是呢面平整光洁，边道平直，质地紧密，斜纹纹道清晰饱满，手感滑挺爽，有身骨，不板硬，弹性好，抗皱性能强，不易褶皱，光泽自然柔和，不起极光，色泽鲜艳，纱线条干均匀，耐磨性好，缩水率小，洗后尺寸稳定不变形，褶裥保持性优良。其用途同全毛华达呢。

（5）毛黏华达呢（毛黏混纺华达呢）　毛黏华达呢的特点是布面平整光洁，纹路清晰，无雨丝痕，呢边平直，手感柔软，紧密无松烂感，身骨丰厚，有弹性，纱线条干均匀，色泽匀净鲜艳，光泽较好。其用途同全毛华达呢。

（6）毛黏锦华达呢　该织物的特点是呢面平整光洁，纹路清晰，手感柔软，身骨丰厚。其耐磨性、手感和毛型感均优于毛黏华达呢。其用途同全毛华达呢。

（7）涤毛黏华达呢　该织物的特点是呢面平整光洁，纹路清晰，纹道饱满，手感柔软，弹性较差，容易褶皱，尺寸稳定性和褶裥持久性较涤毛华达呢差，吸湿性和散湿性较好，穿着舒适。其宜做中山装、青年装、两用衫、西裤、帽子等。

（8）黏锦华达呢（黏锦混纺华达呢）　该织物的特点是织物组织紧密，身骨厚重，呢面平整，毛型感强，手感较毛华达呢粗硬，织物耐磨经穿，弹性较差，易起皱，褶裥保持性较差。其宜做中山装、青年装、两用衫、西裤、制服、工作服，也作高寒地区风雪大衣料及帽料等。

（9）黏锦腈华达呢（黏锦腈混纺华达呢）　该织物的特点是呢面平整，织物组织紧密，身骨厚重，手感柔软，毛型感强。其用途同黏锦华达呢。

（三）中厚花呢

中厚花呢是以精纺毛纱织制的中厚型花呢毛织物的统称，如图 2-33 所示。其每平方米质量为 195～215g。织物多用斜纹及其变化组织织制，也有采用平纹及其变化组织、缎纹及其变化组织、经二重组织、双层平纹组织等，多为色织，且常利用组织与色纱的配合组成各种变化图案，花型有条、格、散点等。此外，还常用棉纱、绢丝、涤纶丝等作细嵌

图 2-33　中厚花呢

线，或用三股、四股等多股作粗嵌线，装饰点缀，使花型图案多层次，产生立体感。呢面平整，光泽自然柔和，手感丰满、柔软滑糯、活络有弹性，织纹清晰或略有隐蔽、色泽鲜艳、花色新颖、配色调和雅致。其适宜制作秋冬季套装、中山装和上衣等。

（1）全毛平纹花呢 全毛平纹花呢的特点是呢面平整、洁净、挺括、织纹清晰，纱线条干均匀，经直纬平，立体感强，光泽自然柔和，色泽鲜艳，配色雅致而调和，穿着贴身舒适，尺寸稳定性好。但褶裥持久性较差，缩水率较大。其宜做西装套装、中山装套装、西裤、两用衫、西式马甲、旗袍、连衣裙及鞋帽等。

（2）粗支平纹花呢 该织物的特点是呢面光洁平整，手感柔软、丰糯，光泽自然柔和，活络有弹性。常用混色花绒线作经纬，且大多利用纱线捻向不同，反射光线也不同的原理，把5捻和2捻的纱线按花型加以组合，构成各种精细的隐条隐格花样，穿着时花样时隐时现，静中见动。其宜做春秋季西装、西裤等。

（3）全毛变化斜纹花呢 该织物的特点与用途同全毛平纹花呢。

（4）条花呢 条花呢是指外观有较明显条子的花式毛织物，由于嵌线与地色的不同排列与组合，可得到许多不同的条纹，如交替条、双线条、铅笔条、粉笔条、网球条、针点条等，嵌线色彩与地色的对比要求配合和谐、含蓄，体现高雅朴实的格调。该织物的特点是手感、风格与中厚花呢相同。若选用较细的棉纱或绢丝作嵌线，则呢面花样细洁、高雅；若选用毛纱作嵌线，则生产管理较为方便；若选用多股纱线作嵌线，则花型更有立体感，但粗嵌线用量不宜多，否则外观和手感略感粗糙。其宜做秋冬季西服套装和西裤等。

（5）全毛单面花呢 该织物的特点与用途同全毛平纹花呢。

（6）格子花呢 套装花型：典雅大方，稳健庄重，格型大小适中，配色和谐含蓄，常见的以传统格子为多，如窗框格、犬牙格、牧人格、棋套格、格林格、威尔士格等；便装花型：花哨活泼，色彩对比明朗，用色比套装鲜艳，而且常在传统格子的基础上加套与地纱同原料、同细度的彩纱，如在深浅两色构成的格林格的基础上用彩色纱切破、镶嵌、复套；裙料花型：色彩鲜艳，新奇华丽，构思大胆，追求流行时尚，如苏格兰彩格用纱颜色多，构成三重以上的复套格，又如利用各种花式纱线构成复合窗框格，还有特大的格型，一个格子宽度达20cm以上等。其宜做男女套装、便装、女装裙料等。

（7）羊绒花呢 羊绒花呢的特点是织品经轻缩绒和柔轻整理，手感细腻、柔软、滑糯，呢面静中有动，富于变化，呈现高级感，光泽自然柔和，色泽鲜艳，弹性好，成衣后平挺滋润，穿着轻盈保暖，是精纺呢绒中的高级衣料。其用途同全毛平纹花呢。

（8）毛黏花呢（毛黏混纺花呢） 毛黏花呢的特点是呢面平整光洁，织纹清晰，手感丰满，有弹性，毛型感强，色泽鲜艳，花色新颖，光泽自然柔和，纱线条干均匀，经直纬平，边道平直，具有纯毛花呢的风格。其宜做男女各式服装，如西装、中山装、两用衫、中装、旗袍、连衣裙，也作裙料及帽料、鞋料等。

（9）黏毛锦花呢（黏毛锦混纺花呢、黏毛锦三合一花呢） 该织物的特点是具有花呢类的风格和较好的毛型感，耐磨性能较好，但织物的弹性、抗皱性能较差，缩水率也稍大。其宜做西装套装、中山装套装、两用衫、西裤、中装、西式马甲、旗袍、连衣裙及鞋帽等。

（10）黏腈毛花呢（黏腈毛混纺花呢、腈黏毛花呢、腈毛黏花呢） 黏腈毛花呢的特点是呢面平整，纱线条干均匀，织纹清晰，花纹新颖，边道平直，具有纯毛花呢的风格，手感柔软丰满，质轻蓬松，保暖性好，有弹性，富有毛型感，光泽自然柔和，色泽鲜艳调和，褶皱恢复率稍低，故尺寸稳定性较差，易变形（与纯毛花呢相比）。其用途同黏毛锦花呢。

（11）鲍别林 鲍别林的特点是织物的外观与纯棉高支纱府绸相似，手感紧密，滑挺结实，弹性良好，织纹清晰，颗粒匀称，颜色滋润，光泽柔和，平整光洁，质地坚牢，耐穿耐用，并有一定的拒水性。其宜做外衣、风衣、妇女罩衫、裙子等。

（12）半精纺花呢 该织物的特点是既具有一般粗纺花呢的丰满感，又具有高档细支粗花呢的风格。织物比粗纺花呢轻薄细洁，织纹清晰，花型新颖，呢身平整挺括，手感柔软丰满，富有弹性，坚实耐穿，穿着舒适。其宜做便装、猎装、两用衫、春秋大衣等。

（13）胖比司呢 胖比司呢的特点是呢身轻薄、挺括，手感滑爽，身骨好，富有弹性，光泽好，散热和透气性好，穿着舒适。其宜做夏季男女各式衣料，如两用衫、旅游装、童装及帽子等。

（14）毛涤黏花呢（毛涤黏三合一花呢、三合一花呢） 该织物的特点是外观具有全毛花呢的风格，性能特点近似涤毛花呢。因黏胶人造毛混纺配比含量较大，价格较便宜。其手感挺爽，有弹性，富有毛型风格。但抗皱性能和褶裥持久性均不如涤毛花呢，长时期穿着后膝盖和肘部易起鼓形。其宜做男女各式服装、西服套装、中山装套装、中装、两用衫、西式马甲、连衣裙、旗袍及鞋帽等。

（15）毛涤纶花呢（凉爽呢、毛的确良、涤毛薄花呢） 毛涤纶花呢的特点是呢面细洁平整，经直纬平，纱线条干均匀，织纹清晰，边道平齐，手感滑挺爽薄、活络，富有弹性，刚中带柔，光泽自然柔和，配色调和。织物吸湿而透气，散热快，有凉爽感，穿着舒适。织物强度好，坚牢耐穿，易洗、快干，挺括免烫，成衣褶裥线条稳定，缩水率小，尺寸稳定性好。其宜做春、夏、秋季各式服装，如男女西装、中山装、两用衫、西裤、衬衫、连衣裤、裙装等。

（16）仿毛凉爽呢 仿毛凉爽呢是一种仿毛型夏令服装面料。所用的原料主要有涤黏中长化纤、涤腈中长化纤、涤纶长丝等。该织物的特点是质地轻薄，结构疏松，手感滑挺，防缩防皱，易洗快干，透气凉爽，穿着舒适。其宜做男女套装、衬衫、裤料、连衣裙等。

（17）涤毛花呢（涤毛混纺花呢） 涤毛花呢的特点是质地厚实，手感丰满，花色新颖，条型大方，多数为中深色，抗皱性能好，身骨结实而富有弹性，但不如全毛花呢柔糯。其用途同毛涤纶花呢。

（18）涤黏花呢（涤黏混纺花呢、快巴） 涤黏花呢的特点是呢面平整洁净，强度好，呢身丰厚挺括，毛型感好，花色新颖，色泽鲜艳，配色调和，手感丰厚，有弹性，边道平直，吸湿性能好，穿着舒适，尺寸稳定性好，易洗、快干、免烫。其主要用途是做西装、套装、两用衫、女装、青年装、西裤、裙料等。

（19）涤毛麻花呢（涤毛麻混纺花呢） 该织物的特点是既具有麻织物的挺括、凉爽、透气性好等优点，又具有毛涤薄花呢的落水变形小、抗皱性能强、褶裥性好、洗可穿等优点，而且抗起球性好。其宜做各种类型的外套、猎装、便装、西装等。

（20）涤腈花呢（涤腈混纺花呢） 涤腈花呢的特点是织物平整滑爽，外形稳定性、褶裥保持性和褶皱恢复性较好，强度高，耐磨性好，有弹性，风格和特点类似毛涤纶花呢。其用途同涤纶花呢。

（21）黏腈花呢（黏腈混纺花呢）　黏腈花呢的外观基本上与黏锦花呢相似，毛型感较强，腈纶配比多的织物，强度、耐磨性和弹性均较好，腈纶配比过少时，则抗皱性、褶裥保持性和缩水性都较差。其用途同黏毛锦。

（22）黏锦花呢（黏锦混纺花呢）　黏锦花呢的特点是花型配色美观大方，色泽鲜艳纯正，手感活络，弹性好，毛型感强，边道平直。其宜做西装、套装、两用衫、青年装、女装、西裤、裙装、连衣裤等。

（23）纯涤纶花呢　该织物的特点是布面平整细洁，具有毛织物的风格，毛型感较好，强力高，抗皱性强，基本不缩水，色泽鲜艳，手感挺括滑爽。其主要用于做女装、西装、两用衫、时装、衬衫、裙装、童装等。

（24）三合一花呢　该织物是由毛与两种化纤混纺纱织制而成，其特点是毛感足，身骨好，富有弹性，光泽自然，色泽多以混色、杂色、花纱颜色为主，是条染产品。其宜做男女各类普通西装、便装、学生装、童装、裙装、两用衫等。

（25）丁纶花呢　丁纶花呢的特点是呢面光洁，手感柔软，弹性好，抗起毛起球，仿毛感强，色泽鲜艳、明快，条格套叠，近看五彩缤纷，远看呢面层次突出，具有"海派"风格与韵味。其宜做时装、运动装、套衫、夹克衫、套裙等。

（26）高级单面花呢（牙签条花呢）　该织物的特点是呢面平整细洁，织纹清晰，光滑细腻，边道平直，整齐美观，手感丰满蓬松，呢身滑糯滋润，弹性好，挺括活络，实物质量好，花型立体感足，光泽自然持久，有膘光，配色雅致而调和，服用性能好，耐磨、耐洗，落水变形小，尺寸稳定性好，不起毛起球，弹性与抗皱性能好，缝纫性好，易熨烫。其宜做高档男女西装、中山装、礼服、套装、裙装等。

（27）铅笔条花呢　该织物的特点是嵌条与地组织色协调、醒目，条纹滑爽，呢面挺括轻薄，手感活络丰满。该织物是条染产品，花型的颜色大多是在蓝色、深蓝色或中深咖啡色的地上，加织浅色（如白色、灰色、蓝白等）嵌线条，形成间隔约 1cm 的纵条花型，其宽窄类似铅笔粗细。其宜做西装、两用衫、青年装、礼服、女装、裤子等。

（28）牧人格花呢　牧人格花呢的特点是织物紧密、挺括，有身骨，弹性好，宜做西装、套装、女装、裤子、童装等。

（29）钢花呢（礼花呢）　钢花呢的特点是呢面彩点分布均匀，大小不一，光泽自然，色泽明快，配色典雅，身骨较硬挺，富有弹性，宜做西装、套装、时装、女装、童装、猎装、裙子等。

（30）粗支花呢　粗支花呢的特点是呢面丰厚，绒毛均匀，有粗纺花呢的效果。但较粗纺花呢紧密，呢面细腻高级，富有弹性，不板不烂，较挺括，色泽鲜艳，色彩秀丽，典雅别致。其宜做西装、套装、时装、女装、外套、运动装、童装等。

（31）丝毛花呢　丝毛花呢的特点是光泽好，外观银光闪烁，手感细腻、滑挺爽，舒适宜人，有身骨，弹性足，抗皱性能强，花型线条清晰齐整。其宜做西装、套装、晚礼服、女装、裙子等。

（32）毛黏粗支花呢　该织物的特点是呢面平整光洁，光泽自然柔和，手感活络细腻、滑糯，弹性较好，毛型感足。经特殊整理后，纯毛感强。其宜做西装、便装、两用衫、女装和裙子等。

（33）长丝花呢（毛丝绸）　长丝花呢的特点是手感滑细，光泽好，弹性好，抗皱性能好，落水变形小，透气性好，具有洗可穿、免熨烫的优点，外观有一定的丝绸感，是夏令用高档毛织物。其宜做夏令男女各类服装、两用衫、时装、裙料等。

（34）巴拉瑟亚军服呢（斜板司、斜板司呢） 该织物的特点是织纹呈斜方块状，纹路清晰，有身骨，弹性好，厚重，质地紧密、挺括，抗皱性能好，坚实耐穿。其宜做军服、军便服、套装、夹克衫、猎装、旅游服等。

（35）海拉因呢（密细条纹精纺呢） 海拉因呢的特点是织物紧密，呢面显条花型清晰，有立体感，经直纬平，手感柔滑，有身骨，弹性好。其宜做各类西装、套装、女装、时装、运动装、裙子、童装等。

（36）纯毛弹力呢 该织物的特点是弹性好，用其缝制的成衣，不起皱，运动自如，特别是臂、臀、肩、膝等运动部位，不受衣服牵制，穿着非常舒适，宜做运动服、便装、时装、西装、西装裤、套装、童装等。

（37）板司呢（板司花呢） 板司呢的特点是质地紧密、挺括，结构坚实，不板不烂，有身骨，较厚重，弹性好，呢面平整，混色均匀，织纹清晰，呢面绒毛整齐一致。其宜做男女西装、套装、两用衫、夹克衫、猎装、旅游装、中山装、学生装、运动装、西裤、西装裙等。

（38）松花呢 松花呢的特点是具有挺而不硬、滑而不糙、轻而不飘的使用性能和刚中有柔、柔中有刚、富有弹性的特殊效应，穿着舒适、潇洒、高雅、舒畅，富有时代新潮感，宜做西装、宽松外套、套裙等。

图 2-34 凡立丁

（四）凡立丁

凡立丁是精纺呢绒中的薄型平纹组织毛织物，如图 2-34 所示。其名称为英文 valetin 的音译，是精纺毛织物中经纬密度最小的，使用的羊毛质量好，毛纱细而捻度大，织物稀松但仍保持爽挺，不软疲，不松烂；呢面光洁轻薄平整，不起毛，织纹清晰，光泽自然柔和，色泽鲜明匀净，朴实无华，膘光足，手感滋润、柔软、滑挺、活络，有弹性，透气性好。凡立丁的品种，按原料分，有全毛凡立丁、涤毛凡立丁、黏锦凡立丁、黏锦腈凡立丁、纯涤纶凡立丁等；按织物组织分，有隐条凡立丁、隐格凡立丁、条子凡立丁、格子凡立丁、透孔凡立丁和纱罗凡立丁；按花色分，有素色凡立丁和印花凡立丁。

凡立丁有纯毛和毛与黏胶、锦纶、涤纶、腈纶等混纺两大类。颜色较多，深色的有藏青、元、咖啡、灰、棕色等；浅色的有米、浅灰、银灰、棕灰、浅蓝灰及杂色等。但以浅灰、米适应夏季穿着特点的颜色为主。女装凡立丁常常匹染成鲜艳的漂亮色。其主要做夏季男女各类服装，也可做春秋季中山装、两用衫、各种外衣、西装、裙子等。

（1）派力司（派力司花呢） 派力司的特点是呢面平整光洁，经直纬平，不起毛，呢面具有散布性匀细而不规则的轻微雨状丝痕条纹，这是条染深浅混色（如白色与黑色混合成灰色）形成的特殊效应。其手感滋润、滑爽，不糙不硬，柔软而有弹性，质地细洁、轻薄、平挺，身骨好。光泽自然柔和，颜色鲜艳，无陈旧感。其宜做夏季男女各种衣料，如中山装、两用衫、短袖猎装、夹克衫、裙子、帽子等。

（2）全毛凡立丁（薄毛呢） 全毛凡立丁的特点是呢面平整光洁，不起毛，织纹清晰，经直纬平，纱线条干均匀，呢面细孔整齐均匀，光泽自然、柔和、鲜艳，无色差，膘光足，手感滑挺爽，有身骨，不板不烂，透气性好，穿着凉爽舒适。其宜做夏季男女西装、中山装、两用衫、旅游衫、连衣衫、西裤、西装短裤、西服裙等。

（3）涤毛凡立丁（涤毛混纺凡立丁）　涤毛凡立丁的特点是呢面光洁平整，手感滑、挺、爽、薄，身骨好，富有弹性，光泽自然柔和，纱线条干均匀，织物尺寸稳定性好，易洗、快干、免烫，强力和耐磨性能优于纯毛织物，但手感不如纯毛织物柔和。其宜做夏季男女各式服装、西裤、裙子等。

（4）黏锦凡立丁（黏锦混纺凡立丁）　该织物的特点是呢面细洁平整、滑爽不糙，无鸡皮皱，织纹清晰，经直纬平，纱线条干好，手感活络，弹性好，抗皱性能强，色泽纯正，无边身色差，布边平直，主要用于做两用衫、短袖夹克衫、衬衫、裙子、裤子、艺装、中山装、军便装、学生装、西装等。

（5）黏锦腈凡立丁　该织物的特点是呢面平整细洁、滑爽不糙，织纹清晰，染色性能好，色泽鲜艳，手感好，毛型感强，强力好。其用途同黏锦凡立丁。

（6）涤纶凡立丁（纯涤纶凡立丁）　涤纶凡立丁的外观与全毛凡立丁相似，呢身较为轻盈细薄，强力好，弹性优异，不易褶皱，尺寸稳定性好，易洗、快干、免烫。其宜做两用衫、西裤、西装、西式短裤、衬衫、连衣裙、中山装、军便装、学生装等。

（7）全毛派力司　全毛派力司的特点是呢面平整细洁，质地轻薄，经直纬平，手感滑糯，滋润、爽挺，有身骨，弹性好，不板不烂，轻盈透凉，纱线条干均匀，光泽自然柔和，异色分明，混色均匀，花色素雅别致。其宜做各种夏令服装，如西裤、衬衫、两用衫、旅游装、短袖猎装、旗袍等。

（8）涤毛派力司（涤毛混纺派力司）　涤毛派力司的特点是呢面光洁平整，经直纬平，纱线条干均匀，手感滑爽、挺薄、柔糯，刚中带柔，不生糙呆板，富有弹性，挺而透气，散热性和吸湿性好，不闷气且有凉爽感，光泽自然柔和，异色分明，混色匀净，无陈旧感。织物经热定型后，防皱缩，褶裥稳定性好。其用途同全毛派力司。

（五）女衣呢

女衣呢又称精纺女式呢、女士呢、女色呢、叠花呢，如图2-35所示。女衣呢是精纺呢绒中松结构织物。其织物轻薄，手感松软，织纹清晰，花色变化繁多，色谱齐全，色泽鲜艳明快，色彩艳丽。原料以羊毛为主，也有涤纶和腈纶，有些花色品种还采用金银丝、异形涤纶丝或彩色丝等作镶嵌装饰用料。坯布采用匹染，素色居多，也有少数是条染混色品种。色泽有浅、中、深色，以浅色为主。常见的有大红、橘红、紫红、玫红、铁锈红、嫩黄、密黄、金黄、棕黄、棕色、艳蓝、翠蓝、湖蓝、草绿、湖绿、果绿等色。女衣呢质地轻薄松软，适宜制作春秋季各式妇女服装和童装。

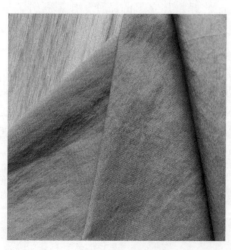

图 2-35　女衣呢

（1）苔茸绉（苔绒绉）　苔茸绉的特点是织纹清晰，色彩艳丽，光泽自然，手感柔软，不松烂，弹性好，纱线条干均匀。其宜做各类女装、童装、浴衣、睡衣及窗帘等。

（2）全毛女衣呢 该织物的特点是呢面洁净平挺，有各式各样的细致织纹图案或凹凸变化的纹样，织纹清晰新颖，手感松软，松而不烂，有弹性。其色谱齐全，色彩艳丽，光泽自然柔和，以中浅色为主。染色大多用匹染，以素色为主，色泽有橘红、大红、紫红、铁锈红、玫红、枣红、嫩黄、金黄、蜜黄、鹅黄、棕黄、艳蓝、湖蓝、翠蓝、草绿、橄榄绿、果绿、灰、豆灰、雪灰、银灰等。织物宜做各种女式服装，如西装、两用衫、外套、马甲、旗袍、连衣裙、西装裙、童装等。

（3）涤毛女衣呢（涤毛混纺女衣呢） 该织物的特点是呢身较全毛织物爽挺，弹性好，褶裥持久性和尺寸稳定性好，强力较全毛织物有所提高，耐磨性能好，缩水率小，尺寸稳定，不易变形，易洗、快干、免烫。其用途同全毛女衣呢。

（4）腈纶女衣呢 该织物的特点是织物手感松软，色泽鲜艳，抗皱性能好，保暖性好，穿着舒适。一般匹染成中浅色，如浅粉、果绿、漂白、绿、棕、银灰、姜黄、驼、米黄等。其宜做衬衫、两用衫、浴衣、睡衣、裙子及窗帘、家具装饰用布等。

（5）麦斯林呢（麦斯林） 麦斯林呢的特点是呢面平整光洁，织物轻薄、疏松、平挺、活络、柔软，手感柔糯滑爽，不易产生褶皱，富有弹性，色泽鲜艳，不易沾污，穿着舒适，挺括飘逸。其宜做夏令女装、衬衫、两用衫、连衣裙、睡衣、裙子、童装、头巾及装饰用布。

（6）燕麦纹毛呢（奥托密尔呢） 该织物的特点是呢面呈燕麦纹样，手感柔软、活络，抗皱性能好。产品一般为匹染，多为天蓝、灰、草绿、米色等。其宜做女装、裙子、睡衣、浴衣及窗帘、毛巾、家具装饰用布。

（六）贡呢

贡呢是精纺呢绒中经纬纱支高、密度大而又厚重的品种，也是历史悠久的传统品种，如图 2-36 所示。呢面光洁平整，织纹清晰，纹道间距狭细，身骨紧密，手感滋润柔滑，活络有弹性。呢面由加强缎纹的长浮线构成丝绸织物样的自然质感，光泽明亮，形成贡呢特有的风格。原料以羊毛为主，少数混纺品种采用涤纶和黏胶。品种有直贡呢（织纹倾斜角度为 75°以上）、斜贡呢（织纹倾斜角度为 45°左右）和横贡呢（织纹倾斜角度为 15°左右）三类。其中，以直贡呢为主，横贡呢很少生产，斜贡呢已被华达呢和哔叽代替。按经纬纱线花色分，有素色直贡呢和用花线交织的花线直贡呢。直贡呢以坯布匹染为主，元（色）贡呢主要用于做大衣、礼服和鞋、帽等。其他杂色贡呢可

图 2-36 贡呢

做西服和制服；花线贡呢可做西装、套装、大衣和鞋、帽等。

（1）全毛直贡呢（礼服呢） 全毛直贡呢的特点是呢面料斜纹倾斜角度陡峭，呈 75°左右，织纹清晰，贡条挺直，纹道间距较小，质地紧密厚实，富有弹性，手感丰厚、饱满、滋润、柔软、滑爽，强度高。由于经纱浮线较长，因此耐磨性稍差，容易起毛。织物的服用性能好，穿着贴身舒适。其宜做西服、礼服、中式便装、马甲、长短大衣、鞋帽等。

（2）涤毛直贡呢（涤毛混纺直贡呢） 该织物的特点是呢面斜纹纹路清晰，贡条挺直，纹道间距紧窄。织物强力高于纯毛织物，经热定型后能长久保持褶裥痕，褶皱恢复率较大，

手感挺爽，但不及纯毛织物柔滑滋润，织物挺括，结实耐穿，易洗、快干，透气性和抗熔孔性较差，由于静电作用，易起毛起球。其宜做西装、礼服、中式便装、马甲、长短大衣、鞋帽等。

（3）横贡呢　横贡呢的特点是织物纹道倾斜角度较小，约为15°的缓斜纹。呢面的纬浮点多于经浮点，密度较稀，光泽自然柔和，手感柔软，身骨和弹性不如纯毛贡呢。色泽以杂色为多。其宜做各种女式服装。

（4）马裤呢　马裤呢的特点是织物密度大，纹路突出，织纹正反面不相同，正面有粗壮而突出的贡子，而反面则织纹平坦。由于纱支偏粗，因此呢面呈急斜纹，质地厚实，手感软糯而不糙硬，有身骨，弹性好，服用性能好，光泽自然柔和，有膘光。其宜做军装、军大衣、外套、西装、猎装、两用衫、夹克衫、马裤、春秋季大衣、帽子等。

（5）全毛马裤呢　全毛马裤呢的特点是织物呈单面斜纹，正面具有粗壮的急斜纹贡子，倾斜角度陡峭、右斜，而反面织纹较模糊，呈左斜，织纹宽而呈扁平状。呢面平整光洁，织纹清晰，纹道匀、深、直，纱线条干均匀、洁净，无雨丝痕，边道平直。手感柔软滋润，光滑不糙，身骨好，富有弹性，呢身紧密、厚重、活络。织物丰厚，保暖性能好，悬垂性能佳，抗皱性强，成衣尺寸稳定性好，穿着舒适平挺，不易变形。其宜做军装、春秋季夹大衣和裘皮大衣、两用衫、马裤、猎装、卡曲衫及帽子等。

（6）黏毛马裤呢（黏毛混纺马裤呢）　该织物的外观特征与全毛马裤呢基本相似，具有较好的毛型感，手感柔软，不松不疲。呢面平整洁净，织纹清晰，贡子粗壮饱满，纱线条干均匀，有身骨，但不及纯毛织物挺括，弹性较差，易有褶皱，缩水率较大。其用途同全毛马裤呢。

（7）毛涤马裤呢　毛涤马裤呢的特点是呢面平整光洁，织纹清晰，纹道匀、深、直。手感柔软滋润，光滑不糙，身骨好，有弹性，质地紧密丰厚。成衣尺寸稳定性好，不易变形，悬垂性好，抗皱性能强，穿着舒适平挺。其用途同全毛马裤呢。

（8）巧克丁（罗斯福呢）　巧克丁的特点是呢面光洁平整，织纹清晰，贡子阔而糙壮，顺直而不起毛，反面斜纹平坦，较模糊，手感粗厚活络，光滑不糙，有身骨，弹性好，抗皱性能好，不松不烂，光泽自然柔和，富有膘光，无雨丝痕，边道平直。其色泽以平素为主，也有花纱、混色巧克丁，颜色有蓝、军绿、元、藏青、咖啡、深灰、棕、草绿等。其主要做西装、礼服、两用衫、猎装、夹克衫、春秋长短夹大衣和毛皮大衣、军大衣、卡曲衫、帽子等。

（9）涤毛巧克丁（涤毛混纺巧克丁）　该织物的特点是呢面光洁平整，织纹清晰饱满、匀直，密度较松，较全毛巧克丁稍薄。手感滑挺爽，弹性好，抗皱性能强，褶裥保持性好，强力和耐磨性优于纯毛织物，但手感不够丰厚柔软。光泽自然柔和，色泽鲜艳，透气性稍差。其宜做西装、春秋季各式男女服装、长短夹大衣等。

（10）全毛巧克丁　全毛巧克丁的特点是呢面有双根并列或三根并列的斜纹纹道，贡子粗壮丰满，手感滑糯丰厚，保暖性好，身骨结实，富有弹性。呢面光洁挺括，色泽匀净，条干均匀，光泽柔和自然，膘光足。其用途同巧克丁。

（11）色子贡（骰子贡、军服呢）　该织物的特点是呢面呈清晰的网纹，勾画出方形的小颗粒状花纹，纹样细巧，正反面织纹相似，呢面平整光洁，织物紧密厚实，手感柔软滑糯，有身骨，弹性好，光泽自然柔和，色泽鲜艳。色子贡一般为条染素色产品，以深灰、草绿、墨绿、黑色为主，也有混色、花纱和匹染产品，匹染以深色为主，颜色有藏青、黑、棕黄和草绿等。其宜做礼服、军服、套装、夹大衣、马甲、猎装、女装等。

（七）薄花呢

薄花呢是由精纺毛纱制织的薄型花式毛织物，如图 2-37 所示。其单位面积质量在 $180 \mathrm{g/m^2}$ 左右。常见的薄花呢有两种风格：一种手感滑挺薄爽有弹性，另一种手感滑软丰糯有弹性。除全毛外，还有毛混纺和纯化纤薄花呢，宜用于制作夏季男女西装、套装、两用衫和裤子、裙子等。

图 2-37　薄花呢

薄花呢的特点是呢面丰满柔滑，疏松活络，质地轻薄，外观呈现点、条、格及其他各种各样的花纹图案。

（1）凉爽呢（毛涤薄花呢、毛的确良）　凉爽呢的特点是轻薄、透湿、凉爽，坚牢耐穿，抗皱性能好，褶裥持久，缩水和落水变形小，易洗烫，洗可穿，手感挺滑，薄如蝉翼。其宜做夏季男女各类套装、西装、两用衫、中山装、裤装、裙装等。

（2）涤腈薄花呢　该织物的特点是抗皱性能好，落水变形小，具有易洗免烫、洗可穿的优点，外观近似毛涤薄花呢和毛涤纶，但更滑细、轻薄些。颜色大多为中浅灰、米驼、浅天蓝、本白、浅银灰等夏令冷淡色。其宜做夏季男女服装、两用衫、裙子、中山装、短衣裤等。

（3）涤黏薄花呢（快巴）　该织物的特点是织物抗皱性能强、洗可穿、免熨烫性突出，并具有毛型感，穿着较挺括，适宜于春、夏、秋三季穿用。颜色以平素隐条隐格花型的灰、蓝、咖、黑为主，也有杂色格条产品。其宜做男女西装、套装、两用衫、裤子、裙子等。

（4）毛麻涤薄花呢　该织物的特点是既具有麻织物的挺括、凉爽、透气性好等优点，又具有毛涤薄花呢的落水变形小、抗皱性能强、褶裥性好、洗可穿等优点，而且抗起球性能好。其宜做男女各类夏装、裙子、西装、两用衫、套装、猎装、中山装、便装等。

（5）波拉呢　波拉呢的特点是经纬纱的捻度均较大（强捻纱），一般在 1100～1200 捻/m，手感硬挺、滑爽，有凉快感，弹性好，抗皱性能强，光泽好，透气性好。其宜作夏季男女各种衣料、裙料等。

（6）罗丝呢　罗丝呢的特点是织物结构紧密、细洁、匀净，手感柔软、薄爽，光泽柔和，呢面有"雪花"状皱纹花样，色泽素雅，穿着舒适。其宜做春、夏季中装、衫裙等。

（7）亮光薄呢　亮光薄呢的特点是织物紧密适中，光泽好，手感滑爽，有身骨，弹性好，抗皱性能好。颜色以黑色为主，也有咖啡、蓝等中浅色品种。其宜做薄西装、女装、艺装、时装、高档纯毛礼服衬里等。

（八）其他精纺毛型织物

（1）马米呢（马米绸）　马米呢的特点是手感比较粗糙、硬挺，具有粗犷纯朴的自然美，类似手工织造、染色的毛织物。其宜做民族服装以及桌布、毛巾、手工艺品等。

（2）马海毛织物　该织物的特点是呢面平整，纱支条干均匀，手感滑挺爽，有身骨，弹性好，抗皱性能优良，光泽好，多为条染产品，色泽以黑、灰、咖为主，也有中浅色的产品，如浅驼、浅灰等。其宜做西装、套装、两用衫、夹克衫、马甲、青年装等。

（3）巴里纱（玻璃纱）　巴里纱的特点是呢面平整，经纬密度均匀，经平纬直，质地轻薄，手感滑、挺、爽，弹性好。纱线条干均匀、光滑，透气透光性能好，有薄挺露效果。其宜做各式女装、衬衫、艺装、裙子、童装、睡衣裤、民族服装、头巾、面纱、抽绣品底布及台灯罩、窗帘等家庭装饰用布。

（4）毛涤纶　毛涤纶的特点是呢面平整光洁，手感活络、滑、挺、爽、薄，弹性好，花色清淡素雅，光泽自然柔和，易洗、快干、免烫，缩水率小，耐磨耐穿。其宜做春、夏、秋季各类男女服装，如中山装、套装、西装、青年装、学生装、童装、两用衫、裙子等。

（5）毛高级薄绒　该织物的特点是呢面滑细，手感柔软、活络，有身骨，弹性好，穿着舒适。其宜做贴身女装、高级衬衫、睡衣、浴衣、轻薄艺装、连衣裙、幼儿服等。

（6）毛薄纱　毛薄纱的特点是呢面平整，经纬密度均匀，经平纬直，质地轻薄，手感薄、挺、爽，有身骨，弹性好。纱线条干均匀光滑，透孔均匀整齐，透气透光性能好，有薄挺露效果。其色泽大多为漂亮的颜色，如红、绿、紫、藕荷等中浅色，也有黑、蓝、咖等深色的产品。其宜做夏季男女高档服装、两用衫、衬衫、裙子、童装及室内装饰用布等。

（7）毛雪尼尔　毛雪尼尔的特点是呢面由雪尼尔花纱形成毛绒，似天鹅绒般柔软、丰厚，且很活络。在织造时，有时织入4～5根雪尼尔花纱，间隔1根棉纱或普通毛纱交错织造，使毛圈紧固、起伏呈绗缝效果。其宜做时装、女披肩、女装、外套、裙子、艺装、童装及家具装饰用布等。

（8）毛葛　毛葛的特点是呢面平整，手感柔软、滑细，有身骨，弹性好，色泽文雅大方，光泽自然柔和。其宜做西装、女装、衬衫、裙子等。

（9）亨里塔毛葛　该织物的特点是呢面细洁，手感柔软，光泽自然柔和。织物正面的斜纹清晰，反面则相对比较光洁。其宜做高档服装等。

（10）毛蜂巢呢　该织物的特点是呢面花型清晰，立体感足，手感松软、活络。一般采用匹染，色泽以鲜艳的中浅色为主，如米黄、浅粉、浅绿、本白、漂白等。其宜做女装、连衣裙、浴衣、睡衣及窗帘、家具装饰用布。

（11）毛薄软绸　毛薄软绸的特点是呢面纹路清晰，手感滑细，具有轻薄、柔软、活络的风格，光泽好，多为条染产品，通常织成格型，或织有一定图案的小提花。其宜做女装、裙子、衬衫、运动服、高档毛呢服装衬里等。

（12）丝毛呢　丝毛呢的特点是呢面绢丝点细洁，光泽闪烁，手感滑爽挺。该织物是条染产品，通常丝不染色，颜色以黑色、杂色和漂亮的女装色为主，也有混色产品。其宜做夏令男女服装、西装、套装、晚礼服、裙子等。

（13）古立波（重皱纹织物）　古立波的特点是经纱多用绢纱或棉纱，纬纱用精梳或粗纺毛纱，整理收缩后，呢面呈纵向杨柳木纹状。或是采用经缩，纬纱支数高于经纱，呢面呈横向波浪状纹。其宜做各类女装、连衣裙、布拉吉、浴衣、睡衣及装饰用呢等。

（14）印花薄绒　该织物的特点是经纱多为绢丝，纬纱用精梳毛纱，织物非常柔软和轻薄。其宜做高档男女衬衫、女装、睡衣、浴衣、布拉吉、裙子、童装等。

（15）亚马逊呢　亚马逊呢的特点是呢面平整光洁，质地紧密而活络，手感柔软、丰满，有弹性，悬垂性好，色彩鲜艳、明朗。织物多为彩条、彩格，格型富于变化，以同类色或对比色的白、粉、豆绿、黄、藕荷等条格为主。其宜做春季各类女装、裙子、睡衣、浴衣、外套、女长短大衣、高级童装等。

（16）凹凸毛织物　该织物的特点是手感丰厚、坚挺，凹凸纹路清晰，立体感足，光泽自然柔和，纱线条干均匀，多为匹染，颜色为灰、蓝、咖、浅灰、浅驼等，也有条染、混色花纱等产品。其宜做西装、制服、冬装、猎装、运动装、赛马装及室内装饰用布等。

（17）阿尔帕卡织物　该织物的特点是十分柔软、滑细，光泽好，带有丝绸感，是一种轻薄的毛交织物。其宜做高级衣料的衬里、男女西装礼服、中西套装、运动装、女装春秋大衣、男高档大衣衬里等。

（18）克莱文特呢　该织物的特点是呢面紧密光洁，织纹清晰，手感滑、挺、爽，有身骨，弹性好，光泽自然柔和，防水性能好。其宜做外套、夹克衫、运动服、防寒服、风雨衣及各类高档苦布等。

（19）安哥拉毛织物　该织物的特点是呢面平整，手感坚硬，有身骨，弹性好，光泽自然柔和，抗皱性能强，是一种富有粗犷美的毛织物品种。其宜做西装、两用衫、外套、各类女装、夹克衫、衬里及家具装饰用品等。

（20）芝麻呢　芝麻呢的特点是呢面呈现星星点点的雪花效果。其宜做女装、女便装、艺装、裙子、童装及家具装饰用布等。

（21）驼丝锦（克罗丁）　驼丝锦的特点是呢面细洁光滑，织纹清晰，花色新颖，呈现较狭的类似人字与直条纹间隔排列的花纹，或呈条状斜纹织纹。条子凸出处阔而平坦，斜线的凹进处细狭如线，别具独特的风格。手感滑糯柔润，身骨紧密，富有弹性。纱线条干均匀，正面有轻微的绒毛，而反面平坦光洁，织纹不明显。光泽自然柔和，富有膘光，呢边平直。驼丝锦的染色多为白坯匹染，也有条染混色的。色泽以元色、藏青、咖啡等深色为主，其他有棕、铁灰；混色有带银枪的黑色等。其主要用于做西装、礼服、套装、女装、外套、运动服、猎装、长短大衣等。

（22）泡泡呢　泡泡呢的特点是呢面呈凹凸状，泡泡图案典雅，立体感足，弹性好，大部分为条染产品。其宜做时装、女装、艺装、裙子和装饰用布等。

（23）法国斜纹　法国斜纹的特点是质地柔软、活络、纹路清晰，弹性好，抗皱性能强，纹路较宽，呈右斜。颜色多以浅色的女装色为主，如浅灰、中灰、驼、浅天蓝等。其宜做西装、猎装、运动装、礼服、军装、女装、外套等。

（24）维耶勒（维耶勒法兰绒）　维耶勒的特点是条格花型典型，呢面绒毛平齐匀净，手感柔软，有身骨，弹性好，抗皱性好。其宜做秋冬季男女高档衬衫、睡衣、各式内衣、浴衣、裤子、童装等。

（25）银光呢　银光呢的特点是呢面平整挺括，银光均匀。其宜做女装、晚礼服、艺装、时装等。

（26）棱纹平布呢　该织物的特点是呢面平整，不起皱，棱纹清晰，立体感足，手感活络。其宜做西装、女装、时装、猎装及家具装饰用布等。

（27）奥特曼呢　该织物的特点是质地紧密，纹路清晰，呢面平整光洁，抗皱性能强。织物多为条染产品，中深色，以交织产品为主，经纬异色，颜色为灰、蓝、咖、绿等。其宜做西装、女装、上衣、裙子及家具装饰用布等。

（28）意大利毛呢（毛缎子） 意大利毛呢的特点是经纬密度较大，织物紧密，毛纬的浮线长，有缎子般的光泽，呢坯经缩呢整理后，毛绒均匀地呈现在织物表面，具有纯毛织物的效果。其宜做女装、高档服装的衬里及旱雨伞等。

（29）精毛和时纺 该织物的特点是织物滑、挺、薄，手感活络，薄而有身骨，弹性好，抗皱性能强，呢面平整洁净，有高级感，色泽自然文静，光泽好。一般为条染中浅色，如浅天蓝、浅灰、浅米黄、象牙白、粉白等，兼有组织纹形成的小提花。其宜做男女高档衬衫、礼服、女装、两用衫、艺装等。

（30）赛鲁（赛鲁吉斯） 赛鲁的特点是织物柔软、活络，有身骨，弹性好，多为条染产品，通常为中小格条花型，配以强捻或花纱嵌条线。其宜做女装、衬衫、童装等。

（31）缪斯薄呢（修女黑色薄呢） 该织物的特点是呢面经直纬平，无纬斜和鸡皮皱，手感滑、挺、爽，有身骨，弹性好，多为匹染，颜色为各种鲜艳的女装时髦色，如蓝、红、绿、紫、茶色等。其宜做夏令各种男女服装、衬衫、裙子、童装、修女用长袍等。

（32）丝绒缎 丝绒缎的特点是呢面平整光洁，条干均匀，纹路清晰，透气性和吸气性好，手感滑爽，光泽明亮，具有典雅、华贵的高级感。其宜做时装、衬衫、坎肩、休闲服、夹克衫、旗袍等。

（33）薄毛呢 薄毛呢是纯毛产品，呢面紧密，织物平细，手感活络，柔软光滑，光泽好，交织产品薄而硬。其宜做妇女披肩、裙子、外套、衬衫、浴衣、睡衣、童装等。

（34）羊毛/亚麻交织物 该织物的特点是质地轻薄，手感柔软、细腻，富有弹性，吸湿性和散热性好，身骨挺爽，光泽柔和，具有良好的服用性能和保健功能。其宜做高档男女西装、衬衫、职业装等。

（35）空气变形丝织物 该织物的特点是手感丰满、活络，弹性好，抗皱性好，光泽自然柔和，仿毛感强。其宜做各式女装、时装、夹克衫及装饰用布等。

（36）仿毛织物摩威斯 该织物的特点是手感丰满，富有弹性，色彩素雅，不起毛起球，易洗快干免烫，织物表面呈牙签条状，外观凹凸不平，立体感强，高级素雅。其宜做时装、西装、夹克衫等。

（37）仿毛彩色呢 该织物的特点是颜色鲜艳，织物表面覆盖短、密、匀、不露地的细绒毛，软硬适中，仿毛感强。其宜做男女老少各种服装及鞋、帽等。

（38）仿毛型波斯呢 该织物的特点是布面平整、光洁、挺括，纹路清晰，手感丰满，弹性好，花型新颖，穿着舒适，易洗快干免烫，毛型感强。其宜做西装、中山装、罩衫、外衣等。

（39）涤纶仿毛加斯纳织物 该织物的特点是织物厚实，手感挺括，纹路清晰，布面粗犷、丰富，弹性好，蓬松性好，具有较强的立体感和毛型感。其宜做大衣、套装、中山装、西装、夹克衫及帽子等。

二、粗纺毛织物

粗纺毛织物是用粗梳毛纺纱织制的衣用毛织物的统称，又称粗纺呢绒。产品的种类很多，按其风格不同，可分为4种：①纹面织物。指未经缩绒或经轻缩绒的露纹织物。织纹清晰，纹面匀净，质地较松，有身骨，弹性较好，如人字呢、火姆司本等。②呢面织物。指经过缩绒或缩绒后轻起毛的呢面丰满的织物。表面覆盖致密的短绒，质地紧密，手感厚实，如麦尔登、制服呢等。③松结构织物。质地疏松，手感柔软而不烂，织纹清晰，色泽鲜艳，如女式呢等。④绒面织物。经过缩绒并经钢丝起毛或刺果起毛的绒面丰满的织物。绒毛较长，按其绒毛形态的不同，又可分为主绒、顺毛和拷花三类。主绒织物的绒毛密立整齐，质地柔软有弹性，有膘光；顺毛织物的绒毛顺伏平滑，手感柔软，有弹性，膘光足；拷花织物的绒毛耸立整齐，呈现人字形或斜纹形拷花状沟纹，手感丰厚。粗纺呢绒适宜制作男女西装、套装、中山装、大衣和裤子等。

（一）麦尔登

图 2-38 麦尔登

麦尔登是一种品质较高的粗纺呢绒，如图 2-38 所示。因在英国麦尔登（Melton）创织而得名。坯呢经重缩绒整理，呢面丰满、平整、细洁、不露地，身骨紧密而挺实，富有弹性，手感柔润糯滑，光泽好。色泽深而鲜艳，耐磨而不起球，保暖性好，成衣挺括。产品除全毛外，还有毛与黏纤、锦纶等混纺产品；按成品单位面积质量的不同，可分为薄地麦尔登（205～342g/m²）和厚地麦尔登（343～518g/m²）两个大类。麦尔登主要采用匹染，缩呢有一次缩呢法和二次缩呢法，高档产品常用二次缩呢法。麦尔登主要用于制作秋冬季男女服装、猎装、长短大衣、军装及帽料等。

（1）纯毛麦尔登　该织物的特点是呢面平整细洁、紧密丰满、挺括，绒毛密集覆盖呢面，不露地纹。手感滑糯柔润，身骨紧密结实，有弹性，光泽自然，色泽深艳匀净，无色差，富有膘光，不起球，耐磨性好，保暖性好，穿着舒适贴身。其宜做春、秋、冬季各类男女服装，如中山装、制服、青年装、两用衫、长短大衣等，也可作帽料。

（2）毛黏麦尔登（毛黏混纺麦尔登）　该织物的特点是呢面平整、细洁、丰满，绒毛密集，不露地纹，手感柔软，身骨紧密而结实，富有弹性，不起球，吸湿性好，保暖性强，价格较便宜。其宜做春、秋、冬季男女服装、制服、军服、猎装、青年装、长短大衣及帽子等。

（3）毛黏锦麦尔登　该织物的特点是呢面平整洁净、紧密丰满、挺括，绒毛密集覆盖呢面，不露地纹，手感柔软，有身骨，弹性好，色泽深艳匀净，无色差，膘光足。其用途同毛黏麦尔登。

（二）大衣呢

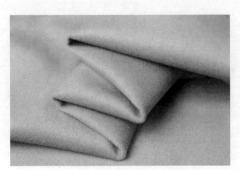

图 2-39 大衣呢

大衣呢是采用粗梳毛纱织制的一种厚重毛织物，因主要用于制作冬季大衣而得名，如图 2-39 所示。织物单位面积质量一般在 390g/m² 及以上，厚重的可达到 600g/m² 以上。按照织物结构和外观可分为平厚大衣呢、立绒大衣呢、顺毛大衣呢、花式大衣呢、拷花大衣呢等；按所用原料分，有长毛大衣呢、羊绒大衣呢、牦牛绒大衣呢、兔毛大衣呢等。

（1）羊绒大衣呢（羊绒短顺大衣呢）　羊绒大衣呢的特点是绒面平整细洁，绒毛短密整齐，具有稳定的方向性，手感柔软、滑爽、平挺，富有弹性，滑润感好，光泽明快、自然柔和，有滋润的膘光，呢身轻柔，保暖性好，穿着贴身舒适，华贵大方，具有轻盈丰满滋润的独特风格。其宜做长、中、短男女各式大衣。

（2）牦牛绒大衣呢　该织物的特点是绒面丰满，绒毛均匀，手感丰厚，弹性好，光泽明快，耐磨和保暖性好。颜色以各类咖啡色为主，也有黑色、混色等。其宜做秋、冬季男女长、中、短各类大衣。

（3）兔毛大衣呢　该织物的特点是手感柔软、滑细、滋润，外观典雅高贵，呢面洁白蓬松，兔毛娇柔地附在呢面上，具有特殊的娇嫩风格。其主要用于做女大衣、时髦装等。

（4）银枪大衣呢（马海毛大衣呢）　银枪大衣呢的特点是呢面具有密集挺立平齐的绒毛，在毛丛中均匀散布着银色枪毛，挺立、匀净、光亮、美观大方。手感柔软平厚，有身骨，弹性好，有丰厚感，保暖性好，穿着舒适。其宜做妇女长短大衣、短外套等。

（5）拷花大衣呢　拷花大衣呢的特点是呢面呈斜纹、人字呢和水浪纹等，绒面丰满，正反面均起绒毛，正面绒毛拷花纹路清晰，花纹凹凸明显，具有立体感。手感柔软、丰厚，有身骨，弹性好，耐磨性能好，不起球，不脱毛，保暖性能好，穿着平挺、舒适、轻便，庄重大方。其主要用于做长短大衣、女装外套、搭配套装等。

（6）长毛大衣呢　长毛大衣呢的特点是长毛均匀、紧密、平顺，不脱毛，手感顺滑柔软，光泽好，富有高级感。颜色以黑、混灰、银枪、烟色为主，也有中浅女装色和花色。其宜做长短大衣、女装外套、搭配套装等。

（7）仿拷花大衣呢　该织物的特点是织物厚薄适中，绒毛匀密，织纹清晰，手感柔软丰满，轻暖，色泽自然柔和，花纹雅致，保暖性强，穿着舒适，美观大方，季节适应性强，使用面较广。颜色一般以中深混灰为主，也有中深咖啡色、墨绿色等女装颜色。其主要用于做冬季男女长短大衣、套装、便装、学生装及帽子等。

（8）顺毛大衣呢　顺毛大衣呢的特点是呢面绒毛顺同一方向倒伏，紧贴呢面，绒毛均匀、平顺、整齐，不脱毛，花色变化多，美观大方。手感滑顺柔软、丰厚，不松不烂，色泽鲜艳，膘光足，织物轻柔，保暖性好。色泽以深色为主，有藏青、元、咖啡、棕、灰等色。其主要用于制作男女长短大衣、套装等。

（9）立绒大衣呢　立绒大衣呢的特点是织物表面有密集平整的绒毛，绒面均匀、丰满，手感柔软，不松烂，富有弹性，身骨好，质地丰厚。光泽自然柔和，色泽鲜明，保暖性能好。颜色大多以黑灰色为主，也有平素蓝、灰、黑等色。其主要用于制作男女长短大衣、套装、童装等。

（10）平厚大衣呢　平厚大衣呢的特点是呢面平整、光洁匀净，不露地，表面有紧密的绒毛覆盖。手感丰厚，不板硬，身骨紧密，挺括，抗皱性能好，保暖性能强。色泽深艳均匀，混色匀净。织物为匹染产品，颜色有素色和混色，素色中以黑、藏青、咖啡等深色为主。混色以黑、灰为主。黑、灰中尚有夹白的品种，俗称雪花大衣呢，也叫黑白枪大衣呢。其主要用于制作春、秋、冬季男女长短大衣、套装及帽子等。

（11）雪花大衣呢　雪花大衣呢的特点是呢面平整，混入的白毛均匀，绒毛平齐，质地丰厚，保暖性强，手感好，不板硬。其主要用于做春、秋、冬季各类女装、长短大衣、外套、童装及帽子等。

（12）花式大衣呢　花式大衣呢的特点是呢身质地丰厚，手感柔软，有弹性，保暖性好，穿着轻盈舒适，美观大方，花型新颖，配色调和。部分产品用花式结子线、花起圈线作表面装饰，使织物更加绚丽多彩。其宜做春、秋、冬季各类女装、长短大衣、童装及帽子等。

（13）绒面花式大衣呢　该织物的特点是手感丰满轻松，呢面平整，色泽自然柔和。其宜做女装等。

（14）毛黏棉大衣呢（圈圈大衣呢、起圈大衣呢）　该织物的特点是呢面起圈状花纹呈紫羔羊裘皮状，美观别致，呢身厚实松软，有身骨，弹性好，手感丰厚柔顺，保暖性好。色泽深艳，光泽油润，富有膘色。其宜做女式大衣、风雪大衣的衣里绒及帽子等。

（15）海狸呢（水獭呢）　海狸呢的特点是呢面平整光滑，质地紧密，绒毛密立，手感丰厚、结实，保暖性好，光泽好，色泽一般为素色和印花。其宜做毛朝外的女大衣、外套、大衣皮领、帽子及装饰用布。

（三）制服呢

制服呢又名军服呢，是粗纺呢绒中较低档呢面织物，如图 2-40 所示。因主要用于制作军服、中山装、学生装等制服类服装而得名。其呢面平整，质地紧密，不露纹或半露纹，不易起球，手感不糙硬，身骨厚实，保暖性好。品种有全毛制服呢、毛黏制服呢、毛黏锦制服呢和腈毛黏制服呢等。染色以匹染为主，色泽多为藏青和黑色，也有蓝色和军绿色，成品单位面积质量约为 $720g/m^2$。其适宜制作秋冬季各式服装、制服和夹克衫及化工厂保护服等。

图 2-40　制服呢

（1）全毛制服呢（军服呢）　制服呢的特点是呢面平整，呢身表面均有绒毛覆盖，绒毛密集稍露地纹，手感挺实、粗糙，不板硬。色光较差，但色泽均匀，无色差，无陈旧感。但成衣穿着稍久经多次摩擦后，会出现落毛露地现象，尤其是肘部、膝部和臀部。其宜做秋冬季各式服装、化工厂劳保服、各种制服、中山装、军便服、便装、青年装、学生装、西裤、女式短大衣等。

（2）毛黏制服呢（毛黏混纺制服呢）　该织物的特点是呢面平整，有绒毛覆盖呢面，但不十分丰满，隐约可见地纹，呢面有枪毛，手感较粗糙，质地紧密，身骨厚实，保暖性好，色泽匀净。其宜做秋冬季各式服装、制服、化工厂劳动保护服等。

（3）毛黏锦制服呢　该织物的特点是具有全毛制服呢的风格特点，其耐磨性和强度优于毛黏制服呢，弹性和抗皱性能也有一定的改善，呢身挺实，手感不及毛黏制服呢柔和。其用途同毛黏制服呢。

（4）腈毛黏制服呢　该织物的特点是织物蓬松，毛型感好，手感柔糯、丰满，保暖性好，色泽鲜明。其用途同毛黏制服呢。

（5）海军呢（细制服呢）　海军呢的特点是呢面平整细洁，绒毛密集均匀覆盖，不露地纹，均匀耐磨，质地紧密，有身骨，基本上不起球，手感柔软有弹性。色泽鲜明匀净，光泽好，保暖性强。其宜做海军服、秋冬季各类外衣、中山装、军便服、学生装、夹克衫、两用衫、制服、青年装、铁路服、海关服、中短大衣等。

（6）粗服呢（纱毛呢）　粗服呢的特点是呢面平整，呈半露纹或露纹，有粗枪毛，质地紧密厚实，手感较硬而粗糙。其宜做秋冬季男女服装、制服、学生服、西裤、劳动保护服等。

（7）氆氇呢　氆氇呢的特点是斜纹呢面露纹或半露纹，反面起绒，呢面较光洁平整，质地紧密，手感厚实，坚牢耐磨，防雨水性能和保暖性能好。其主要用于做少数民族男女服装、披篷、艺装、女装围裙、衣饰等。

（8）全毛海军呢　该织物的特点是呢面平整、丰满而细洁，绒毛紧密覆盖，不露地纹，呢身紧密挺实。手感较麦尔登松软，弹性好，耐磨，基本上不起球，色泽鲜艳均匀，无色差，光泽好，保暖性强，穿着挺括舒适。其主要用于做海军服、秋冬季各式男女服装，如军便服、制服、中山装、学生装、夹克衫、两用衫、青年装、铁路服、海关服、中短大衣及帽子等。

（9）毛黏锦海军呢　该织物的特点是呢面平整丰满，绒毛效应稍差，呢身坚实耐穿，实用性强，耐磨性、弹性和褶皱恢复性较毛黏海军呢优，但手感不及毛黏海军呢柔和。其宜做秋冬季各式男女服装、制服、中山装、学生装、青年装、两用衫及帽子等。

（10）毛黏海军呢（毛黏混纺海军呢）　该织物的特点是呢面平整丰满，基本不露地纹，强度好，吸湿性强。手感柔软丰厚，挺实而有弹性。色泽均匀，无色差，色光正，耐起球。但织物缩绒性差（因混有一定比例的黏胶），呢面绒毛较稀松，抗皱性能差，易褶皱，缩水率稍大，尺寸稳定性稍差。其宜做秋冬季各式男女服装、制服、中山装、学生装、青年装、两用衫及帽子等。

（四）海力斯

海力斯又名海立斯、海力斯呢（如图 2-41 所示），是粗纺呢绒中的大众化传统品种之一。其起源于英国海力斯（Harris）岛居民利用土种羊毛，经手工纺、织、整理而成的粗花

呢织品。织物结构松软，风格粗犷，表面露有白抢毛，手感粗糙厚实，有弹性，花样别致。采用散毛染色为主，形成平素、混色和花式等品种。平素海力斯多为毛染混色生产，呢面混色均匀，覆盖的绒毛较稀疏，露地纹或半露地纹，手感挺实，较粗糙，有抢毛，刚性强，有弹性；花式海力斯由经纬异色毛纱构成人字纹和格子纹（其中有大套格、小米格、犬齿格型），配色调和，织纹明显，呢面较

图 2-41　海力斯

均匀，手感挺实，富有弹性。海力斯是条染色织品，适用于做西装上装、童装、春秋大衣、夹克衫、猎装、两用衫、旅游衫、轻骑衫、卡曲衫、风大衣等。

海力斯是条染色织产品，其中平素海力斯主要色泽有米、蓝灰、烟灰、棕灰、棕等；花式海力斯花色变化较多，主要色泽有棕、灰、米棕、蓝灰等，男装多为协调中深暗色，女装多为鲜艳对比色调，在人字纹或斜纹上呈现格条花型。

（五）女式呢

女式呢又称女色呢、女装呢、女服呢、粗纺女式呢，如图 2-42 所示，是粗纺呢绒中的主要品种之一，主要用于制作各类女士服装，故名。其采用较细软的羊毛织制，手感柔软，质地轻薄，松软保暖，色谱齐全，色泽鲜艳，浅色多于深色，外观与风格多样，所用原料有羊毛、黏纤、腈纶、涤纶等。女式呢品种繁多，按照所使用的原料，可分为全毛女式呢和混纺女式呢。全毛女式呢按其所含其他动物纤维的不同，又可分为羊绒女式呢、兔毛女

式呢、驼绒女式呢等。按照呢面风格特征，可分为平素女式呢、立绒女式呢、顺毛女式呢和松结构女式呢等。按组织变化、色纱配列、印花提花等方法，织制成各种织纹和花型的女式呢，称为花式女式呢。女式呢适宜制作春、秋、冬季妇女各式服装。

（1）立绒女式呢（维罗呢、立绒毛呢） 该织物的特点是呢面绒毛丰满匀净，绒毛密立平齐，不露地纹。手感柔软丰厚，有身骨，弹性好，保暖性好。光泽自然柔和，色泽鲜艳均匀。其品种繁多，按组成的原料分，有纯毛、混纺和交织三种；按呢面绒头分，有斜面维罗呢、高低绒头的驼背维罗呢、波浪维罗呢、平绒维罗呢等；按颜色分，有闪光的、印花的等；按其织物组织纹来分，有起毛组织、斜

图 2-42 女式呢

纹组织和缎纹组织；还可从格型来分，有条、格等。其主要用于制作秋冬季女装、童装、套装、便装、青年装、运动装和大衣等。

（2）平素女式呢 该织物的特点是呢面平整细洁，表里覆盖密集的绒毛，不露地纹或微露地纹。手感柔软丰满，不松烂。光泽自然，色泽鲜艳、均匀，经摩擦不易起球。其宜做春秋冬季各式妇女服装、长中短大衣等。

（3）顺毛女式呢 该织物的特点是绒毛平整均匀、较长，向一方倒伏。手感柔软，滑润细腻，膘光足，活络丰厚，保暖性能好。光泽自然柔和，色泽鲜明。其宜做春秋冬季女式上装、童装、大衣等。

（4）松结构女式呢 该织物的特点是呢面花纹清晰，织纹新颖，组织变化多，结构蓬松活络，呢身轻盈柔软，保暖性好。色泽自然、鲜艳、均匀，色谱齐全。其宜做春秋季各式妇女服装及围巾等。

（5）齐贝林（齐贝林有光长绒呢） 齐贝林的特点是呢面绒毛平整均匀，向一方倒伏，手感柔软润滑，膘光足，再配上各种鲜艳条格等花型，是女装的时髦粗纺衣料。齐贝林是条染产品，颜色一般为鲜艳的红、绿、紫、蓝、咖等色，并采用格条组成各种花型，也有平素或印花的产品。其主要用于做女装外套、长短大衣、斗篷及帽子等。

（6）绒面呢 绒面呢的特点是呢面绒毛平顺、丰满、均匀，手感柔软、丰厚、有膘光，类似棉天鹅绒的风格。呢身紧密厚实，类似于平厚大衣呢的质地，顺毛大衣呢的风格。其宜做礼服、军服、长短大衣等。

（六）法兰绒

图 2-43 法兰绒

法兰绒是以细支羊毛纺织而成的粗纺呢绒类传统品种之一，如图 2-43 所示。其名称是英文 flannel 的音译。产品是将一部分羊毛先染色后，掺入一定比例的原色羊毛，均匀地混合后纺成混色毛纱织制而成，呈现有夹花的独特风格。法兰绒的品种繁多，按原料的不同，可分为纯毛、混纺及棉经毛纬交织三种；按色泽与花型，可分为素色、混色、条或格花型及印花四种。

法兰绒的特点是呢面平整洁净，织物表里有密集的绒毛覆盖，一般不露地或半露地，绒面丰满细腻，混色均匀，手感柔糯，有身骨，弹性好，不起球，保暖性好，穿着舒适，色泽素雅大方。其宜做春、秋、冬季各式男女服装，如西装、西裤、中山装、青年装、两用衫、套装、女马甲、春秋女式大衣、童装、裙子及帽子等，薄型法兰绒可做衬衫、两用衫、裙子等。

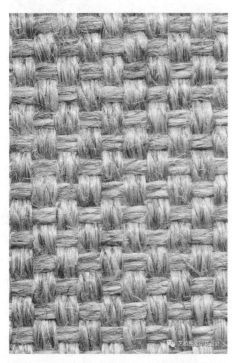

图 2-44　粗花呢

萨克森法兰绒的特点是呢面丰满细洁，有绒毛覆盖，组织纹路仍然可见，混色均匀，光泽自然，色泽大方，手感柔软，有身骨，弹性好，不起球，成衣挺括，富有高级感。色泽多为染毛混色，多色相。一般为混灰、混蓝、混驼、混棕。女装萨克森法兰绒通常染成鲜艳色，如混萤绿色、中浅驼色等。织物宜做西装、套装、各类女装、中短大衣等。

（七）粗花呢

粗花呢又称粗纺花呢，是粗纺呢绒大类品种之一，如图 2-44 所示。采用散纤维或筒子染色成单色或混色纱，以单纱或股线、花式线作经纬，用平纹、斜纹或变化组织、联合组织、皱组织、网形组织等，织成人字、条、格、圈、点或人字、条、格、圈、点相间的各种花纹织物，以及小花纹的、提花的、平面的、凹凸的花式织物。按原料分，品种有全毛、毛混纺和纯化纤三类。按外观特点分为：①纹面粗花呢，不经缩绒整理，表面花纹清晰，纹面匀净，光泽鲜明，身骨挺而富有弹性，松结构的要松而不烂，后整理不缩不拉。②呢面粗花呢，经过缩绒后轻起毛，织物表面呈现毡化状，有短绒覆盖，呢面平整、均匀，质地紧密，身骨厚实，后整理一般采用缩绒或轻缩绒，不拉毛或轻拉毛。③绒面粗花呢，表面有绒毛覆盖，绒面丰满，绒毛整齐，手感丰厚而柔软，稍有弹性，后整理一般采用轻缩绒和拉毛工艺。

（1）格林纳达花呢　该织物的特点是呢面有花纹，花型清晰，呢面匀净，光泽自然，颜色鲜艳，不混色，不串色，手感丰满，有身骨，弹性好。织物是染毛产品，大多为黑白、咖白、灰白或同类颜色一深一浅搭配。其宜做西装、套装、女装、青年装、搭配套装、夹克衫、短大衣、裙子等。

（2）粗细合股毛织物　该织物的特点是呢面较粗纺毛织物细洁，花色效应的立体感强，外观粗犷，宜做女装。

（3）枪俱乐部花呢　该织物的特点是织物紧密、坚牢，手感挺括，有身骨，弹性好，光泽自然柔和，色泽配色协调，多为不深也不浅的中间色，耐脏污。其宜做西装、套装、运动服、夹克衫、猎装、旅游便装等。

（4）斯泼特克斯　该织物的特点是织物紧密结实，细洁平挺，耐磨耐穿，多为条格花纹，也有素质地呢面，花型配色鲜艳协调，条格鲜明，光泽自然，身骨挺括，有弹性。其宜做西装、套装、猎装、运动装、西上装、两用衫、女式短大衣等。

（5）方格呢　方格呢的特点是呢面平整均匀，有短绒毛覆盖，质地紧密，有身骨，弹性好，光泽自然，配色协调，不沾色，不串色。该织物是染毛产品，颜色较多，图案较大，大格套小格，也有印花条格产品。男装多为协调色，以灰、蓝格为主，女装多为对比色，主要有红、绿、蓝、咖等格型。产品宜做男女西装、套装、便装、旅游装、夹克衫、裙子等。

（6）火姆司本（钢花呢）　火姆司本的特点是毛纱为多色混合，一般是色相鲜明的两种或几种颜色相互搭配纺纱，纺成粗而不匀的彩色毛纱，呢面呈现粗节形成的彩色点子。该织物配色讲究，鲜艳大方，具有手工艺品的独特美，多为女装的中浅色，如红、蓝、绿、白、咖、浅黄等的混色或花纱，织物结实耐穿，且呢面上散布彩色点子，闪闪发光。此外，还有深色地上散布彩点和嵌有金银丝等花色品种，美观别致。其宜做春秋季男女服装、西装、套装、两用衫、运动装、猎装、旅游服、童装、短夹大衣及帽子等。

（7）多尼盖尔粗呢（爱尔兰粗花呢）　该织物的特点是呢面结点多，一般是经纬异色织造，先染毛混纺各种颜色鲜艳的花纱，故接头处显现彩点状。呢面星星点点出现大小不等的彩点，其独特风格似蓝天上的彩虹、原野碧草上的鲜花点缀呢面。其色泽一般是绿、紫、茶褐、灰、黑，再加上一定协调的彩点。其宜做运动服、各类女装、外套、短大衣等。

（8）两面呢（苏格兰粗花呢）　两面呢的特点是呢面被绒毛均匀覆盖，使呢面形成截然不同的两种颜色，呢面集中显示一种经纱色而背面集中显示另一种经纱色，两面均可作为正面裁剪服装。其宜做夹克衫、无领两用衫、外套、披肩、斗篷等。

（9）塔特萨尔格呢　该织物的特点是呢面有短绒覆盖，平整均匀，质地紧密，身骨厚实，不板硬，多用醒目的大小格子织造，配色较鲜艳，花型和组织具有克瑟密绒厚呢的特点。其宜做西装、外套、长短大衣呢。

图 2-45　大众呢

（八）大众呢

大众呢是粗纺呢绒类中大众化的低档混纺织物，如图 2-45 所示。用料较好的织物，外观细洁平整，近似麦尔登；用料较差的，呢面较粗，与制服呢相似。大众呢是匹染平素织物，采用重缩绒整理工艺。

大众呢的特点是呢面较粗糙，但平整均匀，基本不露地或半露地，表里有绒毛覆盖。手感紧密，有弹性，摩擦后不起球，宜做中山装、制服、青年装、学生装等。

学生呢的特点是呢面细洁，平整均匀，有密集的绒毛覆盖呢面，不露地纹，手感紧密，有弹性，不起球，外观风格近似麦尔登，光泽自然，色泽鲜艳，色光好。其宜做学生装、制服和冬季男女服装等。

（九）其他粗纺毛型织物

（1）粗纺驼丝锦　该织物的特点是手感柔软，细腻滑糯，绒面有短、顺、匀净的绒毛，不露地或微露地，且能隐约看到缎纹或斜纹的线条，表面光洁平滑，身骨好，富有弹性，并具有优雅柔和的光泽，被誉为毛织物之王。其宜做高级女装，如大衣、礼服、套装、连衣裙等，此外，也有用于制作鞋、帽、手提包等高级妇女用品等。

（2）毛圈粗呢　毛圈粗呢的特点是质地厚重、结实，手感舒适硬挺，绒毛圈较紧密，不露地，保暖性好。其宜做外套、长短大衣、童装及家居装饰用布。

（3）包喜呢（珠皮呢）　包喜呢的特点是呢面由包喜纱形成的毛圈、粗细节构成凹凸花型，类似羔皮，色泽鲜艳。其宜做女装外套、套装、艺装、各类时装、僧侣穿用织物及装饰用布。

（4）防羔皮呢（防羔皮绒）　防羔皮呢的特点是呢面毛绒卷曲均匀，坚牢度好，质地紧密、活络，弹性和抗皱性、保暖性、耐磨性好，光泽自然，外表美观。其宜做春秋冬季男女外套、大衣、帽子及家庭装饰用布。

（5）劳动呢　劳动呢的特点是呢面有稀疏的绒毛覆盖，露地或半露地，并有枪毛。质地紧密，较粗糙，手感厚实，有硬板感，价格便宜。其主要用于制作劳动保护服、学生服、制服等。

（6）纬绒呢（纬起毛天鹅绒呢）　纬绒呢的特点是绒面丰满匀净，绒毛密立平齐，手感柔软而有身骨，抗皱性能好，光泽自然而柔和。绒面可分为平素纬绒呢、花式纬绒呢、闪光纬绒呢等。颜色一般为素色，也有混色产品，女装多为鲜艳色。其宜做女装、外套、旗袍、艺装及窗帘、家具装饰用布。

（7）起绒粗呢　起绒粗呢的特点是呢面绒毛丰满，手感丰厚，呢身硬挺。其宜做各类外套、套装、中短大衣等。

（8）苏格兰粗呢　该织物的特点是呢面平整均匀，质地紧密，身骨厚实且粗犷，硬挺，但不板结，配色鲜明，光泽好。其宜做外套、套装、女装、西装、童装，单位面积质量为 $600\sim 700\mathrm{g/m}^2$ 的宜做妇女中长大衣。

（9）骆马绒毛织物　该织物的特点是呢面绒毛密立，整齐不露地，手感柔和、滑细，光泽好，穿着舒适，有高级感。其宜做各类女装、外套、短大衣、男西装、礼服等。

（10）席纹粗呢　席纹粗呢的特点是呢面外观有一种坚挺感，呢身厚重，但较柔软，有身骨，弹性好，坚牢度好，花纹清晰，色泽鲜艳，质地轻盈。一般采用匹染，染成浅驼、深茶色以及咖、蓝、绿等平素色，也有带格条的条染产品。其宜做女装、裙子、外套、时装、运动装、僧侣衣及家具等装饰用布。

（11）雪特兰毛织物　该织物的特点是呢面有绒毛覆盖，绒毛整齐，手感丰厚、柔软，弹性好。其为染毛产品，颜色以混色为主，如浅灰、深灰、混灰、混花色等，宜做西装、运动装、外套、女装、长短大衣等。

（12）塘斯呢（粗纺厚呢）　塘斯呢的特点是呢面平整均匀，质地紧密，手感厚实，较挺括，保暖性强，比较坚劳，耐穿用。一般为匹染素色产品，也有染毛的格条塘斯呢，颜色大多是以灰、蓝为主的中深色。其宜做中山装、西装、便装、学生装、套装、劳动保护用服。

（13）鼹鼠皮呢（摩尔斯根呢）　该织物的特点是呢面光洁紧密，光滑似鼹鼠皮，多为黑褐色。织物反面起毛，手感柔软，保暖性好，是一种质地较厚重、光滑坚挺的起毛织物。其宜做女装、时装、长短大衣、大衣里子等。

三、长毛绒

长毛绒又称海勃龙、海虎绒、马海毛长毛绒、埃尔派克长毛绒，如图 2-46 所示。长毛绒是经起毛的长绒织物，表面覆有较长的绒毛，绒面丰满，织物特别丰厚，是冬季服用的毛纺织品，质地厚重，绒毛挺立，保暖性极好。所用原料有羊毛、棉、马海毛、腈纶短纤、锦纶短纤、涤纶短纤和黏胶人造毛。

长毛绒底布部分，均采用棉经和棉纬，起毛经一般采用羊毛和马海毛，以及腈纶短纤、锦纶短纤、涤纶短纤、黏胶人造棉等混纺。采用双层经起毛组织织造，即由地经纱和地纬纱相互交织成上下两层底布。起毛经纱交织于上下两层底布之间，将上下两层底布连接成整块双层织物，经剖割起毛经纱，便形成两块具有长毛的绒织物，再经梳毛、刷毛、蒸绒、剪绒等后整理工艺，就制成绒毛密集丰满的长毛绒织品。

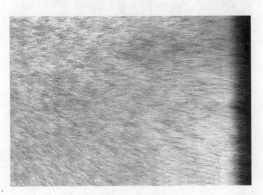

图 2-46　长毛绒

长毛绒的品种，按用途可分为衣面绒、衣里绒、沙发绒、地毯绒和工业用绒等。按起毛经（纱）使用的原料分，有全毛长毛绒、混纺长毛绒和纯化纤长毛绒等。衣面绒的毛丛高度为 9mm，密度较密，绒面平整饱满挺立，光泽鲜亮；衣里长毛绒的毛丛高度为 9～13mm，质地较为松软；其他如沙发绒、家具用绒、工业用绒等，因经常受到较重的压力摩擦，毛丛高度较低，一般在 3.5mm 左右，弹性好，耐压、耐磨，质地紧密。长毛绒的用途广泛，除用于制作服装外，还可作家具装饰面料和工业用绒。

（1）仿兽皮长毛绒（人造毛皮、兽皮绒）　该织物的特点是花纹图案色彩明亮、形态逼真，手感松软、润滑、柔和，有丰满感，光泽油亮滋润，富有弹性，保暖性好。织物底板紧密，毛丛密集，具有真皮感，色泽鲜艳，毛绒平齐，丛毛顺滑，不松烂。品种规格主要按其仿制的花纹图案来分，有豹皮绒、虎皮绒、鼬皮绒、貂皮绒、紫羔绒等。其宜做妇女和儿童冬季大衣以及大衣领、袖口、袋口、手套、帽子和玩具等。

（2）服装用长毛绒　该织物的特点是质地厚重，颜色较深，绒面丰满，立绒弹性好，保暖性强，绒毛密集、耸立、平齐、柔滑，色泽深艳鲜明，光泽好，具有油润感。色泽以烟灰、咖啡、灰色等素色为主，也有混色、夹花或由不同颜色的绒经形成条子、格子或条格结合，或呈现人字模纹等。其主要用于制作冬季服装、童装、女装外套、中短大衣、大衣领、风雪大衣、夹克衫衬里、帽子、皮鞋里及玩具等。

（3）海豹绒　海豹绒的特点是毛绒紧密，花型逼真，光泽好，有真兽皮感。颜色多为海豹色，也有深浅花烟色、深浅花灰色、毛绒长短双重色（长短不同的毛绒染成不同的颜色）。其宜做女装、长短大衣、外套、童装、艺装、帽子、寝具、玩具，也作装饰用。

（4）腈纶毛绒（腈纶长毛绒、腈纶人造毛皮）　腈纶毛绒的特点是质地轻柔，保暖性能好，毛绒平顺，不怕虫蛀，但容易沾污，长毛的尖端容易黏拼打结和结块，吸湿性能也比天然毛皮差，弹性较羊毛差。其主要用于服装衣里绒、服装镶边、手套里子绒、戏装及玩具，也作装饰用。

图 2-47　驼绒

四、驼绒

驼绒又名骆驼绒，如图 2-47 所示。驼绒是针织起毛的起绒针织物，采用针织起毛组织，在地组织中编织一根浮纱，即起毛纱。起毛纱经过刮绒和控绒后，织物的控绒面即有密集的绒毛。绒身质地松柔，手感柔软丰富厚实，绒面蓬松柔顺，富有弹性，保暖性能好。驼绒的品种，按绒面起绒纱的原料不同，可分为纯毛、毛黏混纺和纯腈纶驼绒；按针织机类型的不同，可分为针织圆机驼绒和针织平机驼绒；按花型色泽分，有美素驼绒、花素驼绒和条子驼绒。驼绒主要作里子绒用，适宜制作冬季男女服装的里子、童装大衣以及鞋、帽和手套等里子绒。

（1）全毛美素驼绒　该织物的特点是绒面丰满，手感厚实，质地柔软，保暖性强。该产品是素色织品种，色泽有大红、玫红、枣红、酱、绿、藏青、咖啡、橘黄、金黄等色。其主要用于秋冬季男女服装里子、童装大衣、婴儿斗篷、鞋帽、手套衬里等。

（2）毛腈美素驼绒　该织物的特点是手感柔软，蓬松性好，保暖舒适，质地厚实，绒毛细密，染色性好，色泽鲜艳。色泽有大红、玫红、枣红、酱、绿、橘黄、藏青、咖啡、棕、金黄等色。其用途同全毛美素驼绒。

（3）花素驼绒　花素驼绒是利用两种以上不同性质、染色性能不一样的纤维织成。成品绒面呈夹白花或彩色夹花的效果。绒毛紧密丰满，混色均匀，质地柔软，色泽鲜艳。色泽有驼色、咖啡、烟灰、藏青、大红、绿等色。其宜做冬季男女服装里子绒、童装大衣、帽子、鞋与手套里子绒等。

（4）条子驼绒（花色驼绒）　条子驼绒的特点是绒面色彩鲜艳，绒毛丰满，质地松软，富有弹性，收缩性大，纵向延伸达 30％～45％，横向延伸可达 60％～85％，穿着贴身舒适，保暖性好，花纹清晰，身骨丰厚。其宜做秋冬季服装里子绒、鞋和手套里子绒等。

（5）腈纶驼绒　腈纶驼绒的外观和一般全毛与混纺驼绒相同。绒毛细密丰满，手感蓬松柔软，色泽鲜艳。其宜做冬季男女服装里子绒、童装大衣、帽子、手套与鞋里子绒等。

第四节　服装用丝织物的鉴别与用途

丝织物是指采用蚕丝、人造丝、合纤丝等为原料织成的各种纯纺、混纺、交织织物的总称，共分为绡、纺、绉、绸、缎、锦、绢、绫、罗、纱、葛、绨、绒、呢等，现介绍如下。

一、绡

绡是采用平纹或透孔组织为地纹，经纬密度小，质地挺爽、轻薄、透明，孔眼方正清晰的丝织物，如图 2-48 所示。原料常用不加捻或加中、弱捻的桑蚕丝或黏胶丝、锦纶丝、涤纶丝等，生织后再进行精练、染色或印花整理，或生丝先染色后熟织，织后不需整理。根据花式可分为素绡、提花绡和修花绡等。素绡是在绡地上呈现金光闪闪的金银丝直条或缎纹直条，如建春绡、真丝绡等。提花绡是在平纹绡地上，配有明亮、粗细不同的经向缎纹条子和各种花纹图案的经向直条纹。在提花纵条反面，如有过长的浮长线，需将其修剪掉，如伊人绡、条子花绡等。把不提花部分的浮长丝修剪掉为修花绡，也有的将织花与印花结合，使花纹更加显得五彩缤纷，华丽高雅；还可经烂花整理成烂花绡，以增添忽明忽暗的格调。绡类丝织物主要用作晚礼服、头巾、连衣裙、披纱，以及灯罩面料、绢花等用料。

图 2-48 绡

（1）申思绡 申思绡的特点是质地轻薄，手感平滑，身骨硬挺。其宜做个性化、时尚的服装等。

（2）真丝绡 真丝绡的特点是绸身刚柔糯爽，孔眼清晰，轻薄稀透，手感平挺，绡面细洁，色泽匀净，花纹清晰。其宜做晚礼服、宴会服、艺装、婚礼服，还可用于舞台布景等。

（3）思伊绡 思伊绡由上、下两层生丝绡组成，上、下两层的颜色可以根据需要染成同色或异色，手感具有生丝绡的特点。其宜做高级礼服等。

（4）建春绡 建春绡的特点是平纹部分轻薄、柔软、透明，缎条部分紧密、平挺且富有光泽，色度明暗不一，色泽艳丽，图案含蓄，风格别致。其宜做妇女高级服装或宴会服、连衣裙、艺装、头巾等。

（5）丽帘绡 丽帘绡的特点是织物质地轻盈，手感柔软，采用风格特殊的具有扁形截面的锦纶白皮丝与桑蚕丝间隔排列，使织物表面呈现出时隐时现、半透明的纵向条形，外观别致。其宜做妇女衣裙、头巾等。

（6）明月绡 明月绡的特点是绡地轻薄透明，花型明亮别致，独具一格。其宜做妇女夏季衬衣、裙子及窗帘、台布等装饰用布。

（7）条花绡 条花绡的特点是绸面在平纹绡地上织入直条状经提花，绡地孔眼清晰，直条花纹图案大方，光泽鲜艳明亮。其宜做妇女衣着、裙子、少数民族服饰。

（8）轻丝绡 轻丝绡的特点是质地轻薄透明，绡孔方正清晰，手感平挺柔爽。其宜做披纱、头巾及窗纱等。

（9）层云绡 层云绡的特点是质地轻薄，手感柔软、挺爽，色彩艳丽而有层次，金银丝夹在两层绡之间，具有特殊的闪光效果。其宜做高档时装、婚纱等。

（10）新丽绡 新丽绡是烂花产品，花地显露双色，绡地轻薄透明，花纹鲜艳明亮。其宜做妇女服装、裙子、披纱等。

（11）条子花绡 条子花绡是提花产品，绸面绡地轻薄透明，在绡地上分布着色彩明快、鲜艳的提花直条，手感轻柔滑爽，透气性好。其宜做连衣裙、少数民族服饰等。

（12）珍珠绡 珍珠绡的特点是绸面纬向有不同间距的比较突出的圈圈纱，与轻薄的绡类底部形成鲜明的对比效果。其宜做具有较鲜明个性的女式上衣等。

（13）新元绡 新元绡的特点是绸面粗犷，质地爽挺，弹性好，宜做妇女衣着、裙子等。

（14）烂花绡 烂花绡是烂花产品，绡地透明，花纹光泽明亮，质地轻薄爽挺。其宜做披纱、裙子及纱窗等。

（15）晶岚绡　晶岚绡的特点是手感柔软，光泽自然柔和，地部具有明显的麻织物风格，通过烂花工艺形成质地通透的绡类质地花型。其宜做不同风格的时装等。

（16）集云绡　集云绡的特点是烂花地部露出透明的平纹薄绡，花部为平滑光亮而不透明的黏胶丝缎纹，质地柔软、飘逸，花地分明，风格别致。其宜做妇女衣着、绣坯、童装等。

（17）青云绡　青云绡是薄型烂花产品，地部形成透明的小方格，花部则不透明，格形清楚，花地分明，轻薄飘逸，柔软而富有弹性，风格别致。其宜做妇女服装、童装、童帽、围巾及台布、窗帘等。

（18）太空绡　太空绡是烂花产品，绡地轻薄挺括，孔眼清晰，烂花图案形态简练，具有贴花效果，色泽鲜艳、轻快、明朗。其宜做连衣裙、头巾及台布、窗帘等。

（19）彩点绡　彩点绡是色织绡类织物，质地中型偏厚，手感轻柔糯爽，彩点分布灵活自然。其宜做披肩、头巾及装饰用绡。

（20）闪碧绡　闪碧绡的特点是绡地孔眼清晰透明，具有宽狭不一的缎纹直条，金银丝经线（丙经）闪光含蓄，别具风格。其宜做妇女高级礼服和宴会服等。

（21）清皱绡　清皱绡的特点是绸面具有轻薄、透明、闪色的外观效果，手感柔软、舒适。其宜做风格飘逸的服装、围巾等。

（22）宇云绡　宇云绡的特点是质地轻薄透明，外观平挺，富有弹性。其宜做妇女衣料、绣坯及窗纱等。

（23）怡悦绡　怡悦绡的特点是质地轻薄，手感滑爽，绸面条形隐现含蓄，风格别致。其主要用作居室或办公室、会堂的窗纱，也有少数用作妇女服装面料等。

（24）长缨绡　长缨绡的特点是质地轻薄透明，绡地空地清晰，条形肥亮。其宜做衬衫、裙子等。

（25）条子绡　条子绡的特点是绸面绡地上呈现直缎条，透孔清晰，光泽微亮雅致，手感柔爽舒适。其宜做披纱、衣裙、民族服装及室内窗帘等。

（26）欣新绡　欣新绡的特点是绸面具有非常明显的纬线效果。利用锦纶丝的收缩率大于亚麻纱的特点，使亚麻纱形成屈曲，具有趣味效果，手感硬挺滑爽。其宜做具有个性化的时装等。

（27）伊人绡　伊人绡的特点是绸面在平纹绡地上以清地或半清地分布着简练的中小型几何纹样或变形花卉，质地轻薄透凉，素洁雅致，富有舒适凉爽感。其宜做妇女夏装、少数民族装饰用品等。

（28）羽翼绡　羽翼绡的特点是采用染色的半精练桑蚕丝与染色的苎麻纱交织，形成具有闪色效果而手感硬挺的织物。其宜做个性化时尚服装等。

（29）迎春绡　迎春绡的特点是绸面的平纹绡地孔眼清晰，在平纹地上满地分布富实花卉，色彩鲜艳明快，质地轻薄柔软，织纹清晰，透气性好，花纹图案新颖大方，别具风格。其宜做妇女衣裙及装饰用绡。

（30）尼涤绡　尼涤绡的特点是甲经甲纬以平纹织造，质地轻薄透明。乙经乙纬涤纶丝较粗，交织成平纹后较丰满厚实，因两种原料吸色性能不同，经染色或印花后，呈现若明若暗的双色格子。其宜做披纱、头巾等。

（31）长明绡　长明绡的特点是质地轻薄，手感柔爽、平挺，烂花的花纹酷似剪贴花一样逼真，十分逗人喜爱。其宜做服装、绣花底布及窗帘等。

（32）全涤绡　全涤绡的特点是质地轻薄透明，手感柔软，光滑平挺。其宜做绣花衣裙及台布、窗帘纱、台布等。

（33）晶纶绡　晶纶绡绸面晶莹透明，故名。由晶纶绡制作的花，近看似绒花，远看闪闪发光，形象十分逼真，在涤纶绡丝花中是一朵鲜艳夺目的奇葩。其宜做晚礼服、结婚礼服、胸花及各种工艺品和花卉等。

（34）青春纱　青春纱的表面具有平滑、闪闪发亮的缎条，质地柔爽，轻薄透明。其宜做宴会礼服、婚纱、披肩、头巾、舞衫、舞裙及窗帘等。

（35）丝棉缎条绡　该织物的特点是绡类部分轻薄，光泽自然柔和，缎类部分光亮，缎地与绡地形成较强烈的厚薄反差，手感柔软舒适。其宜做春夏季时装、围巾等。

（36）尼巾绡　尼巾绡的特点是质地轻薄、透明、平挺，晶闪明亮，孔眼方正。其宜做结婚礼服、披纱、方巾、头巾及窗纱等。

（37）素丝绡　素丝绡的特点是质地轻薄透孔。其宜做头巾、装饰品等。

（38）宽条银格绡　该织物的特点是甲经和甲纬交织成平纹绡地，乙经和甲纬交织成不同宽狭的八枚缎条，在纬向每隔一定间距织入二梭银（金）色铝皮，缎条肥亮，银光闪闪，是别具一格的绡类丝织物。其宜做妇女晚礼服、裙子等。

（39）叠云绡　叠云绡的特点是两层透明薄绡，中间间隔织入黏胶丝，由于锦纶的收缩率大于黏胶丝，黏胶丝在两层薄绡中间呈波浪形排列，风格独特，新颖而别致。其宜做高级礼服等。

（40）长虹绡　长虹绡属于涤纶仿真丝绸产品，柔软滑爽，易洗快干，不易变形，透气性好，风格与真丝建春绡相仿。其宜做夏季衬衫、连衣裙等。

（41）素纱　素纱的特点是质地轻盈，滑挺爽，丝线条干均匀，砂眼清晰透明。其宜做晚礼服、宴会服、民族服装、舞裙、头巾、围巾及筛网等。

二、纺

纺又称纺绸，指采用平纹组织，经、纬丝不加捻或加弱捻织制的，白织或半色织，外观平整缜密的花素丝织物，如图 2-49 所示。所用原料除桑蚕丝外，还有柞蚕丝、黏胶丝、锦纶丝、涤纶丝或混纺产品，也有以长丝为经，黏纤、桑绢丝纱为纬交织的品种。产品有平素生织的，如电力纺、富春纺等；也有色织和提花的，如绢格纺、彩条纺和麦浪纺等。纺类产品用生织或半色织后大部分需经精练脱胶加工，如洋纺、电力纺等，也有以桑蚕丝为原料无须精练的，如生纺。纺类产品除生织外，一般都柔软、滑爽、飘逸，悬垂性好，穿着舒适卫生。中厚型产品（$50g/m^2$ 左右）主要用于做妇女服装、童装、童帽、围巾、窗帘、台布等，中薄型产品可做伞面、扇面、灯罩、绢花等装饰日用品，部分产品可用作打字带、绝缘绸等。

图 2-49　纺

（1）电力纺　电力纺的特点是原料多采用高档生丝，质地轻薄，紧密细洁，手感柔软，绸面缜密，平挺滑爽，光泽肥亮，比一般绸类飘逸透凉，比纱类细密，光泽洁白柔和，绸边平直。其有练白、增白、杂色以及印花产品等，缩水率在 5% 左右。$40g/m^2$ 以上的产品多用于夏令男女衬衫、裙料、夹衣面料、棉衣面料、童装、头巾、围巾及被面等；$40g/m^2$ 左右的主要用于衣服里料、彩旗、灯罩绸等；$20g/m^2$ 及以下的产品用于绝缘绸，又称为工业纺。

（2）杭纺　杭纺是生织（白织），绸面平整光洁，织纹纹粒清晰明朗，条干均匀，质地坚牢耐穿用，色泽以练白、灰色、元青居多，也有藏青和鲜艳的印花产品，色光柔和自然，手感厚实紧密，富有弹性。其宜做夏季男女衬衫、裤、裙、冬季袄面、中式罩衫等。

（3）绢纺（桑绢纺、绢丝纺）　绢纺的特点是绸面光洁平整，多呈天然淡黄色，质地坚牢丰满，手感柔糯，织纹简洁，光泽柔和，色泽鲜艳纯正，弹性好，具有良好的吸湿性、透气性，与电力纺、杭纺相似。绸面有细丛毛，不如电力纺、杭纺光滑、明亮。其宜做男女衬衫、睡衣裤、练功衣裤、两用衫、时装等。

（4）洋纺（小纺）　洋纺的特点是质地轻薄、平挺，手感柔软滑细、丰满，纺绸外观呈半透明状。色泽主要有练白、增白、杂色及印花，类似电力纺产品。其主要用途是做衬衫、女装、艺装、里子绸、衬裙、内衣、印花围巾、头巾，以及灯罩绸、彩旗、工业绝缘绸等。

（5）绢格纺　绢格纺的特点是绸面平整、柔软、滑糯，质地丰满坚牢，手感柔软，有良好的弹性和保暖性，色格文静大方，风格别致。其宜做衬衫、裙子、雨衣及伞面等。

（6）绍纺　绍纺的特点是绸面织纹缜密，纹粒清晰，质地紧密、丰厚、坚牢，穿着挺爽。部分产品经树脂整理，手感更加平滑。绍纺富有弹性，光泽柔和，色泽主要有练白、元青、灰、藏青等平素色。其宜做夏令衬衫、衣裙、裤子、冬季袄面、中式罩衫等。

（7）生纺　生纺的特点是质地轻盈，手感硬挺滑爽，具有天然生丝的光泽特征。织后不需精练、染色整理，但需筒杖卷装。其宜做绣花成衣及工业特种用品。

（8）柞绢纺　柞绢纺的特点是绸面平整滑爽，天然米黄色，质地丰厚、糯爽、坚韧，吸湿性能好，手感比桑绢纺略糙。穿着舒适凉爽，耐穿用，耐洗晒。其宜做男女衬衫、两用衫、女装、裤子及装饰用纺。

（9）辽丝纺　辽丝纺的特点是绸面细密，织纹饱满，手感丰糯，光泽柔和，透气性好，穿着舒适。其适宜做四季内衣，染色或印花后可做夹克衫和连衣裙等。

（10）柞丝绸（河南绸）　柞丝绸的特点是具有珠宝光泽，滑而不腻、柔而不瘦，以及具有良好的吸湿、透气和保暖性能。绸面平整缜密，质地坚牢，色泽鲜艳，穿着滑爽，坚韧耐穿，素雅大方。其可用于制作男女四季服装和晚礼服，也可用于制作窗帘、幕布、耐酸工作服、带电作业服、炸弹药囊等。

（11）尼龙纺（尼丝纺、锦丝纺、锦纶绸）　尼龙纺的特点是绸面平挺光滑，质地轻而坚牢耐磨，弹力和强力良好，不缩，易洗快干，手感柔软，色泽鲜艳，色谱齐全。一般都经过防水处理，具有一定的防水性能。其一般用于制作男女各式服装、滑雪衫、宇宙服、风雨衣、化工劳动保护服及拎包、绣花枕套、台布、被面、晴雨伞等。

（12）龙绢纺　龙绢纺的特点是绸面织纹细密、光洁、平整，具有纸质的感觉。其宜做高档白领时装等。

（13）内黄绢　内黄绢的特点是绸面丝光肥亮雅致，弹性好，手感柔软，穿着舒适，易吸汗，绸面纹路清晰可见，具有地方产品特殊风格。古代主要做武士的贴身衣服。

（14）木薯绢纺绸（木茹绢纺）　木薯绢纺绸的特点是手感爽挺，透气性好，坚牢耐穿，穿着舒适，但易发毛泛黄，色牢度差，绸面易产生水渍。其宜作棉袄面料及冬季裤料。

（15）格子纺　格子纺的特点是绸面平整、简洁、精致，质地平滑挺括，手感柔软、滑糯，色光艳丽柔和。其宜做衣着及雨衣、雨伞等。

（16）华格纺　华格纺的特点是质地爽挺，色泽鲜艳大方，易洗快干，富有弹性，不易起皱,色彩鲜艳。其可用于制作夏季男女衬衣、妇女时装、连衣裙等。

(17) 华春纺 华春纺的特点是绸面平挺,弹性好,易洗快干、免烫,吸湿性、透气性好。其宜做男女服装面料或经刺绣加工成为服饰用品。

(18) 真丝大豆纺 该织物的特点是绸面平滑、细腻而有光泽,手感柔软、挺括,具有羊绒织物典雅的毛感视觉效果。其宜做女衬衫、裙子、礼服及高档装饰等用纺。

(19) 涤丝纺 涤丝纺的特点是绸面光滑、平挺、细洁,弹性好,易洗快干。其用于制作运动服、滑雪衣、夹克衫、时装、衣里及晴雨伞、装饰绸。

(20) 无光纺 无光纺的特点是绸面光泽和洁净,手感柔和平滑,透气性、吸湿性、悬垂性好,穿着舒适,但缝纫牢度稍差,浸水后变硬。其适宜制作夏季服装、时装及装饰绸等。

(21) 有光纺 有光纺的特点是绸面光泽肥亮柔和,织纹平整缜密,手感紧密柔和。其用于制作衬里、时装、锦旗、中厚型夹袄里子及装饰用品。

(22) 同和纺 同和纺的特点是质地细腻、轻薄、平挺、细洁、柔软,光泽肥亮柔和,可用作服装面料、裙料、羊毛衫里料及里子绸、胆料等。

(23) 影条纺 影条纺的特点是质地细洁、轻薄、坚韧,绸面平滑,条子隐约可见,可用于制作衬衫,也可作裙料及服装里料等。

(24) 富春纺 富春纺的特点是质地丰厚,手感柔软,光泽柔和,可用于制作妇女、儿童服装,也可作冬季棉袄面料等。

(25) 彩格纺 彩格纺的特点是绸面细洁、平挺、爽滑,格子款式雅致,色彩文静优雅,条格细巧。其可用于制作服装、太阳伞或披风、雨衣夹里等。

(26) 彩条纺 彩条纺的特点与用途同彩格纺。

(27) 麦浪纺 麦浪纺的特点是平纹地部厚实挺括,手感爽滑,光泽柔和,小提花部分利用蜂巢组织原理,使花纹富有立体感。其宜做妇女衬衫、裙子等服装。

(28) 春亚纺 春亚纺的特点是质地轻薄而挺括,手感柔软、滑糯,富有弹性,绸面稍有皱效应,穿着舒适,宜做男衬衫等。

(29) 花富纺 花富纺的特点是平纹地组织上起经缎花,缎花明亮,质地平挺。花型以小型花朵为主,清地或半清地散点排列,以写实和变形花卉的月季、牡丹题材为主,花纹粗犷。其宜做春秋服装、少数民族服装等。

(30) 金钱纺 金钱纺的特点是表面金光闪烁,具有纸质的硬挺度,易洗、快干、免烫,吸湿性能较差。其宜做礼服及装饰类用纺。

(31) 缎条青年纺 该织物的特点是地部绸面平挺,缎条突出,色泽柔和,色彩丰富。其宜做青年男女衬衫、睡衣和床上用品等。

(32) 涤塔夫 涤塔夫的特点是绸面细洁平滑,质地挺括,易洗、快干、免烫,具有良好的"洗可穿"性能。其宜做羽绒服、滑雪衫,经特殊皱效应处理后可做各种服装等。

(33) 领夹纺 领夹纺的特点是织纹简洁,花纹清晰,质地平滑,光泽柔和,可用于制作领带、春秋季服装、羊毛衫里子等。

(34) 薄凌纺 薄凌纺的特点是质地轻薄、细密,手感柔软,富有弹性,光泽柔和,透气性好,染色后色泽鲜艳,潇洒轻飘,宜做各种服装和裙子。

(35) 桑柞绢纺 桑柞绢纺的特点是质地轻薄丰满,富有弹性,织纹简洁,略有珠宝光泽,吸湿性、保暖性良好,宜作夏季衣着面料和裙料等。

(36) 桑柞纺 桑柞纺的特点是质地丰满糯柔,织物兼有桑纺类及柞纺类产品的风格特点，宜作衬衫、裙、裤料等。

（37）安乐纺 安乐纺的特点是质地细洁、轻薄、爽挺、平滑，染色后织物表面具有不规则的粗点异色疙瘩（竹节）的风格特征，宜作男女服装面料和绣品用料。

（38）尼新纺 尼新纺的特点是外观素洁雅致，手感柔糯，色光柔和，大多数用于制作衬衫、连衣裙，也作袄面料等。

（39）彩河纺 彩河纺的特点是织物表面呈现横条风格，既有真丝自然柔和的高雅光泽，又有精梳脱脂棉纱的柔软手感。其宜做春、夏季各种服装等。

（40）华新纺 华新纺的特点是绸面挺薄，略有光泽，横条干具有断续双色效应，质地坚牢，并富有良好的弹性和抗皱性，透气性和吸湿性比一般合纤织物好，织物易洗、快干、免烫。其宜用于制作妇女夏令衬衫、连衣裙等。

（41）涤格纺 涤格纺的特点是绸面平整丰满，弹性好，具有洗可穿特点，彩格鲜艳，宜用于制作男女服装，如衬衫、连衣裙等。

（42）绢绒纺 绢绒纺的特点是质地比较稀疏，光泽自然柔和，手感柔软滑爽，具有羊绒的华贵外观风格。其宜做高档披肩等。

（43）湖纺 湖纺的特点是绸面织纹缜密，纹粒清晰，绸身与绍纺相仿，用于制作夏令男女服装、童装、衬衫等。

（44）柞丝纺 柞丝纺的特点是质地坚牢，光泽柔和，手感略带粗糙，用于制作衬衫、两用衫、工作服等。

（45）松华纺 松华纺的特点是质地细密丰满，手感柔软滑爽，吸湿吸汗性能好，穿着透气舒适，宜做各类服装等。

（46）青春纺 青春纺的特点是织物一般染成青年人喜欢的中浅鲜艳色与花型，充满青春活力。其用于制作衬衫、女装、童装、裙子及床上用品等。

三、绉

绉是指运用工艺手段和组织结构手段，对丝线加捻和采用平纹或皱组织相结合制织的，外观呈现皱效应，富有弹性的丝织物，如图 2-50 所示。绉具有光泽柔和、质地轻薄、密度稀疏、手感糯爽而富有弹性、抗褶皱性能良好等特点。主要用作服装和服饰。中、薄型产品可用于制作衬衫、晚礼服、连衣裙、头巾、窗帘或复制宫灯，玩具等；厚型产品可做外衣等。

图 2-50 绉

（1）乔其绉（乔其纱） 乔其绉的特点是质地轻薄透明而富有弹性，绸面呈现细小颗粒，排列稀疏而又均匀，手感柔爽且有飘逸感，外观清淡高雅，具有良好的透气性和悬垂性。其主要用于制作妇女连衣裙、高级晚礼服、方头巾、围巾及窗帘、灯罩、宫灯等手工艺品。

（2）叠花绉 叠花绉的特点是绸面织纹细洁、滑爽，光泽自然柔和，手感柔软，富有弹性，花地凹凸明显，宜做衬衫、连衣裙等。

（3）东风绉（蝉翼纱） 东风绉的特点是绸面光泽柔和，手感舒爽，质地轻薄、疏松，透明如蝉翼。其用于制作披纱、头巾、面纱及灯罩、玩具等。

（4）格子碧绉 该织物的特点是格子多样，皱效应显著，手感滑糯，色泽自然柔和，富有弹性，穿着舒适。其宜做男女衬衫、裙子等。

（5）提花雪纺　提花雪纺的特点是绸面素雅大方，手感柔软、滑爽，织物的花纹效果特殊，是受到消费者十分青睐的真丝绸品种。其宜做女式上衣等。

（6）顺纤乔其纱（顺纤纱）　该织物的特点是质地轻薄糯爽，绸面呈现纵向不规则凹凸波形，手感柔软而有弹性，风格新颖别致，可用于制作男女衬衫、裙子、连衣裙、披纱、头巾等。

（7）碧蕾绉　碧蕾绉的特点是质地丰满糯爽，手感柔软，光泽自然、淡雅，花地分明，宜做男子唐装、连衣裙、日本和服等。

（8）双绉　双绉的特点是手感柔软而滑爽，富有弹性，轻薄凉爽，但缩水率较大，可用于制作衬衫、裙子、头巾，也作绣衣面料等。

（9）金辉绉　金辉绉的特点是绸面少光泽而略有横条纹，手感柔软，质地轻薄，富有弹性，穿着凉爽舒适，宜做男女各种服装等。

（10）冠乐绉　冠乐绉的特点是绸面丰盈糯爽，光泽柔和，花纹立体效果好，可用于制作衬衫、妇女连衣裙等。

（11）色条双绉　色条双绉的特点是绸面色条艳丽醒目，手感柔软，织物精致少光泽，是双绉锦上添花的新产品，宜做衬衣、连衣裙等。

（12）花绉　花绉的特点是平纹绉地上呈现半清地排列的变形花卉或满地排列的几何形图案，经精练、印花加工后，织花和印花相互衬托、别具风味，绸面光泽柔和，手感薄而挺爽。其宜做男女衬衣、妇女连衣裙、头巾等。

（13）真丝雪纺　真丝雪纺的特点是质地轻盈飘逸，细纹细腻滑爽，手感柔软，色泽自然柔和，外观十分迷人，宜做妇女衬衫、连衣裙、超短裙等。

（14）桑花绉　桑花绉的特点是绸面光泽柔和，手感糯爽，弹性好，宜做衬衣、连衣裙、日本和服等。

（15）描春绉　描春绉的特点是绸面具有微细凹凸感，手感爽软而有弹性，主要用作日本和服面料。

（16）重条绉　重条绉的特点是绸面滑爽，质地厚实，手感松软，光泽自然柔和，穿着舒适，绸面具有双绉和凸条的双重立体效果，外观特殊。其宜做女式时装、披风等。

（17）香岛绉　香岛绉的特点是绸面色光柔和，凹凸花纹粗壮明显，立体感强，手感柔软滑爽，凹凸花纹的持久性较好；外观素中有花、风格幽雅。亦可再经印花，使织花和印花相结合，相互衬托，而使绸面呈现绚丽多彩、凹凸起伏的花纹，风格雅致、独特。其宜做衬衫、女装、裙子、旗袍、艺装、童装，也作装饰用布等。

（18）黏丝薄绉　该织物的特点是绉面平整，起皱均匀，光泽好、均匀，白度好，边道整齐，宜做衬衫、民族装、艺装、童装、裙子及装饰用品等。

（19）百点麻　百点麻的特点是织物厚实、丰满，手感滑、爽、挺，染色后黏胶丝留白的点纹散落在绸面上，点纹清晰，仿麻感强。其宜做女式休闲服、裤、裙等。

（20）锡那拉绉　该织物的特点是绉面活络，起皱均匀，吸湿性好，透气性好，手感爽挺，肤感舒适。其宜做夏令贴身女装、艺装、连衣裙、睡衣、浴衣、婴幼服等。

（21）锦纹绉　锦纹绉的特点是色谱和色泽比涤丝绉齐全，色泽较鲜艳纯正，外观和涤丝绉相同，但抗皱性不如涤丝绉。经过热定型整理后，成衣挺括，抗皱性能提高，绉面平整，起皱均匀。其宜做衬衫、罩衣、裙子以及窗帘、床上用品、家具装饰用布等。

（22）立丝绸　立丝绸的特点是织物贴身面是真丝绸，穿着极其舒适，而外观展现的则是三角异形锦纶丝的闪烁效果，色泽明亮，别具风格。其宜做晚礼服、围巾等。

（23）弹力绉 弹力绉的特点是具有较好的染色性能、色牢度和干湿回弹性，手感柔软，尺寸稳定性好，耐化学性良好。其宜做女时装、裙子、健美衣裤、童装等。

（24）素碧绉（印度绸） 素碧绉的特点是光泽柔和，皱纹自如，颇有趣味，手感挺爽，弹性好。其宜做夏季男女衬衫、男式唐装、长衫及连衣裙、港裤等。

（25）榕椰绸 榕椰绸的特点是质地柔挺爽身，明暗柳条相间，风格别致，是典型的空箔织物。其宜做男女衬衫、连衣裙等。

（26）丝棉双绉 丝棉双绉的特点是手感柔软，质地轻薄，悬垂性好，具有飘逸感。单位面积质量为 $64.5g/m^2$ 的轻薄型丝棉双绉，宜做春、秋、夏季衬衫；$129g/m^2$ 及 $172g/m^2$ 的丝棉重双绉宜做时装、披风等。

（27）和光绉 和光绉的特点是绉面皱纹细致，由于强捻纬线收缩形成，绸身柔和爽挺，并具有良好的弹性。其主要用作日本和服面料和男女衬衫、连衣裙面料等。

（28）波乔绉 波乔绉的特点是具有人丝乔其纱的质地、手感，但绸面上表现的是一种具有浮雕感觉的波纹花型。其宜做春、夏季时装等。

（29）偶绉 偶绉的特点是绸面呈现微小的双向鸡皮状皱纹，具有明显的皱效应，富有弹性，质地轻飘潇洒。其宜做衬衫、裙子及头巾等。

（30）花偶绉 花偶绉的特点是绸面呈现几何形图案，由偶绉地上连续斜线条构成，质地轻薄、飘逸，手感挺爽，富有弹性，穿着舒适。其用于制作头巾或衬衫、连衣裙等。

（31）雪丽纱 雪丽纱的特点是因黏胶雪尼尔纱的织入，使产品纵向具有较强立体感的条子，而且手感柔软，织物悬垂性较好。其宜做春、夏季各种服装等。

（32）精华绉 精华绉的特点是绸面皱效应显著，质地厚实，富有弹性，宜作日本和服面料。

（33）和服绉 和服绉的特点是绸面光泽柔和，图案典雅，质地丰厚糯爽，手感爽软而富有弹性，主要用作日本和服面料。

（34）古月纱 古月纱的特点是织物兼有桑蚕丝和羊毛纱的特点，即手感滑糯，光泽柔和、高雅，弹性好。其宜做各类淑女装等。

（35）丽谊绉 丽谊绉的特点是绸面丰满厚实，皱效应明显，手感柔软而有弹性。其主要用作日本和服面料。

（36）桑波缎 桑波缎的特点是手感爽挺舒适，弹性好，缎面光泽柔和，地部略有微波纹。其宜作男女衬衫、裙装等。

（37）虹阳格 虹阳格的特点是手感滑爽、丰满，绸面皱效应显著，条格相间，层次感强，绸面有双色效果，宜做衬衣等。

（38）浪花绉 浪花绉的特点是绸面地部呈现不规则纵向凹凸皱纹，配以水浪形花纹，风格别致，手感柔软而富有弹性。其宜作春、夏、秋三季妇女服装面料。

（39）欢欣绉 欢欣绉的特点是手感柔软、滑爽，皱效应明显，悬垂性好，色丝形成的条格文雅大方，穿着舒适，不粘身。其宜做夏季女性时装、裙衫等。

（40）玉玲绉 玉玲绉的特点是在隐约有皱纹的绸面上呈现较明亮的流行花纹，纹样以中、小几何形和变形花卉为主，花纹排列均匀，光泽柔和，花部较明亮，质地柔软而富有弹性。其多用作男女衬衫和连衣裙衣料。

（41）苏亚绉 苏亚绉的特点是在平纹绉地上配以流行花纹，质地柔软而富有弹性。其宜作妇女衣着用绉。

（42）丝麻乔其　丝麻乔其的特点是质地轻薄、柔软、飘逸，手感平滑、挺爽，外观粗犷，宜做夏季衬衫等。

（43）香乐绉（彩条双绉）　香乐绉的特点是在皱纹地上排列宽窄不等的彩条，色彩艳丽，富有弹性，宜做男女衬衫及裙子等。

（44）闪光麻　闪光麻的特点是织物具有较好的透气性和散热性，质地挺括滑爽，手感柔软，穿着舒适，绸面具有星点式闪光效果。其宜做夏、秋季外衣等。

（45）玉香绉　玉香绉的特点是织物在宽度方向产生单向强烈收缩，呈现特殊的皱效应，再配合平纹变化组织，经向出现时亮时暗的光泽，风格新颖，趣味性强，如结合印花更富艺术性，手感柔软而富有弹性。其宜做男女衬衫和裙子等。

（46）罗马绉　罗马绉的特点是绉面活络，起皱均匀，手感较爽挺，吸湿性能好，成衣活络、飘逸，肤感舒适，价格较低廉。其宜做夏令贴身女装、艺装、连衣裙、睡衣、浴衣、婴儿服等。

（47）云麻绉　云麻绉的特点是既具有人丝乔其纱的手感与穿着舒适的性能，表面又有比较明显的麻织物特征，别具风格。其宜做具有飘逸感的裙、衫等。

（48）星纹绉　星纹绉的特点是该绉为印花纹，地色与花色相互配合衬托，美观秀丽，绉面散布均匀的细颗粒状皱纹，反光润亮，犹如夜空闪烁的群星点点发光。其宜做衬衫、罩衣、女装、睡衣、浴衣、艺装、民族装、裙子及枕套、窗帘等。

（49）星泡绉　星泡绉的特点是穿着舒适，真丝感强，具有独特的外观风格和高雅感。织物表面平整光洁，强力高，抗皱性强，褶裥保持性好，尺寸稳定，基本不缩水，色牢度好，易洗、快干、免烫。其宜做衬衫、女装、艺装、民族装、裙子、罩衣、睡衣、浴衣及枕套、窗帘等。

（50）桑雪纱　桑雪纱的特点是质地轻薄、挺爽，经、纬向均织入少量的黏胶雪尼尔纱，形成立体感非常强的格子，织物飘逸，悬垂感强。其宜做轻薄的时装、头巾等。

（51）黏丝绉　黏丝绉的特点是绉面呈均匀细致的凹凸纹，质地轻薄，手感柔软，光泽鲜艳、纯正、匀净、边道平直。其宜做女装、裙子、睡衣等，也作装饰用。

（52）香碧绉　香碧绉的特点是质地柔挺糯爽，色彩格形和空稀经纬格局相互结合，别具一格。其主要用于制作衬衣和连衣裙。

（53）卓文纱　卓文纱的特点是既具有丝织物的精细风格及柔和的光泽，又具有羊毛织物的手感和优良的弹性，且不易起皱。其宜做各类衬衫、职业装等。

（54）顺纹绉　顺纹绉的特点是绸面具有纵向不规则的柳条皱效应（花纹），风格别致，手感柔软而富有弹性，缩水率小，尺寸稳定性好。其用于制作男女衬衫、连衣裙等。

（55）丽格绉　丽格绉的特点是绸面具有明显的皱效应和鲜艳粗粒点纹格子，风格新颖别致。其主要用作日本和服面料。

（56）色织花瑶　色织花瑶的特点是手感滑糯，富有弹性，挺括性好，色彩鲜艳，穿着舒适，宜做春、秋季时装等。

（57）灿条绉　灿条绉的特点是绸面具有顺纤皱效应并呈细横条，手感柔软，弹性好。其宜作男女衬衫面料。

（58）条双绉　条双绉的特点是绸面平挺、光滑，质地细腻，具有双绉的特点，手感柔软而滑爽。其宜做男女衬衫、连衣裙、绣花坯料等。

（59）珠纹纱　珠纹纱的特点是绸面具有花式波浪纱的特征，光泽自然，手感柔软、滑糯，垂感好，宜做春、秋季各类时装等。

（60）泡泡绉　泡泡绉的特点是绸面呈现凹凸起伏的泡泡，质地丰满、柔软而富有弹性，抗皱性能好。其宜做衬衫、裙子等。

（61）色条双绉　色条双绉的特点是绸面色条艳丽醒目，织物精制少光泽，宜做衬衣、连衣裙等。

（62）帅丽绉　帅丽绉的特点是绸面皱效应良好，手感柔软舒适，有一定悬垂性，有新颖感。宜做女式高档时装等。

（63）月华绉　月华绉的特点是绸面经向具有时隐时现、有皱有平的暗条，再经印花配合，使风格新颖，别具一格。其用于制作男女衬衫、裙子等。

（64）碧蕾绉　碧蕾绉的特点是绸面呈现清地散点、排列均匀的几何图案或变形花卉，花地分明，质地丰满糯爽，光泽雅淡。其用于制作妇女连衣裙、男子唐装、和服等。

（65）文豪格　文豪格的特点是质地厚实丰满，手感柔软、滑爽，悬垂性好，外观呈现粗花呢风格，花式线小圈风味别致，穿着舒适、优雅。其宜做秋冬季休闲服、套裙等。

（66）顺艺绉　顺艺绉的特点是绸面地部呈顺纤皱效应，配以清地小型几何花纹，风格别致新颖。其主要用作衬衫面料。

（67）异缩绉　异缩绉的特点是织物具有明显的弹性，穿着舒适，色泽自然柔和，外观绉效应良好。其宜做吊带裙、紧身衣、体操服等。

（68）羊年绉　羊年绉的特点是质地柔软，富有弹性，织纹细腻，透气性好，穿着滑爽，宜作衬衫面料。

（69）格花绉　格花绉的特点是绸面呈现线条格子，配以变形花卉或几何图形，具有两个层次花卉的风格特征，质地柔软，穿着舒适。其宜做春夏秋三季妇女衬衫、裙子等。

（70）启明绉　启明绉的特点是绸面有竹节丝风格，新颖别致，手感滑糯，糙丝织纹视觉新异，悬垂性佳。其宜做女式时装、裙衫等。

（71）新沪绉　新沪绉的特点是绸面呈现细细的条形，忽隐忽现，风格别致，质地柔软，易透气和透湿，穿着凉爽。其宜做男女衬衫、妇女衣裤等。

（72）福乐纱　福乐纱的特点是绸面具有均匀的皱效应，手感平滑、松爽，富有弹性，穿着舒适凉爽。其宜做女套装、时装、连衣裙等。

（73）蚕乐绉　蚕乐绉的特点是在缎纹绉地绸面上呈现宽狭不一的彩条纹，以及由经浮长形成的花纹，色泽变化多样，质地丰厚，富有弹性。小花纹织物宜做衬衫，大花纹织物宜做连衣裙等。

（74）宝领绉　宝领绉的特点是绸面皱效应显著，质地厚实，用作日本和服领了绸。

（75）闪光涤纶顺纤绉　该织物的特点是绸面有均匀、规则、细腻的顺纤皱直条纹，手感丰满、柔软、挺爽，光泽柔和高雅，色泽鲜艳，透气性佳，抗皱性强，穿着舒适。其宜做时装等。

（76）层云绉　层云绉的特点是地部呈现隐约皱纹，质地柔软而富有弹性。其宜做春夏秋三季妇女衬衫、连衣裙等。

（77）波丝绉　波丝绉的特点是手感柔软、滑爽，质地轻薄，透气舒适，易洗、快干、免烫，悬垂性好，穿着舒适。其宜做时髦女性的套装、衬衫、裙装等。

（78）爽绉缎　爽绉缎的特点是手感柔软糯爽，富有弹性，穿着凉爽舒适。其用于制作夏季妇女衬衫、连衣裙及日本和服等。

（79）蝉翼纱　蝉翼纱的特点是具有轻薄透明、柔爽飘逸的质感，外观犹如蝉翼。其用于做披纱礼服、挡风沙的面纱、舞衫、舞裙、戏剧服装、民族服装等。

（80）闪褶绉　闪褶绉的特点是绸面缎纹处呈现出亮光，而平纹处呈现出暗淡的闪光褶皱，风格粗犷雅致，手感柔软滑爽，悬垂性好，穿着舒适，耐穿免烫。轻薄型织物宜做夏季裙衫和休闲服等，厚重型织物宜做春秋季裙装和休闲服等。

（81）点格绉　点格绉的特点是绸面显露出明显的皱效应，地部构成格子和点子，乙纬蓬松，点格分明。其宜做男女衬衫等。

（82）凹凸绉　凹凸绉的特点是织纹凹凸饱满，质地丰厚而富有弹性，透气性好，穿着舒适，风格新颖别致。其宜做男女衬衫、连衣裙等。

（83）富圈绉　富圈绉的特点是手感柔软、滑糯，光泽自然，具有仿棉、仿针织物风格，透气性好，圈圈纱在绸面上形成一种新颖感，风格别致。其宜做夏季裙衫、时装等。

（84）特纶绉　特纶绉的特点是绸面皱效应显著，质地薄而挺括，手感柔爽，弹性好，光泽柔和，但透气性、透湿性欠佳。其宜做妇女夏令连衣裙、衬衫等。

（85）涤乔绉　涤乔绉的特点是绸面光泽柔和，外观接近真丝乔其绉，手感柔爽，弹性好，具有柔、挺、滑爽、易洗、快干、免烫等特点，而透气性、透湿性稍差，是涤纶的仿真丝产品。其用于制作妇女夏季连衣裙、衬衫等。

（86）柔丽麻　柔丽麻的特点是绸面有双色、夹色、嵌条等多种效应，手感柔软，悬垂性和透气性极佳，色彩鲜艳，色泽柔和，织物耐磨、免烫。其宜做春夏秋季外衣、时装等。

（87）人丝乔其　人丝乔其的特点是具有真丝乔其的特点，皱效应显著，富有弹性，穿着舒适，但织物表面不及真丝乔其细腻。其主要用于制作裙料、披纱、围巾等。

（88）人丝双绉　人丝双绉的特点是皱效应显著，光泽柔和，外观近似真丝双绉。其宜做男女衬衫等。

（89）茜灵绉　茜灵绉的特点是绉地上展示出满地分布的写意花卉，造型粗壮、丰富。其中以平纹为主花，花芯及周边轮廓用缎花、纬花以及袋组织包边，结构精巧、复杂，花地凹凸明显，立体感强，质地丰满厚实、糯爽，光泽柔和，弹性好。其宜做春秋季服装和冬季棉袄等。

（90）留香绉　留香绉的特点是绸面具有水浪形，绉地上呈现明暗两色的中型花卉，有梅、兰、竹、菊等，以清地或半清地分布，色泽鲜艳，花纹细致，质地柔软而富有弹性。其主要用作妇女春秋季服装面料等。

（91）雪纺　雪纺的特点是绸面皱效应良好，手感柔软滑糯，富有弹性，穿着凉爽舒适。其宜做衬衫、裙子等。

（92）玉环绉　玉环绉的特点是质地较硬挺，表面闪闪发光，色泽明亮、高雅、大方。其宜做妇女晚礼服等。

（93）静怡绉　静怡绉的特点是绸面平滑糯爽，手感柔软、松爽，服用性能佳，具有双层织物的朦胧皱效应。其宜做妇女夏季高档时装等。

（94）锦合绉　锦合绉的特点是绸面外观类同素碧绉，皱纹清晰。其宜作夏季裤料、上装面料等。

（95）条春绉　条春绉的特点是绸面呈现绉地亮花及明显色条，色条与花纹配合，风格别致。其宜做男女衬衫、妇女连衣裙等。

（96）怡纹绉　怡纹绉的特点是织物的正面为 1mm 宽窄凸条，条纹清晰，反面光亮、平滑，手感滑、挺、爽，透气性好，光泽自然柔和，悬垂性好，有双面异样效应。其宜做时装等服装。

（97）金缎绉　金缎绉的特点是绸面绉地上呈现阔狭不一、由闪光金色铝皮包边的缎条，配印以各种色彩的花纹，极富有艺术性，风格别致。其主要用作高档衬衫和裙子用绸等。

（98）乔花绡　乔花绡的特点是绸面绉地柔挺透明，并富有弹性，花纹明亮，轻快富丽，是乔其绉织物的派生品种。其印花产品绚丽多彩，轻柔宜人，风格别致，主要用于制作晚礼服、连衣裙、时装、长巾，也可做宫灯等工艺装饰品。

（99）晶银绉　晶银绉的特点是绸面为顺纹柳条皱纹，质地柔软、轻薄、飘逸，在地部上显露出均匀密布、光彩夺目、闪烁发光的星点，富丽堂皇，别有风格。其主要用作晚礼服、宴会服面料等。

（100）点点绉　点点绉的特点是在柳条状自由花纹绉地组织上，显现疏密不同的大小点点簇绒，浓艳蓬松，卷曲丰满，立体效果强，外观高雅别致，极具趣味性，手感柔爽，并具有良好的回弹性、透气性和悬垂性，不易褶皱，穿着舒适贴体。其宜作高级妇女晚礼服、连衣裙、时装面料及头巾、围巾等服饰用料。

（101）高丝宝　高丝宝的特点是质地轻薄，手感柔软，皱效应粗犷别致，富有弹性，穿着舒适。宜做男女衬衫等。

（102）更新绉（印度绉）　更新绉的特点是绸面呈现细密闪点的皱纹并伴有螺旋纹皱线所形成的皱缩短纹，质地紧密细致，手感柔软滑爽，比双绉厚，穿着凉爽舒适。其主要用作男女夏令衣料、女裤料和裙料等。

（103）工农绉　工农绉的特点是绸面有细致皱纹，但绸身不如更新绉紧密，比较轻薄，手感滑爽柔软。其主要用作妇女夏令裤料、裙料，也可做衬衫、童装等。

（104）合黏绉（和合绉）　合黏绉的特点是绸面皱纹和碧绉相似，呈现水浪形皱纹，手感略显硬而滑爽。其主要用作夏令男女衬衫、两用衫、裙子、女装、艺装、裤子、童装及装饰用品等。

（105）条纹麻　条纹麻的特点是质地松爽，手感柔软，透气性好，经向条纹的丝线凸出极高，富有立体感，是薄型仿麻织物。其适宜不同年龄段女性做短裙衫、时装套裙等。

（106）涤丝绉（特纶绉）　涤丝绉的特点是绸面呈散布均匀的细颗粒状皱纹，手感柔爽挺括，皱效应好，富有弹性，质地轻薄坚牢，易洗、快干、免烫，缩水率小，吸湿性较差，穿着有闷热感。其可用于制作妇女夏令衬衫、裙子、连衣裙、罩衫、方巾及枕套等。

（107）米兰绉（米兰尼斯）　米兰绉的特点是绸面平整，凹凸均匀，手感薄细光滑，光泽好，色泽花型有平素、印花和色织，以淡雅色为主，色织米兰绉也有加织金银丝线的华丽产品。其主要用于制作女装、晚礼服、裙子、童装、艺装以及装饰用布等。

（108）杨柳绉　杨柳绉的特点是绸面稀薄透明，似蝉翼纱，弹性好，抗皱性能好。其主要用于制作女装、艺装、裙子及窗帘等。

（109）派力司绉　派力司绉的特点是真丝产品比较轻薄，化纤丝则比较厚重，手感滑细、滋润，光泽自然，绉面平整均匀，薄而弹性好，挺括，其外观有棉或毛派力司的风格。其主要用于制作衬衫、裙子、女装、艺装等。

（110）绢纺绉　绢纺绉的特点是手感滑糯，光泽自然，绉面条格富于变化，价格较低。其主要做女装、衬衫、睡衣、时装、童装等。

（111）变纹乔其　变纹乔其的特点是质地轻薄，手感柔软、滑糯，皱效应好，具有毛织物的优异弹性和真丝织物优雅的光泽，宜做时装等。

（112）流星绉（斜纹绉）　流星绉的特点是质地较轻薄，手感柔软，光泽好，闪闪发光，大有天空流星闪亮之感。其主要用于制作女装、裙子、睡衣、旗袍等。

（113）碧绉（单绉、印度绸）　碧绉的特点是绸面有细小水浪形皱纹和粗斜纹，绉面光泽自然，质地柔软，一般比双绉厚，手感滑爽，富有弹性，纬向弹性更好。其主要用于制作女装、裙子、童装，也作装饰用绉等。

（114）东方纱　东方纱的特点是绸面呈现均匀皱纹，质地较厚实，富有弹性，较坚牢滑爽。其宜做女装、裙子、衬衫、艺装等。

（115）鸡皮绉（象纹绉、粗绉面绸）　鸡皮绉的特点是织物质地较厚重，色泽花型较丰富，有平素、印花和色织条格产品，一般为中深色。其宜做女装、衬里、童装以及窗帘等。

（116）涤玉绉　涤玉绉的特点是绸面有细小皱纹和粗斜纹，绉面光泽自然，质地柔软，手感滑爽，富有弹性，尺寸稳定性好，洗后可免熨烫。其宜做夏季服装，如衬衫、罩衣、艺装、时装、连衣裙、裙子、童装，也可做枕套、窗帘等。

四、绸

绸是指采用各种长丝或长丝与短纤维纱以条纹或各种变化组织（纱、罗、绒组织除外）交织的无其他类特征的花、素丝织物（如图2-51所示），是采用桑蚕丝、人造丝、合纤丝等一种或几种而织成。按织造工艺可分为白织（生织）、色织（熟织）和提花三大类。白织坯绸需经精练、染色、印花或其他工艺整理，如双宫绸、泰山绸等。色织绸织后一般不经整理，如辽凤绸、银剑绸等。提花绸又有白织和色织之分。轻薄型绸质地柔软，富有弹性，常用于制作衬衫、裙料等。中厚型绸绸面层次丰富，质地平挺厚实，适于制作西服、礼服，也可用于室内装饰用。

图 2-51　绸

（1）双宫绸　双宫绸的特点是绸面粗糙不平整，纬向呈现均匀而不规则的粗节（疙瘩节或称额节），产生特殊的闪光，质地紧密挺括，色光柔和，手感比较粗糙，具有特殊的粗犷美。其宜做男女夏令衬衫、女装、两用衫、裙子、外套、西式服装、头巾、领带，以及窗帘、装饰用绸等。

（2）和服绸　和服绸的特点是质地丰厚糯爽，图案典雅，光泽柔和悦目。坯绸经练白处理，再经手绘或扎染。手绘图案具有中国画的效果，题材有山水风景、花鸟鱼虫或几何纹样等。其专供制和服用。

（3）文绮绸　文绮绸的特点是手感柔软，富有弹性，光泽柔和，图案古朴典雅，主要用于制作衬衫、连衣裙等。

(4) 文明绸　文明绸的特点是手感柔软而富有弹性，光泽柔和，在疙瘩地纹上提织纬花，图案新颖别致。其宜做妇女夏季裙子、时装等。

(5) 玉影绸　玉影绸的特点是质地轻薄，手感糯爽柔软，孔眼清晰。其宜做衬衫、连衣裙等。

(6) 绵绸　绵绸的特点是绸面粗犷，外观不平整，且散布着绵结杂质形成的疙瘩，丰厚少光泽，绵粒分布均匀，手感柔糯、厚实，黏柔粗糙，有温暖感，富有弹性，质地坚韧。其用于制作衬衣、睡衣裤、练功服、藏族人民衬衣、棉袄面及窗帘、舞台幕布、被里、被面等。

(7) 泰山绸　泰山绸的特点是质地坚实、粗犷，手感挺括，纬丝的条干不匀，具有不规则的粗节和细疙瘩，使绸面呈现不规则的断续状粗节。其大多用于春秋季西装等。

(8) 条格双宫绸　该织物的特点是绸面具有条或格的色彩格局，色调明朗，横向粗细竹节分布自如，绸身挺括。其主要用作男女西装面料、高级风雪大衣里料及高级毛毯的镶边材料等。

(9) 双宫塔夫绸　该织物的特点是外观同双宫绸。绸面具有不规则、断续状竹节疙瘩效果，质地坚实挺括。其主要用于夏季服装和裙料等。

(10) 绢丝呢绒绸　该织物的特点是由于采用独特的精练工艺和创新的磨毛处理，产品绸面细腻平整，有绒感，悬垂性好，手感柔软，具有一定的丝光效应，价格低廉。其宜做外套、时装等。

(11) 珍珠绸　珍珠绸的特点是轻薄柔软，富有弹性，充分体现出柞蚕丝珠宝般的光泽。其主要用作高级服装面料和装饰用绸。

(12) 绢宫绸　绢宫绸的特点是绸面具有双宫绸和绢纺绸的特点，质地中厚，手感糯挺，光泽优于双宫绸。其宜做各类西装，也可做装饰用布。

(13) 开封汴绸　开封汴绸的特点是手感柔软，光泽柔和，弹性好，穿着舒适，耐用耐洗，不褪色。其宜做时装、民族服装、婚嫁装等。

(14) 桑绢纺绸　桑绢纺绸的特点是绸面平整，织纹清晰，质地坚牢丰厚，具有真丝织物的优良性能，穿着舒适、凉爽，透气吸湿性好。其宜用于制作内衣、衬衫等。

(15) 防酸绸　防酸绸的特点是具有抗酸蚀、防酸渗的性能。经测定，耐酸蚀为70%（硫酸），透气性良好，妥善地把透气和拒酸要求统一为一体，穿着舒适凉爽。其宜做工业防护劳保服装等。

(16) 柞丝绸　柞丝绸的特点是色淡黄，自然素雅，手感平挺滑爽，质地坚牢耐用，光泽柔和，吸色性、透气性良好，耐酸优于耐碱，热导率小，并具有电绝缘性等。其常用于制作男女西装、两用衫、夹克衫、女装、裙子、耐酸工作服、带电作业服及装饰用材料、炸弹药囊。

(17) 大条丝绸　大条丝绸的特点是绸面粗犷豪放，呈现手工工艺品的别致风格，吸湿保暖性良好，光泽柔和，穿着舒适华贵。其主要用于制作男女秋冬季西式外衣和装饰用绸。

(18) 丹绒绸　丹绒绸的特点是绸面呈现环圈，质地轻薄柔软，富有弹性。其宜做男女秋冬季各式时装和装饰用绸。

(19) 凉纱绸　凉纱绸的特点是质地柔软、挺爽，具有良好的吸湿和透气性能，宜作男女西式服装面料及装饰用绸等。

(20) 四季料　四季料的特点是质地轻薄柔软，光泽柔和，既有丝的珠宝光泽，又有酷似羊毛的感观，具有良好的吸湿性和透气性。其宜做各式男女服装，尤其适宜制作连衣裙、领带和高级内衣等。

（21）柞丝平纹绸 该织物的特点是具有柞蚕丝纤维的光泽，手感挺爽，质地适中，织纹清晰。其宜作高档衣裤、时装面料等。

（22）异风绸 异风绸的特点是成品绸面呈现粗细线段，光泽明暗相同，手感柔和丰满，高贵雅致，穿着舒适，风格奇异独特。其主要用于制作男女衬衫和妇女连衣裙等。

（23）井字格柞绢绸 该织物的特点是手感滑爽，绸面挺括，弹性较好，具有良好的透气性能。其宜做内衣，经染色印花后可作男女外衣面料等。

（24）鸭江绸 鸭江绸的特点是绸面粗糙，具有粗犷的自然美，风格独特，提花产品花型典雅大方，具有立体浮雕效果。其主要用途是做礼服、西装、套装以及装饰用绸、沙发套、高级室内墙布、消音用绸等。

（25）条格鸭江绸 该织物的特点是绸面粗犷、富丽、挺括、轻薄，有自然美的风格。其主要用作衣料和装饰用绸等。

（26）千山绸 千山绸的特点是疙瘩形状奇异，大小不一，疏密相间散布于绸面，经纬异色交织，色泽鲜艳，风格新颖别致。其主要做西服和时装及装饰用绸等。

（27）星海绸 星海绸的特点是色泽艳丽，彩光闪烁，质地柔软，绸面爽适，弹性好。其宜做 T 恤衫、连衣裙和各种高档时装等。

（28）"二六"柞绸（南阳府绸） "二六"柞绸的特点是质地紧密爽挺，织纹简朴细密，丝条粗细不匀，绸面有不规则柳档且密布全匹，在灯光照射下丝光若隐若现，犹如珠宝光泽，有独特风格，素有"东方工艺绸"之美称。其宜做中年妇女服装及装饰用绸等。

（29）集益绸 集益绸的特点是手感松软丰满，光泽柔和，具有毛型感。其宜做春秋季妇女连衣裙、两件套西服、冬季棉袄等。

（30）花边绸 花边绸的特点是绸面具有少数民族服饰横条图案的特征。其主要用作少数民族服装镶条、绲条或作少数民族帽子等装饰用绸。

（31）弹涤绸 弹涤绸的特点是绸面呈现隐约直条，质地丰厚，富有弹性和毛型感。其宜做男女春秋季服装、西裤等。

（32）隐光罗纹绸 隐光罗纹绸的特点是绸面闪光含蓄，横罗清晰明亮，质地轻薄、挺括、爽滑。其宜做妇女夏季衬衫、连衣裙、时装等。

（33）佳丽绸 佳丽绸的特点是具有毛织物的手感和弹性，吸湿透气性好，有优良的挺括性和抗皱性，绸面色彩丰富。其宜做时装等。

（34）涤丝透凉绸 该织物的特点是质地轻薄爽挺，孔稀透气，纱眼清晰。其宜做妇女夏季服装及窗帘装饰用绸等。

（35）凉爽绸 凉爽绸的特点是花型一般以格为主，也有条型和提花产品，质地较厚实、耐用，色泽以平素冷色调为主。其宜做衬衫、两用衫、女装、夏装、裙子等。

（36）菱纹绸 菱纹绸的特点是手感柔软，光泽优雅，质地轻盈飘逸，透气性好，吸湿散湿快，挺括不贴身。其宜做妇女高档时装等。

（37）涤爽绸 涤爽绸的特点是绸面呈波浪形横向条纹，这是由于纬丝比经丝粗而形成的。织物紧密，弹性好，抗皱性强，易洗快干，经热定型整理后，具有洗可穿的特性。其宜做衬衫、女装、两用衫、男女夏装、裙子等。

（38）涤丝塔夫绸（涤塔夫） 该织物的特点是绸面平挺光洁，色泽鲜艳，手感滑爽，质地轻薄，做工艺品人造花显得细腻，形态逼真。其宜做防酸碱的工作服、罩衫、艺装、时装及绣饰品、工艺品、绢花等。

（39）细格纬弹麻　该织物的特点是经条和纬条形成的细格隐条中，钻石丝形成的直条耀眼亮丽，点粒状人造丝跳跃状散落其中，风格别致、新颖，质地厚实，手感柔软，弹性颇佳，穿着挺括、舒适。其宜做时装、夹克衫等。

（40）蓓花绸（纬高花丝绸）　蓓花绸的特点是花纹凸出绸面，花纹饱满，立体感强，色泽鲜艳，光泽好。其宜做衬衫、女装、罩衣、袄面、艺装、民族装等。

（41）直隐绸　直隐绸的特点是绸面闪光耀目，质地轻薄爽挺。其宜做男女夏季各式服装等。

（42）灵芝格　灵芝格的特点是桑蚕丝在织物上形成亮丽光泽，具有小提花花纹的细条，桑蚕丝在织物上形成光泽柔和、手感舒适的质地，棉纤维具有舒适性和透气性，并可降低产品的成本。其宜做童装等。

（43）意纹绸　意纹绸的特点是质地柔爽，弹性好，绸面丰满，少光泽，外观犹如毛织物，质地丰厚疏松。其宜做妇女春秋季两用衫、各季服装等。

（44）长乐绸　长乐绸的特点是借鉴传统的刺绣艺术，充分运用不同的组织结构来代替刺绣的各种方法，花型布局虚实相生，层次分明，是别具一格的仿刺绣产品，质地适中，手感柔软，富有弹性。其宜作妇女秋冬季外衣面料等。

（45）环涤绸　环涤绸的特点是轻薄挺括，织纹图案细巧精致，弹性好。两种原料对染料吸色性能不同，染色后呈现双色效果，适当配置的平纹和经纬浮组织，使绸面微呈凹凸状，风格新颖别致。其宜做连衣裙、衬衫等。

（46）时新绸　时新绸的特点是蓬松柔软，弹性好，花纹隐约含蓄。其宜做夏季衬衫、连衣裙等。

（47）华华绸　华华绸的特点是手感滑爽，织纹细洁雅致，光泽柔和，悬垂性好。其宜做妇女服装及落地窗帘等。

（48）时春绸　时春绸的特点是蓬松柔软，弹性好，花纹隐约含蓄。其主要用作夏季衬衫、连衣裙等面料。

（49）荧星绸　荧星绸的特点是利用黏胶丝、涤纶和真丝对染料吸色性能的不同，采用白织的手法，使染色后的织物具有色织的效果；再利用组织结构与捅丝（用捅刀切断）、剪毛工艺的配合，使织物表面具有绣花的感觉。其宜做春、秋季服装等。

（50）意新绸　意新绸的特点与用途同荧星绸。

（51）春美绸　春美绸的特点是蓬松柔软，弹性好，花纹隐约含蓄。其主要用作夏季衬衫、连衣裙等衣料。

（52）虞美绸　虞美绸的特点是产品兼具桑绢丝与羊毛的特点，外观厚实，手感舒适，弹性好；采用双层织物组织，利用一组纬线强收缩效果，辅以流畅的大小适中的纹样，使花纹立体感强，织物高贵、雅致。其宜做各种高级秋、冬季时装等。

（53）涤丝直条绸　该织物的特点是绸面平挺滑爽，地纹上呈现紧密清晰的条状花纹。其主要用于制作妇女衬衫、连衣裙、头巾等服饰。

（54）夏衣纱　夏衣纱的特点是轻薄挺括，绸面有浮雕感，具有色织风格。利用两种纤维吸色性能的不同，染色后织物呈现异色效应。其宜做夏季衣物及装饰用绸。

（55）泡闪绸　泡闪绸的特点是手感柔软、滑糯，透气性好，富有弹性，毛感强，绸面有柔和的光泽和闪光的褶皱形成的双绉效应，风格独特。其宜做套装、裙子等。

（56）莹莹绸 莹莹绸的特点是绸身轻薄爽挺，外观闪光，泥点织纹隐约模糊。其宜作男女夏季各式新颖服装面料及头巾用料等。

（57）涤尼交织物 涤尼交织物的特点是织物手感柔软滑糯，布面呈双色微皱效应，光泽若隐若现，具有独特的外观风格。其宜做男女各式夹克衫、羽绒服、运动服、休闲服等。

（58）黏涤绸 黏涤绸的特点是布边平直，布面平整光洁，布身轻薄而有身骨，手感柔软、滑爽，具有较好的悬垂性、透气性和丝绸风格，穿着舒适高雅。其宜做衬衫、时装、女装、罩衫、童装、裙子及窗帘、床上用品等。

（59）浮纹花绸 浮纹花绸的特点是手感柔软，质地疏松，花地分明。纹样幅宽18.5cm，题材以写意花卉为多，五枚缎以中小块面平涂为主花，甲纬纬花隐约衬托，地纹纬花要用流畅线条切断组成嵌地图案。该织物宜做妇女上装、两件套服装等。

（60）涤纤绸 涤纤绸的特点是绸面平整呈隐条纹，手感滑挺，成衣易洗、快干、免熨烫。其宜做中式便装、棉衣裤、女装、罩衣、童装等。

（61）圆明绸 圆明绸的特点是织物选用具有明显时代特征的纹样和颜色，配以各种不同风格的组织结构，利用麻纤维的特殊风格，使产品精致与粗犷相得益彰。其宜做中式时装及高级室内用绸等。

（62）茜丽绸（茜利绉） 茜丽绸的特点是绸的正面呈皱纹状，反面多呈平滑的缎纹，光泽自然，手感滑糯活络，有毛型感。色泽以中深色为主，鲜艳漂亮。其宜做男女上装、中式便装、衬衫、童装等。

（63）绒花绸 绒花绸的特点是质地轻薄柔和，手感舒挺平滑，花地分明。其宜做妇女春秋季夹袄及中西式各式服装等。

（64）织绣绸 织绣绸的特点是质地平整柔滑，色纹光亮文静，具有织花和绣花效果。其宜做妇女服装、儿童外套和斗篷等。

（65）波纹绸 波纹绸的特点是具有优良的柔软性、导湿透气性和保暖性，质地丰满厚实，富有弹性，穿着舒适，配之波纹图案，具有较强的动感。其宜做秋、冬季时装等。

（66）双花绸 双花绸的特点是手感丰满松软，织纹精致，变化多。其宜做妇女春秋季时装和冬季服装袄面等。

（67）乔舒绸 乔舒绸的特点是穿着舒适而有弹性，质地软糯，皱效应使其绸面光泽柔和。其宜做紧身衣、旗袍、吊带裙、体操服、泳衣等。

（68）正反花绸 正反花绸的特点是手感挺爽，外观效果类同双花绸。其主要用作妇女春秋季夹袄、冬季棉袄面料等。

（69）大众绸 大众绸的特点是经纬密度疏松，质地较轻薄，手感柔软，花纹明亮。其宜作寿衣用料或装饰用绸。

（70）毛涤绢 毛涤绢的特点是因采用多种纤维，织物染色后有混色效应，绸面色彩丰富，纱支较细而织物手感柔软，质地轻薄挺括，抗皱性能好，富有弹性，易洗快干。其宜做高档衬衣等。

（71）大同绸 大同绸的特点是绸面平滑，花纹光亮突出。其主要作寿衣用料及装饰用绸。

（72）体体喜 体体喜的特点是手感柔软滑爽，光泽柔和，透气性好。其宜做羽绒服、内衣等。

（73）益民绸 益民绸的特点是质地属中薄型，手感平滑，缎花光亮，地纹色光柔和，具有隐约可见的横水波纹效果。其宜作冬季棉袄面料、儿童斗篷面料及被面等。

（74）曙光绉　曙光绉系黏胶丝色织多组经纬提花绉类织物。质地厚实平挺，织纹简洁，变化多样，色彩绚丽，富有多种明暗层次，是中国传统多层次花纹图案的提花绉。其主要用作妇女秋冬季服装面料等。

（75）亮丽绸　亮丽绸的特点是绸面细洁，手感柔软、挺括，光泽柔和。其宜做春、秋季两用衫等。

（76）争春绸　争春绸的特点是绸面平挺厚实，富有光泽，花型层次丰富，风格新颖别致。其宜作妇女秋、冬季服装面料等。

（77）三组分绸　三组分绸的特点是具有真丝绸的外观，羊绒般的手感，服用舒适。其宜做时装、春秋装外衣等。

（78）花大华绸　花大华绸的特点是绸面光亮平滑，花地分明。其宜作妇女和小孩服装、斗篷等用绸。

（79）人丝花绸　人丝花绸的特点是花纹精致文雅，光泽柔和，质地滑挺舒适，多用作男女棉袄、马甲、装饰面料等。

（80）经弹罗缎　经弹罗缎的特点是弹力伸长率可达35％，绸面平整，手感柔软，穿着舒适，价格便宜。其宜做夹克衫、裤子等。

（81）形格绸　形格绸的特点是手感挺括，弹性好，色光柔和，条子隐约似仿毛织物。其宜做西服、棉袄、裤子等。

（82）丝麻格　丝麻格的特点是织物表面由比较粗犷的条格与质地柔软、光泽柔和的地部组成，手感柔软舒适，服用性能好。其宜做各类服装等。

（83）锦绣绸　锦绣绸的特点是产品风格接近锦乐缎，被誉为锦花，是五杂锦花之一。其宜做妇女服装（如西式两用衫等）。

（84）松花绸　松花绸的特点是质地松软舒适，弹性好，光泽柔和，细粒点子织纹微微突起。其宜作妇女春秋季上装、冬季棉袄面料等。

（85）蝶恋纱　蝶恋纱的质地较轻，表面具有羊毛纤维织物的庄重风格，同时又显现涤纶纤维尺寸稳定性好的特点；在羊毛风格中揉入了异形涤纶丝的光泽，使之不仅外观端庄，手感糯爽，而且服用性能非常好。其宜做适合白领人士穿的春、夏季服装等。

（86）蓓花绸　蓓花绸的特点是具有花纹饱满、纹地清晰的纬高花效应，手感适中。其宜作妇女春、秋季中西式两用衫服装面料及沙发装饰用绸等。

（87）风韵绸　风韵绸的特点是织物地部类似真丝双绉织物，在双绉的表面间隔织入染色黏纤纱，经过烂花工艺后，使真丝双绉的地上呈现不同色彩的、由黏胶纤维形成的花纹，风格独特，手感柔软舒适。其宜做春、夏季裙衫等。

（88）富丽绸　富丽绸的特点是手感柔软，质地中型偏厚，满地闪光，花纹含蓄别致。其主要用作妇女冬季服装面料及装饰用绸等。

（89）涤花绸　涤花绸的特点是手感柔软、蓬松，吸湿透气，光泽柔和，穿着舒适，具有桃皮绒的外观，极易洗涤；复合斜纹起条，中间配以菱形小提花，美观大方。其宜做衬衫等。

（90）集聚绸　集聚绸的特点是质地紧密、细腻、挺括，花纹层次丰富，立体感强，光泽柔和，金银丝隐隐闪光。其宜作妇女礼服面料等。

（91）芳闪绸　芳闪绸的特点是绸面具有独特的配色模纹形成的视觉效果，闪色的钻石丝使绸面呈现出闪亮的星点，织物厚实，悬垂性好，不易褶皱，手感软糯。其宜做春、秋、冬季仿毛套装等。

（92）闪光花线绸　该织物的特点是手感较松厚，光泽闪色柔和，在隐约可见的地纹上显现微亮的经花纹。其宜做妇女时装及装饰用绸等。

（93）仿毛套装绸　该织物的特点是织物外观呈现隐约的直条，简洁而雅致，手感厚实软糯，回弹性好，不易褶皱。其宜做西装、夹克衫等。

（94）明光花绸　明光花绸的特点是由于原料的收缩率不同，织物经退浆后，花部凸起，形成高花效应，整个绸面金光闪闪，犹如五彩的浮雕，具有良好的装饰性能。其宜做妇女宴会礼服等。

（95）春艺绸　春艺绸的特点是手感挺薄，织花和印花相互衬托，绸面闪烁夺目，多用作妇女晚礼服、棉袄面料等。

（96）丝毛交织绸　该织物的特点是手感柔软、舒适，抗皱性优越，格子朦胧；光泽柔和，具有闪色感；有良好的弹性、透气性。其宜做女式时装、裙子等。

（97）泥地高花绸　该织物的特点是绸面略具有光亮纬高花效果，质地中厚柔和。其宜做妇女春秋季套装、冬季夹袄、棉袄面等。

（98）涤䌷绸　涤䌷绸的特点是染色后，涤䌷竹节纱显现出不规则的异色䌷丝疙瘩粗丝，风格别致，质地挺爽。其宜做男、女服装及绣品用绸等。

（99）薇锦绸　薇锦绸的特点是质地厚实，织纹清晰，银丝闪闪发光。其宜做妇女礼服及广播喇叭的外壳装饰用绸等。

（100）黎花绸　黎花绸的特点是织物为双层结构，表面为异形锦纶丝，使花纹表面呈现出比较亮丽的花样。为了提高服用的舒适性能，织物内层采用吸湿性与透气性均良好的黏胶丝和棉纱；花纹细腻、精致；质地比较硬挺，服用性能优良。其宜做时装等。

（101）双宜绸　双宜绸的特点是绸面丰厚，花纹隆起，具有纬高花纹效果。其常做妇女、儿童时装及装饰用绸等。

（102）美京布　美京布的特点是绸面挺括，富有弹性，织物厚实，悬垂性佳，具有优良的保形性，穿着舒适。其宜做夹克衫，也可印花后做妇女上装等。

（103）高花绸　高花绸的特点是地纹简洁淳朴，花纹色纯明亮，是花富士纺派生品种。绸面色光明亮醒目，质地柔软厚实。其主要用于制作妇女冬季棉袄、女装、裙子、外套、西装、婴童斗篷、帽子、被面等，也作装饰用绸等。

（104）涤黏绸　涤黏绸既有涤纶丝织物挺括、易干、保形性好的特点，又有黏胶织物手感柔软、滑糯、光泽柔和、透湿透气、服用性好的特点，织物表面纹路细腻，皱褶明显，风格新颖，价廉物美。其宜做儿童和少女裙装、裤子及室内装饰用绸等。

（105）金炫绸　金炫绸的特点是质地疏松、轻薄，花纹闪光炫目。其宜做晚礼服及装饰用绸等。

（106）富松绸　富松绸的特点是绸面丰满，光泽柔和，质地松爽，弹性足。其宜做妇女服装等。

（107）金洪绸　金洪绸的特点是质地坚韧、挺括、厚实，兼备织花和印经花，色彩富丽，花纹姿态变化多而协调，外观和谐统一，金银丝闪闪发光，别具一格。其宜作春秋冬季时装面料等。

（108）仿真丝条绸　该织物既有涤纶织物挺括、快干保形性好的特点，又有黏纤纱手感柔软、光泽好的特点。其宜做时装、夹克衫等。

（109）印经凸花绸　该织物的特点是手感柔和，花纹突出饱满，印经花和织花相互衬托，宾主分明，具有浓厚的东方传统韵味。其宜做礼服及装饰用绸等。

（110）康迪绸　康迪绸的特点是利用涤纶与黏胶纤维对染料的吸色性能不同，使织物的表面具有类似色织物的经纬异色效果。采用小提花的设计方法，绸面上具有规则排列的小提花效果。手感柔软，具有一定的悬垂性。其宜做套裙、衬衫等。

（111）丝麻交织绸　该织物兼有桑蚕丝光泽柔和、手感糯软和麻纱手感滑爽、挺括等特征。其主要用于制作衬衫、连衣裙等。

（112）丝棉塔夫绸　该织物的特点是绸面光泽柔和，手感平挺爽滑。其宜做衬衫用绸等。

（113）雪麻绸　雪麻绸的特点是绸面平整，由线条粗犷的条格和质地细腻的平纹组成；采用色织工艺，使线条和地部形成两种不同的色彩；手感硬挺。其宜做时装及窗帘等。

（114）横条丝毛绸　该织物的特点是横向呈现微细的罗纹，具有丝、毛两种原料的特征，手感糯滑，光泽柔和，弹性好。其宜做男女衣衫、裙子等用绸。

（115）铂金绸　铂金绸的特点是具有桑蚕丝的光泽，羊毛的弹性，羊绒的舒适手感，外观极其高贵。其宜做时装、高档围巾等。

（116）丝毛绸　丝毛绸的特点是绸身质地轻盈柔挺，弹性好，具有毛织物的手感和天然丝的光泽，穿着舒适。其宜做妇女春秋季两件套、裙子等用绸。

（117）银剑绸　银剑绸的特点是导电性能好，刀剑触及时电反应灵敏，银光闪烁。其宜做击剑运动服。

（118）一心绸　一心绸的特点是地纹简洁，花纹明亮。其宜用作妇女服装面料及装饰用绸等。

（119）花绒绸　花绒绸的特点是绸身平挺、厚实，花部细洁紧密，富有光泽，花纹瑰丽多彩。其宜作妇女春、秋、冬季时装面料等。

（120）康麦司　康麦司的特点是手感滑糯而舒适，条纹美丽，弹性和平挺性好。其宜做夹克衫、棉马甲、上装等。

（121）长安绸　长安绸的特点是质地丰厚柔糯，花纹立体效果显著。其宜做妇女两用衫用绸等。

（122）西艳麻　西艳麻的特点是绸面粗细格子相间，多色彩相混，外观高雅，绸面挺括，手感松爽，悬垂性好。其宜做时装、夹克衫等。

（123）折纹绸　折纹绸的特点是绸面有明显且均匀的褶皱效应和平挺而光亮的缎条（两侧加金线）。其宜作妇女衣料和裙料等。

（124）涤网绸　涤网绸的特点是织物除具有全涤产品高强、弹性及保形性佳、不易起皱等优点外，还有较好的毛型感，不易起毛起球，光泽柔和。其宜做上装、夹克衫、裤子等。

（125）涤棉花绸　涤棉花绸的特点是绸面地部少光泽，花纹微亮，手感挺括柔爽。其宜做春秋季衬衣、冬季棉袄、套裙等。

（126）丹凤格　丹凤格的特点是手感柔软、滑爽，悬垂性好，有一定耐皱性，视觉文雅、清新，条格有立体感，穿着舒适。其宜做初夏时装、裙子等。

（127）蓓光绸　蓓光绸的特点是绸面具有纬高花，呈现出浮雕效果。运用纬向锦纶丝和有光黏胶丝落水后收缩率不同的性能，使黏胶丝组织的花纹突起于绸面，显示出独特的高花效果。在高花处再织入少量金银皮，使立体效果更为显著，含蓄别致。其宜用作妇女两用衫和冬季棉袄面料等。

（128）群芳绸 群芳绸的特点是绸面细腻雅致，质地厚实，具有朦胧深浅的晕色效果，隐约的直条纹路中细条丝色彩突出，层次感强，手感软糯，弹性好，不易褶皱。其宜做仿毛套装及装饰用绸等。

（129）毛圈绸 毛圈绸的特点是具有饱满的毛圈花纹，质地松厚。其宜做妇女外衣及装饰用绸等。

（130）双色竹节麻 该织物的特点是织物具有优良的悬垂性和透气性，抗褶皱性能好，手感滑爽，绸面有均匀分布的双色竹节，外观效果特殊，别具一格。其宜做春、秋季时装等。

（131）浮纹花绸 浮纹花绸的特点是质地疏松柔软，花地分明。其宜作妇女上装、两件套服装等。

（132）织闪绸 织闪绸的特点是质地紧密，绸面平滑光亮，背面横罗纹清晰。其宜作冬季服装面料等。

（133）粒纹绸 粒纹绸的特点是手感柔软舒适，光泽柔和优雅，弹性极佳，绸面具有很强的粒子状收缩皱纹，外观特殊，别具风格。其宜做紧身衣、吊带裙、泳衣等。

（134）秋鸣绸 秋鸣绸的特点是手感丰厚柔实，织纹清晰雅观，彩色铝皮隐约发光，风格含蓄别致。其宜做春秋季时装、两件套装、冬季棉袄等。

（135）醋酯塔夫 醋酯塔夫的特点是光泽自然柔和，手感挺括，穿着舒适。染色产品可做高级西服的里料，印花和扎花产品可做衬衣、夹衣、夹克衫等。

（136）爱的力司绸（舒库拉绸） 该织物的特点是手感柔软，悬垂性好，色彩对比强烈，绸面平整光洁，花型对称，为宽直条云彩花纹。一般为轧染的色织物，有黑白、黄白、蓝白、紫白、粉白等。其专供维吾尔族及哈萨克族妇女做具有民族特色的衣裙及童装、艺装等。

（137）满花绸 满花绸的特点是质地厚实，富有弹性，具有高花效应。其宜作中老年妇女春秋季服装、冬季棉袄的面料等。

（138）佐帧麻 佐帧麻的特点是手感柔软，悬垂性好，挺而不皱，具有亚麻织物的风格。其宜做时装、裤子等。

（139）金辉绸 金辉绸的特点是绸面平挺，金光闪闪。纹样宽2.5cm，以中型写意花卉为主，满地或半清地布局，主花突出，并以平纹为陪衬。其主要用作妇女棉袄面料等。

（140）莱卡绒 莱卡绒的特点是质地厚实、挺括，富有弹性，悬垂性好，形状稳定性佳，绸面有双色效果。其宜做夹克衫、女式时装、披风等。

（141）锦艺绸 锦艺绸的特点是绸面呈点点闪闪双色和纬花明亮效果。其宜作夏季衣裙面料等。

（142）星月绸 星月绸的特点是绸面具有珠宝光泽，柞丝花式线突出在表面恰似月夜中的闪烁繁星。兼有柞蚕丝和涤纶丝二者的特性，穿着舒适，不仅滑爽、柔软、飘逸，而且吸湿透气性好，洗可穿、免烫。其宜做男女衬衫、时装、罩衣、夹克衫、睡衣裤及装饰用品等。

（143）涤氨绸 涤氨绸的特点是织物挺括，手感软糯，富有弹性，保形性优良，色泽闪亮。其宜做夹克衫、披风等。

（144）染花绸　染花绸的特点是质地坚柔，花纹具有剪贴花的立体效果。其宜做妇女冬季服装及装饰用绸等。

（145）水洗绒　水洗绒的特点是收缩率小的细且丝屈曲凸出于织物之上，织物具有绒感，手感柔软舒适，尺寸稳定性好，光泽柔和，色彩鲜艳。其宜做男式时装、夹克衫等。

（146）隐格绸　隐格绸的特点是绸面丰厚松软，光泽柔和，具有双色绸的特点。其主要用作男女秋装面料、冬季棉袄面料等。

（147）麂皮绒　麂皮绒的特点是手感柔软，悬垂性好，绒毛细密均匀，具有疏水效应。其宜做时装、保暖服、夹克衫、风衣及箱包、沙发套、汽车坐垫、包装、高档装饰等。

（148）辽凤绸　辽凤绸的特点是绸面具有粗犷、豪放的独特风格，由原料的色彩和粗细变化，显现产品的特点。其宜作西装、妇女套装面料及装饰用绸等。

（149）维多绸　维多绸的特点是手感滑糯，富有弹性，不易起皱，具有非常好的悬垂性。其宜做上装、裤子、裙子等。

（150）松香绸　松香绸的特点是经纬花交错，层次分明，图案新颖，因经密大于纬密，呈现出经包纬的效果，具有桑蚕丝绸的特点。其宜做男女衬衫、连衣裙面料等。

（151）带电作业服绸　该织物的特点是质地坚实硬挺，对电流反应敏感，安全可靠，为高压带电作业人员劳动保护专用绸。其宜做带电作业人员工作服、鞋帽、手套等劳保用品。

（152）缎条疙瘩绸　该织物的特点是质地轻薄、滑爽，表面闪烁珠宝光泽的疙瘩丰富了平素效果，桑丝缎条平滑光亮，风格新颖别致。其主要用作服装面料及装饰用绸。

（153）提花仿麻绸　提花仿麻绸的特点是手感滑挺，组织结构粗犷疏松，图案简练豪放，外观有麻织物的风格特点。其主要用作上装、外套、西服面料及装饰用绸等。

（154）绢丝弹力绸　绢丝弹力绸的特点是绸面平挺，弹性优良，弹性延伸率可达20%～30%，穿着舒适，服用性能良好。其宜做高级时装、裤子、披风等。

（155）涤绵绸　涤绵绸的特点是绸面光洁挺括，色泽柔和，质地中厚，坚牢耐用，弹性好，具有易洗、快干、免烫等特性。其宜做男女衬衫、棉袄罩衫、裙子、连衣裙、童装等。

（156）桑麻绸　桑麻绸的特点是具有真丝绸手感柔软、光泽优雅、穿着舒适的优点，又有麻织物透气、散热、凉爽、粗犷、身骨好的优点。其宜做休闲服等。

（157）聚爽绸　聚爽绸的特点是质地挺括滑爽，光泽柔和。其宜做春、秋、冬季服装等。

（158）威克丝　威克丝的特点是绸面丰满、滑糯，质地细洁，手感柔软，光泽柔和，悬垂性好，有双绉效应。其宜作羽绒服面料，经防水处理，也是休闲服、风衣、春秋套装的理想面料。

（159）涤纤绸　涤纤绸的特点是绸面平挺，光泽柔和，质地坚实柔爽。其宜作春秋季上装用料、裤料和棉袄面料等。

（160）领带绸　面料领带绸质地厚实平滑，弹性好，抗皱性能强，花形色彩秀丽。里料领带绸质地轻薄柔软，织纹细结匀净。其宜做西装领带、女装及饰带用绸。

（161）磨砂绸　磨砂绸的特点是绸面的色花形成外观粗犷的花色效果。手感柔软丰满，外观蓬松，光泽柔和，悬垂性和柔软性好。其宜做秋、冬季服装等。

（162）四新呢（四维绸）　四新呢的特点是绸面平整，呈微细皱纹地，排列着有规律的凸起细罗纹横条，光泽自然柔和，手感柔软，绸背面呈偏平横条、色泽匀净。其宜做女装、夹衣、棉袄、罩衫，也作装饰用绸。

（163）珍珠麻　珍珠麻的特点是手感滑糯，悬垂感好，透气性强，穿着舒适。其宜做衬衫、套装、服装辅助面料等。

（164）红阳绸（雁来红绸）　红阳绸的特点是绸面平整光洁，为斜纹地上起缎纹亮花，花型以小花或碎花为主，花纹清晰完整，色泽鲜艳美丽，手感柔软。其宜做女装、裙子、旗袍、中式棉袄、民族服装等。

（165）邮筒绸（紬同绸、桑丝绉缎、桑涤绸）　邮筒绸的特点是绸面平整光洁，色光柔和，呈现云状花纹，常配以花朵或泥点朵云花纹，花纹图案轮廓清晰，文雅秀丽，手感柔软，反面色光比正面稍亮。其主要用作朝鲜族妇女结婚衣料和小女孩裙子用绸，也可作女装及装饰用绸等。

（166）迈克绸　迈克绸的特点是绸面丰满，质地细洁，手感舒适、柔软、滑糯，光泽柔和，易洗、快干、易烫。其宜做羽绒服、休闲服、春秋套装、风衣等。

（167）金边绸（田字锦）　金边绸的特点是绸面多呈"田"字形图案，金光闪烁，富丽堂皇，具有浓厚的民族色彩，绸身平挺，手感厚实，略带糙性，是少数民族的特需用绸。其专供少数民族做民族帽和民族服装镶边用绸。

（168）抗紫电绸　抗紫电绸的特点是织物正面起皱，反面为光滑的缎面，具有凉爽、透气、柔软、挺括的特点。其宜做夏令衬衫、服装等。

（169）花线春（花大绸、大绸）　花线春的特点是绸面在平纹地组织上呈现元宝形的小碎满花或有规则的小点几何图案，绸面平整光洁，花纹图案清晰，花纹朴素，组织紧密，质地厚实坚韧，光色明亮，反面光色稍暗，色泽匀净。其主要用于制作蒙古族、藏族等少数民族服装、民族袍以及中式便服、女装、袄面等。

（170）疙瘩绸（麻纺绸）　疙瘩绸的特点是绸面散布的竹节疙瘩明显突出、分布均匀，色泽匀净纯正，色光优美，手感柔软，立体感强，具有特殊的粗犷美风格。其主要用于制作男女衬衫、领带、女装、裙子，也做装饰用绸。

（171）涤盈绸（涤黏绢混纺绸、涤黏绢三合一）　涤盈绸的特点是绸面呈隐约可见的条状，经折光反射，在一定角度上其条形较为明显，质地坚牢、爽滑、挺括，手感丰满，弹性好，有毛型感。其用于制作中山装、两用衫、青年装、西裤、罩衣、袄面等。

（172）涤绢绸　涤绢绸的特点是绸面平整、光洁、挺括，质地较纯丝绸坚牢耐磨。其宜做衬衫、裙子、女装、夏装等。

（173）桃皮绒　桃皮绒的特点是手感柔软，质地蓬松、较厚，富有弹性，悬垂性好，色彩鲜艳。宜做套装、夹克衫等。

（174）斜纹绸　斜纹绸的特点是绸面平整光洁，细纹清晰细密，手感柔软，图案清秀完整。其主要用于做衬衫、女装、裙子、童装、领带、印花头巾及商标等。

（175）交织绵绸　交织绵绸的特点是绸面绵结杂质少于真丝绵绸，手感不如真丝绵绸柔软。其他均同真丝绵绸。其主要用于做藏族同胞衬衣，也可做睡衣裤、练功服及被里、窗帘、舞台幕布等。

（176）袖边绸　袖边绸的特点是绸面呈双色或多色间隔花纹图案，图案题材有蝴蝶、孔雀羽毛等。织物保持了传统手工十字刺绣的风格，绸身紧密厚实，平挺有身骨，色彩鲜艳，对比强烈，光泽明亮，绸面光洁。其主要用作西南地区少数民族服装的镶嵌装饰用绸，专供云、贵、川等地区苗族、瑶族、彝族等少数民族妇女服装袖边、衣边、飘带等镶嵌装饰用。

（177）仿麂皮绒　仿麂皮绒的特点是手感柔软，光泽柔和，吸水吸油性好，绝热性好，具有较好的仿绒效果。其宜做时装、夹克衫等。

（178）袖背绸　袖背绸的特点是质地柔挺，花纹富有立体感，绸面点纹五彩缤纷，具有中国西南少数民族的服饰特点。其专门用于制作少数民族的服装袖筒和背心及装饰用绸。

（179）涤闪绸　涤闪绸的特点是绸面光洁，呈粗细间隔的隐条，质地坚牢耐用，手感滑、挺、爽，并且有易洗、快干、免烫等特点。其用于做中老年男女春秋季各式衣裤和冬季棉袄罩衫等。

（180）聚合绸（的确良麻纱）　聚合绸的特点是绸面在平纹地上起粗线条，具有平挺、易洗、快干、免烫等特点，质地坚牢，类似麻纱。其主要用于制作妇女夏令衬衫，深色的可作棉袄、罩衫面料等。

（181）明花绸　明花绸的特点是绸面在色光较暗的地组织上配置相类似而明亮的几何图案。从不同角度观察，绸面的花纹与地纹会出现相互辉映、互相衬托、互为主次的效果。色光鲜艳明亮，手感柔软，质地坚牢。其主要用作妇女各类服装面料及装饰用绸等。

（182）泡纹绸　泡纹绸的特点是手感柔软舒适，表面有波浪形的折叠效果和闪闪发光的闪光效应，具有高贵的感觉。其宜做婚纱、公主裙、围巾等。

（183）隐纹绸　隐纹绸的特点是在五彩缤纷的印花绸面上，隐现出类似几何图案的暗花地组织，风格别致。织物经定型处理，具有易洗、快干、免烫等特性。其宜做妇女春、夏、秋三季衬衣、裙子等。

（184）蝶花绸　蝶花绸的特点是绸面以比较粗而松的丝线作地，有明显的交织点。花纹则组织紧密，有立体感，图案较大，织物风格粗犷。质地厚实，坚韧耐用，光泽柔和并呈现柞蚕丝特有的乳黄天然色泽。其主要做装饰用绸。

（185）绢麻绸　绢麻绸的特点是手感柔软、舒适，透气凉爽，比较耐磨。其宜做休闲装、时装等。

（186）美绫绸　美绫绸的特点是外观飘逸，悬垂性好，手感滑软，富有弹性，仿丝绸效果好，是夏季女装的理想面料。其宜做女时装、衬衫、罩衫、裙子、两用衫、童装及床上用品等。

五、缎

缎是指织物全部或大部分采用缎纹组织（除经或纬用强捻线织成的绉缎外），质地紧密而柔软，绸面平滑光亮的丝织物，如图 2-52 所示。

图 2-52　缎

原料采用桑蚕丝、黏胶丝和其他化纤长丝，织造方法有两种：一是采用先练染后织造的方法（色织），如织锦缎等；另一种是采用生织匹染的加工方法，如花、素软缎。按织造和外观，缎类可分为锦缎、花缎和素缎三种。①锦缎：缎面有彩色花纹，色泽瑰丽明亮，图案精致漂亮，产品华贵富丽，五彩缤纷。生产工艺比较复杂，经纬丝在织前需染色，如织锦缎等。②花缎：表面呈现各种精致细巧的花纹，色泽淳朴而典雅，是一种比较简练的提花缎类织物。有的还常用经纬丝原料理化性能的不同，使织物呈现色调各异或织物表面具有浮雕等特点，如金雕缎、锦乐缎等。③素缎：缎面素净无花，如素库缎、梦素缎等。为了获得光亮柔滑的缎纹效果，经缎的经密远大于纬密，或是纬缎的纬密大于经密。缎主要用于做服装。其中薄型缎可做衬衣、裙子、披肩、头巾、舞台服装等；厚型缎可做外衣、旗袍、夹袄或棉袄等。此外，还可用作台毯、床罩、被面、领巾及书籍装帧材料等。

（1）真丝缎　真丝缎的特点是质地紧密细腻，手感平滑柔软，缎面光亮，宜做女性礼服、头巾等。

（2）花皱缎　花皱缎的特点是手感柔软滑爽，质地丰厚，弹性好，光泽柔和，宜做男女衬衫、春夏季连衣裙、头巾等。

（3）万寿缎　万寿缎的特点是缎面平挺，质地柔软，富有弹性，光泽自然柔和，宜做女性服装等。

（4）灵岩缎　灵岩缎的特点是质地柔软，花地分明，花纹具有日本民族纹样的特点，主要用于做日本和服腰带。

（5）目澜缎　目澜缎的特点是手感糯滑，光泽柔和，主要用于做日本妇女和服腰带。

（6）桑丝绒缎　桑丝绒缎的特点是质地丰满，手感柔糯，抗皱性能优良，克服了真丝绸易缩易皱的缺陷。缎面层次丰富，立体感强，具有羊绒般的光泽。其宜做高级时装等。

（7）花累缎　花累缎的特点是质地紧密，坚实挺括，光泽较明亮，不易沾染尘垢。其用于蒙、藏族人民做民族袍，也可做女性皮袄、女性服装及沙发、靠垫等。

（8）库缎（摹本缎）　素库缎：缎面细密、精致、平整、挺括、光滑，色光自然柔和，手感硬挺厚实，弹性好，成衣硬挺，是少数民族特需用料。花库缎：缎面平整、挺括、花型图案清晰，一般呈现团花，传统的花纹图案有五福捧寿、万事如意、吉祥如意、龙凤呈祥、汉文八仙等，不仅增添了花纹多层次效果，而且使成品富丽堂皇。库缎用于做藏、蒙民族袍和苗族服装镶边，也可做艺装、时装、旗袍、中式便装、马甲、礼服、女装及装饰用料等。

（9）哈蓓缎　哈蓓缎的特点是缎面丰满，质地厚实，手感柔和滑爽，外观华丽富贵，风格新颖。其宜做高档领带等。

（10）九霞缎　九霞缎的特点是绸面色泽光亮柔和，质地坚韧柔软，富有弹性，皱纹隐约可见，地暗花明。其宜做春秋冬三季各类中式或中西式袄、夏令连衣裙、衬衣等。

（11）金昌缎　金昌缎的特点是织物地部为桑蚕丝缎纹，花部为金皮织成的经花，华贵亮丽，手感柔软，色泽自然柔和。其宜做春夏季服装、围巾等。

（12）素广绫　素广绫的特点是缎面素洁肥亮，手感轻薄柔软，多做夏季服装，经茨莨汁手工上拷加工整理后，可制作唐装。

（13）花广绫　花广绫的特点是绸面光滑，质地柔软，经茨莨上拷，手感爽挺，宜做唐装、长衫、女性服装等。

（14）蚕服缎　蚕服缎的特点是绸面呈双色不规则变形花纹效果，手感糯滑，光泽柔和，专供制作和服用。

（15）真隐缎　真隐缎的特点是质地丰满挺括，富有弹性，经面色条若隐若现，风格新颖，具有新潮气派。其主要做领带等。

（16）薄缎　薄缎的特点是质地轻盈、柔软光滑，缎面光泽柔和悦目，是缎类中最轻薄的品种。其大多用于制作羊毛衫夹里、披肩、方巾及工艺装饰用品等。

（17）涤霞缎　涤霞缎的特点是手感爽挺，地纹少光泽，花纹微亮。其大多用作棉袄和春秋季服装面料等。

（18）大华绸　大华绸的特点是质地轻薄，手感柔软，缎面肥亮、光洁，属中低档产品，宜作棉袄面料或里料，印花产品可做披肩、方巾等。

（19）明月缎　明月缎的特点是质地平滑柔挺，富有弹性。缎面宜做中、低档领带等。

（20）摩光缎　摩光缎的特点是质地丰厚，缎面平滑光亮，花纹突出，宜做秋、冬季服装和睡衣等。

（21）涤纶花缎　涤纶花缎的特点是质地平滑、挺、薄，色泽雅洁文静，宜做衬衫、裙子、棉袄等。

（22）华夫缎　华夫缎的特点是手感柔软松爽，富有弹性，缎面五光十色，具有新潮领带风格。其专做领带。

（23）涤美缎　涤美缎的特点是花纹光泽明亮，晶莹闪烁，手感滑糯，富有弹性，具有洗可穿的优良性能，尺寸稳定性好。其宜做女夏季衬衣、连衣裙，也可做夏秋季外套、马甲、裙子等。

（24）涤花缎　涤花缎的特点是质地柔软，富有弹性，织花纹样具有民族传统特色，外观可与真丝提花皱缎媲美。其主要用于制作男女衬衫和女连衣裙等。

（25）闪光雪花缎　该织物的特点是绸面有雪花状闪光效应，手感柔软、挺爽、丰满，飘逸感强，具有较好的透气性、透湿性和悬垂感。其宜做春、秋季各式服装等。

（26）人丝软缎（玻璃缎）　人丝软缎的特点是质地柔软丰厚，缎面色泽鲜艳，明亮似镜，但缺乏桑蚕丝特有的肥润光泽。其宜作服装面料和里料，经绣花后可制作旗袍、晚礼服、晨衣、儿童斗篷、披风及绣花被面、枕套等。

（27）织闪缎　织闪缎的特点是质地厚实，富有弹性，色泽鲜艳。其宜作妇女春、秋、冬季服装面料等。

（28）闪色皱缎　闪色皱缎的特点是质地紧密厚实，手感滑糯、挺爽，织物较丰满，富有弹性，光泽肥亮，丝线不同收缩使绸面产生立体感。其宜做时装等，特别适合于做女性多元化时装。

（29）百花缎　百花缎的特点是质地厚实，缎面光亮，色彩鲜艳。其宜作女性中式或西式夹袄或棉袄面料等。

（30）修花缎　修花缎的特点是缎面平滑光亮，花纹色彩绚丽，手感柔软，表面具有绣花效果。其宜作女性西式服装和时装面料等。

（31）特美缎　特美缎的特点是质地丰厚，缎面肥亮平滑，花纹雄浑、粗犷，少光泽。其主要用作女性服装和童装面料及装饰用缎等。

（32）东丽缎　东丽缎的特点是织物隐显双色，正面缎纹中呈现暗花，反面有明显皱效应，具有真丝般的光泽以及良好的吸湿透气性，悬垂性好，手感柔软，穿着舒适。其宜做女性的上衣、裙子、旗袍等。

（33）丁香缎　丁香缎的特点是质地柔软，花地分明，色泽艳丽。其宜做女性春秋冬三季服装、儿童斗篷及被面等。

（34）似纹锦　似纹锦的特点是质地丰满，华丽精致，图案古色古香，具有织锦织物的效果。其宜做春秋冬季各式服装、戏剧服装、童装等。

（35）桑作缎　桑作缎的特点是质地坚实挺括，缎面平整光洁，光泽柔和，风格古朴典雅，为少数民族特需用缎。其主要用于制作妇女春秋冬季服装、男女中式袄面、少数民族袍（如蒙古袍等）和戏装等。

（36）桑绿缎　桑绿缎的特点是采用新开发的大豆蛋白纤维，织物既保持了真丝绸高雅飘逸、手感柔软、穿着舒适的特点，又具有较好的吸湿性能，织物紧密细致，尺寸稳定，悬垂性好，有羊绒般的外观。大豆蛋白纤维能抑制大肠杆菌、芽孢杆菌，具有抗毒耐洗的特殊功能，使织物锦上添花。其宜做高级时装、仿羊绒披巾等。

（37）克利缎　克利缎的特点与用途同桑作缎。

（38）丝毛缎　丝毛缎的特点是正反面呈现两种截面不同的风格：正面全部体现黏胶丝的风格特点，光洁、肥亮；而背面则完全体现羊毛纱的风格，绒毛长而松软。其宜做冬季夹克类服装等。

（39）花软缎　花软缎的特点是绸面光泽明亮，色泽柔和鲜艳，花纹明快，轮廓清晰，花型活泼，光彩夺目，富丽堂皇，富有民族风味，手感光滑柔软。其宜做女性春秋季各式夹衣、两用衫、旗袍、冬季棉袄面、婴儿斗篷、儿童服装、帽子以及少数民族门帘、床帘，哈尼族服装的袖边、裤边，傣族中旱傣服装的袖筒，布依族服装的飘带、围腰心，苗族服装的衣服嵌边、特大翻领、腰带，壮族、瑶族、苗族的服装镶边，朝鲜族妇女的上衣及袄面，还可做被面和褥面。

（40）素软缎　素软缎的特点是绸面光滑细洁，色泽鲜艳、明亮，缎背平滑光亮如镜，呈细斜纹状，手感柔软滑润。其宜做各类妇女服装、少数民族服装、镶边及镶嵌用料、儿童斗篷、艺装、童装、高级服装的衣里及毛毯镶边、绣花枕套、被面、锦旗等。

（41）金波缎　金波缎的特点是地部紧密、细致、挺括，有身骨，图案精巧活泼，花地分明，是高档传统产品之一。其主要用作秋冬季各类妇女袄面料及靠垫等装饰用缎。

（42）富贵绒　富贵绒的特点是纬线单纤是 0.5dtex 的超细丙纶和锦纶的复合丝，染整时，丙纶和锦纶剥离开纤，在织物表面形成强烈的短绒感，既有桑蚕丝优雅柔和的自然光泽，又有手感柔软、穿着舒适的绒样感。其宜做衬衫、上装、夹克衫等。

（43）闪光缎（朝霞缎）　闪光缎的特点是缎面闪光炫目，质地中型偏厚，纬花饱满，立体感强。纹样选用写意花卉，清地或半清地布局，以甲纬纬花为主体，用少量双经平纹侧影包边，以增强花纹立体效果。其主要用作妇女秋冬季各类服装（如夹旗袍、两用衫、中式或中西式夹衫、棉袄）面料及装饰用缎等。

（44）金银龙缎　金银龙缎的特点是质地紧密挺括，图案端庄典雅，具有浓郁的东方民族风格。其主要用作春秋冬三季各式妇女夹袄、棉袄、旗袍面料及高级装饰用缎等。

（45）醋酯天丝缎　该织物的特点是具有真丝般的光泽和柔软的手感，又有醋酯丝般挺括的身骨，外观具有双色效应。其宜做各式服装及装饰用缎等。

（46）金雕缎　金雕缎的特点是花纹具有浮雕立体感，似绣花贴花的风格，织纹凹凸饱满，质地丰厚而富有弹性。其宜作西式、中西式、各式服装面料及沙发面料等装饰用缎。

（47）特纬缎　特纬缎的特点是织物缎面光洁肥亮，纬花凸出饱满，具有高花效果。其宜做春、秋、冬季各式妇女衣袄和宴会礼服等。

（48）盈盈缎　盈盈缎的特点是织物的缎面饱满，富有弹性，花纹闪闪发光，立体感强。其主要用作秋、冬季各式妇女中、西服装和宴会礼服等的面料。

（49）锦益缎　锦益缎的特点是缎面色光柔和，细致平滑，纬花色泽鲜艳，色光明亮，图案清晰突出，是"五朵锦花"之一。其宜作春、秋、冬季各类妇女夹棉袄及中西式罩衫面料等。

（50）锦裕缎　锦裕缎的特点是手感柔软光滑，质地坚牢，耐穿，易洗、快干、免烫，风格接近锦乐缎，是"五朵锦花"之一。其宜作春、秋、冬季各妇女类袄、罩衫面料等。

（51）静波缎　静波缎的特点是缎面光泽闪亮，手感柔软，穿着舒适，宜做妇女衬衫等。

（52）锦乐缎　锦乐缎的特点是手感柔软光滑，绸身平挺，质地坚牢、丰厚而富有弹性，色光明亮，图案清晰雅观。其宜做妇女棉袄、中西式夹棉袄、两用衫和中老年服装等。

（53）汉纹缎　汉纹缎的特点是质地丰厚细腻，手感柔软，色彩图案古朴、典雅、别致，立体感强，具有古织锦风格。纹样题材以各种龙的姿态图案为中心，陪衬云纹、龙珠、如意纹等，半清地布局，图案细致精巧。其多作各式妇女棉袄、夹袄、夹旗袍面料及装饰用缎等。

（54）纱绒缎　纱绒缎的特点是缎面光亮，绒毛浓密，质地松软，保暖性好。其宜做各式男女服装、儿童斗篷及装饰用缎等。

（55）俏金缎　俏金缎的特点是缎面平整光洁，手感柔软而富有弹性，色泽鲜艳。其宜做春秋冬季各式妇女服装、罩衫、礼服、袄面及被面等。

（56）宾霸　宾霸的特点是光泽自然柔和，手感柔软，质地挺括，穿着舒适。其宜做宾馆一次性睡衣、绣衣、童装等。

（57）玉叶缎　玉叶缎的特点是缎面细洁紧密，光泽柔和，绸身平挺厚实，花纹瑰丽多彩。其宜作秋冬季各式妇女服装面料及装饰用缎等。

（58）婚纱缎　婚纱缎的特点是光泽肥亮，绸身挺括，吸湿性较好，穿着较舒适。其宜做婚纱礼服、夹克衫、上装等。

（59）立公缎　立公缎的特点是缎面富丽堂皇，色彩华丽，花纹具有立体感。纹样宽12cm，长度依花而定，题材以装饰性较强的中型变形花卉为主，满地排列，高花部分布局均匀，块面大小适中，连地五色。其宜作秋冬季各式妇女袄和外衣面料及装饰用缎等。

（60）玉霞缎　玉霞缎的特点是质地平挺柔滑，纬花瑰丽清晰，缎面丰满，光亮闪烁。纹样宽11.4cm，题材以写实花卉为主，一色为纬花，另一色作包边或陪衬花。其主要用作冬季妇女棉袄面料等。

（61）康福缎　康福缎的特点是质地坚实丰厚，色光柔和。提花纹样以变形花卉、团花和连续横条纹组成半清地布局。其专供日本和服用。

（62）幸福缎　幸福缎的特点是质地坚实丰厚，色光柔和，外观富丽堂皇。提花纹样以变形花卉、团花和连续横条纹组成半清地布局。其专供日本和服用。

（63）真丝大豆缎　真丝大豆缎的特点是缎面缜密、细腻、有光泽，既有真丝织物缎面高贵肥亮的特点，又有大豆蛋白纤维羊绒般的外观，手感柔软、蓬松，保暖性好，穿着舒适。由于桑蚕丝和大豆蛋白纤维吸色不一，能充分显示花卉的立体感和层次感，织物凹凸分明，阴暗相映成趣。其宜做睡衣及床上用品等。

（64）绒面缎　绒面缎的特点是质地轻柔糯软，花、地明亮相映。其宜做春秋冬季妇女服装、儿童服装、婴儿斗篷、帽子等。

（65）锦玲缎　锦玲缎的特点是质地平挺厚实，织纹细洁紧密。其宜做秋冬季妇女服装，戏装，蒙古族、满族、藏族等少数民族男、女大袍，以及装饰用品等。

（66）佳麻缎　佳麻缎具有双重风格，既有桑蚕丝织物光亮、细腻的特点，又有麻织物粗犷、凉爽的特征。其宜做春夏季时装及家纺类产品等。

（67）云风锦　云风锦的特点是质地丰厚，富有弹性，花纹图案凹凸饱满，金银色闪烁眩目。其宜做春秋外套、马甲、裙子三件套及装饰用缎等。

（68）印经拉绒缎　该织物的特点是质地丰厚，绒毛柔软，缎面印花图案色彩含蓄，绒花浓艳夺目。织花图案多为中小型朵花，宜清地散点排列，使印花、织花相互衬托。其宜作高级礼服、宴会服面料及装饰用缎等。

（69）古花缎　古花缎的特点是在印花的配色上选择鲜艳而不俗的多层次色彩，绸面具有绣花效果。纹样选用块面不大、粗细线条的写实形朵花图案或古色古香等类型，风格别致。其宜作春秋季妇女高级时装、礼服、中西式夹袄、棉袄、旗袍、唐装等的服装面料等。

（70）金玉缎　金玉缎的特点是缎面在平整细洁的缎纹地上起明亮的纬浮花，图案以花卉为主，也有少量团花，色泽鲜艳，光泽自然柔和，质地坚牢，手感厚实、挺括、有身骨，具有独特风格，是我国少数民族的特需用缎。其宜作秋冬季各类妇女服装、棉袄、皮袄、旗袍、儿童服装、婴儿斗篷等用料及舞台装饰用缎等。

（71）冰丝绒　冰丝绒的特点是纬线的单纤是 0.05tex 的超细纤维，织物染整时，纤维剥离开纤，表面有强烈的短绒感。织物既具有黏胶丝细腻、优雅的感觉，又有较好的透湿性，穿着的衣服外观有强烈的短绒感，悬垂性能好。其宜做衬衫、两用衫等。

（72）赛彩缎　赛彩缎的特点是缎地柔滑肥亮，图案新颖活泼，层次清晰，色彩丰富，具有高贵华丽的织锦效果。其主要制作春秋装、冬季袄面及复制床罩等。

（73）锦凤缎　锦凤缎的特点是缎地柔软、平挺、丰满，图案宾主分明，色光艳丽，具有交织织锦风格特征，是"五朵锦花"的派生品种。其主要用作春秋季妇女服装、冬季棉袄等。

（74）醋酯亚麻缎　该织物的特点是具有真丝般晶莹发亮的光泽，又有麻织物挺爽的手感，还有双色效应，悬垂性好，穿着舒适。其宜做各式服装、婚纱等。

（75）天霞缎　天霞缎的特点是质地紧密精致，色光灿烂。纹样宽 9.1cm，长 15cm 左右，用中小块面满地布局的民族图案、波斯图案或变形花卉为题材，一色或两色平涂纹样。其主要用作晚礼服、宴会服、高级袄面料及装饰用缎等。

（76）微纹缎　微纹缎的特点是质地柔厚丰满，花、地色光隐约含蓄。纹样宽 19.3cm，题材以外形轮廓不很规则的变形花卉和几何图案为主，半清地布局，图案以块面为宜，尽量避免直、横细线条，花形模糊不清。其宜作春、秋季妇女服装面料等。

（77）七星缎（七色缎）　七星缎的特点是色彩鲜艳，有严格的彩虹七色，每色条提花，图案清晰秀丽，或象征吉祥或符合儿童心理，绸身平挺，手感厚实，富有强烈的民族特色。其用于做朝鲜族学龄前儿童的生日礼服，也可做裙子、艺装及褥面等。

（78）梦素缎　梦素缎的特点是因纬线用真丝和特种涤纶复合（涤纶占 15%）加捻，既保持了原有真丝绸的质地，又使织物具有防缩抗皱的性能。其宜做高级披风等。

（79）双面缎　双面缎的特点是绸面平整光洁，花纹清晰完整。其主要用于制作女装、套装、旗袍、艺装、旅游装、童装、披风等。

（80）古香缎　古香缎的特点是绸面缎纹地上起有复杂细腻的纬花，花纹精致，颜色绚丽，花型多是古色古香的山水风景、花卉、古物、图案等，多色相，织物结构精细，质地紧密厚实，表面平整，富有光泽，缎面绚丽多彩，古雅美观，具有浓厚的民族风格和古色古香的色彩。从纹样上分有风景古香和花卉古香两种。前者的取材多为具有民族风格的山水风景、亭台楼阁、小桥流水等自然景物；后者的取材大都为具有民族特色的花卉。一般采用满地布局，且在缎纹地上显示泥土、影光的较多。其主要用于制作秋冬季各式妇女服装、少数民族妇女服装、高档女装、睡衣、礼服、旗袍、领带及台毯、被面、靠垫、窗帘、艺术欣赏品和装饰品等。

（81）皱缎　皱缎的特点是绸面平整柔滑，呈隐约的细皱纹，皱纹均匀，地纹光泽平淡，横向有不明显的波浪细皱纹，背面光泽好，花纹明亮，多为缎纹，质地紧密坚韧，手感柔软润滑。其用于制作春秋冬季各类妇女服装、艺装及绣花坯绸等。

（82）硬缎（上三纺缎）　硬缎的特点是缎面平挺光滑，细腻明亮，手感硬挺，色泽润亮，是我国少数民族特需用缎。其用于制作藏族、彝族、苗族妇女镶嵌服饰、围腰荷包及艺装等。

（83）慕本缎（朝阳缎、向阳缎）　慕本缎的特点是缎面平整光洁，平挺光滑，色泽鲜艳，花型图案大，并多用牡丹、杜鹃等花卉，质地坚牢耐穿用，手感丰满，舒适润滑，色泽以红绿为主。该织物是朝鲜族特需用缎，可做结婚时的床上用品，也可做女装、礼服、艺装、时装、童装等。

（84）光缎羽纱（人造丝羽纱）　光缎羽纱的特点是手感柔软，质地滑爽。其用于制作高档服装的里子等。

（85）织锦缎　织锦缎的特点是缎面光亮纯洁，细致紧密，质地平挺厚实，纬花丰满，花纹清晰，瑰丽多彩，鲜艳秀丽，光耀夺目，图案采用具有民族传统特色的梅、兰、竹、菊等四季花卉以及禽鸟动物和自然景物，形态多姿，富丽古朴，笔法工整，造型精细活泼，为传统高档丝织品，也是少数民族的特殊用缎。其宜做高级女士礼服、秋冬季各式妇女服装、旗袍、中装、女西装、艺装、戏剧装、领带、高级睡衣，蒙藏少数民族袍、维吾尔族被面、褥面，哈萨克族民族帽，朝鲜族妇女节日礼服，以及装饰、装帧用布等。

（86）锦益缎　锦益缎的特点是缎面细致平滑，色光柔和明亮，图案清晰醒目，大都为具有民族特色的梅、兰、竹、菊等花卉，手感柔软、光滑、活络，质地坚牢，耐穿用。色泽较淡雅，地花协调，具有图画特点，重彩浓艳。其宜做女装、艺装、时装、两用衫、便装、旗袍、袄面、民族装、睡衣以及家具装饰用品等。

六、锦

锦是指采用斜纹、缎纹等组织，经、纬无捻或加弱捻，绸面精致绚丽的多彩提花丝织物，

图 2-53　锦

如图 2-53 所示。采用精练、染色的桑蚕丝为主要原料，还常与彩色人造丝、金银丝交织。为了使织物色彩丰富，常用一纬轮换调抛颜色（俗称彩抛），或采用挖梭工艺，使织物在同一纬向幅宽内具有不同的色彩图案。锦类织物的特点是，质地较厚实丰满，外观五彩缤纷、富丽堂皇，花纹精致，古朴典雅，采用纹样多为龙、凤、仙鹤和梅、兰、竹、菊及文字"福、禄、寿、喜""吉祥如意"等民族花纹图案。宋锦、云锦、蜀锦是中国传统的三大名锦。锦类品种繁多，用途广泛，可用作妇女棉袄、夹袄、袄袍及少数民族大袍面料，也可用作挂屏、台毯、床罩、被面等，还可用于制作领带、腰带及各种高级礼品盒的封面及名贵书册的装帧等。

（1）宋锦　宋锦的特点是锦面平整光洁，结构精致，花纹清晰，织制精美，配色古雅，绚丽多彩，华丽庄重，具有明显的民族风格和宋代特征。宋锦的图案多是中小花纹，花型图案多是吉祥动物，例如，龙、麒麟、狮子以及装饰性花朵，早在宋代就有紫鸾鹊锦、青楼台锦、衲锦、皂方团百花锦、球路锦，以及天下乐、练鹊、绶带、瑞草、八达晕、翠色狮子、银钩晕、倒仙牡丹、白蛇龟纹、水藻戏鱼、红遍地芙蓉、红七宝金龙、黄地碧牡丹、红遍地杂花、方胜等40多种名目繁多的图案。一般在花朵、龙纹等花纹外围用圆形、多边形框起来。其主要做名贵字画、纪念相册、高级书籍等贵重礼品的高级装帧，也可用来做女装、艺装、中式便装及家具装饰。

（2）壮锦　壮锦的特点是质地柔软，富有弹性，图案丰富多彩，配色明快、强烈、鲜艳，色彩与图案均具有浓重的民族特色，是广西壮族自治区的民族传统织锦工艺品。壮锦花纹图案千姿百态，有梅花、蝴蝶、鲤鱼、水波纹等，线条粗壮有力，色彩艳丽，常用几种不同颜色的丝线织成，以原色为主，色彩对比强烈。其常用于做民族服饰、民族裙、中式袄、头巾、围巾以及被面、背包、台布、背带、坐垫、床毯、壁挂巾、屏风、装饰等。

（3）云锦　云锦的特点是绸面用圆金线作地，且大面积使用扁金线，光彩夺目，金碧辉煌，花型采用荷叶、牡丹等传统图案。质地紧密厚重，风格豪放饱满、典雅雄浑，属丝绸织品中的传统高档产品，也是少数民族的特需用锦。云锦包括库锦、库缎和妆花缎三大类。锦纹瑰丽，有如天空多彩变幻的云霞，故名。纹样布局严谨庄重，变化概括性强，用色浓艳，对比强，又常以片金钩边，白色相间和色晕过渡，图案具有浓厚朴实的传统风格，色彩富丽，别具一格。题材广泛，有大朵缠枝花和各种动物、植物、吉祥、八宝、暗八仙、"寿"字、瑞草，以及各种姿态的变幻云势等。纹样中宾主呼应，层次分明，花清地白，锦空匀齐。其用于少数民族做民族帽、镶衣边和围腰，也用于制作高级礼服、艺装、民族装及装饰品、艺术品等。

（4）蜀锦　蜀锦是我国传统名锦。其织纹细腻，质地坚韧、丰满、厚重，图案绚丽多彩，光泽柔和。纹样风格秀丽，配色典雅，色泽鲜艳，对比色强。蜀锦可分为经锦和纬锦两大类。根据图案和组织结构的不同，大体上可分为月华锦、雨丝锦、方方锦、浣花锦、民族锦、通海缎、铺地锦、散花锦、彩晕锦。蜀锦的图案，布景严谨庄重，纹样变化简练，层次丰富，主题突出。其多采用几何图案填花，配色上运用明快、鲜艳的色彩，充分体现出独特的典雅古朴的艺术风格。其主要用于男女服装、高级礼服、民族装及工艺美术制品和装饰用锦等。

（5）盒锦　盒锦的特点是质地轻薄细洁，图案、色彩端庄稳重，属宋锦的一种，花纹图案大多与盒子款式匹配，花纹满地正规，呈现对称连续的横条形图案。题材以动物纹（如云雁、狮子、鸾鹊、游龙、翔凤等）为主，并配以花卉纹，以牡丹、菊花、芙蓉、铁梗、荷花、梅、兰、竹等八花锦和十六花锦、二十四花锦为主题，配以八宝、祥云、瑞草等。其主要用作服装面料及书面装帧、装潢材料等。

（6）人丝织锦缎　该织物的特点是缎面精致光亮，色彩浓艳，图案古朴典雅端庄。纹样宽18cm，题材以具有民族风格的传统纹样居多，如梅、兰、竹、菊、写实花卉、寿字、八仙及虫鸟动物纹样，或波斯纹样。清地或半清地布局，用色连底四色，以乙纬、丙纬的纬花为主色，甲纬色包边或甲纬色纬花、乙纬色包边。其主要用于制作春秋冬季妇女服装、童装、晨衣及装帧、装饰用布。

（7）桑黏交织织锦缎　该织物的特点是缎面光洁精致，图案多姿、富丽、古朴，质地丰满柔挺，是我国有名的传统品种之一。纹样宽 18cm，题材常采用民族传统的梅、兰、竹、菊、暗八仙、福、禄、寿或禽鸟动物，以及少量波斯纹样，造型精细活泼，以清地、半清地布局，四方连续散点排列。其主要用于制作春秋季妇女时装、冬季袄面、晨衣、床罩及装帧、装饰用布等。

（8）金银人丝织锦缎　该织物的特点是地部细洁紧密，锦面闪烁、富丽豪华。其用途同桑黏交织织锦缎。

（9）苗锦　苗锦是苗族传统提花织物，色彩优美、鲜艳、明快。色彩较多，相互搭配过渡组成山形或菱形图案，彼此相套，形成醒目协调美，具有浓厚的民族风格。品种有素锦和彩锦两类。素锦以黑白为基调，也叫高山苗锦；彩锦则五彩缤纷，鲜艳明快，图案特征为几何形，有蚂拐花、狗脚花和羊禾眼等名目。其用于制作镶嵌服装衣领、袖套、后肩、裤脚、袖端、裙腰，也可做头巾、挎包、女装、节日礼服、脚套及装饰用品等。

（10）妆花缎　妆花缎的特点是质地细腻紧密淳厚，图案布局严谨庄重，纹样古朴，色彩艳丽，是云锦的代表品种，也是中国古代织锦技术最高水平的代表。纹样图案以饱满写实或写意大杂花卉为主，配以美丽枝干和行云、卧云、七巧云、如意云等。云纹变幻，运用主体花的色景和陪衬花的调和，以达到宾主呼应、层次分明、花清地白、锦空匀齐的效果。其宜做高级服装及装饰用布。古代用于制作龙袍等服装及装饰宫殿、庙堂和祭垫、神袍、伞盖等。

（11）土家锦　土家锦的特点是纹样粗犷、丰富，色彩艳丽，质地厚实，富有浓郁的土家族风格。纹样图案题材有动物、植物、花卉以及民间传说和人格化题材、生活用品题材；构图有连续性的几何菱形纹样排列、单一连续性模式长方形排列和连续交叉形排列，主花为轴，次花与边花对称，色彩以靛蓝和黑色为基调。其宜做服装、服饰及壁挂等。

（12）金陵锦　金陵锦的特点是质地挺括滑爽，色光柔和典雅，抛梭花纹艳丽。纹样宽 9.1cm，题材以写实或写意花卉为多，清地或半清地布局，抛花花纹宜朵花，分布在每回花纹中。该织物多用作妇女秋冬季服装面料及装饰用布等。

（13）天孙锦　天孙锦的特点是质地坚实平挺，花纹层次丰富，色彩艳丽。纹样宽 11.7cm，花纹满地或半清地布局，题材多为花草树木，在满地花纹中主花鲜艳突出，以经花及泥地组织为衬托，利用三色纬线及组织的变化显现出多种色彩及花卉，层次分明，纹样细致，色织不练。其宜做春、秋、冬季妇女服装及装饰用布。

（14）百花锦　百花锦的特点是精细华丽，花纹多彩，层次丰富。纹样宽 24cm，以写实花卉为主，花纹中型，半清地或满地布局。花纹以一组纬花为主体，其他三色纬花应相互镶色，以平纹和斜纹暗花作陪衬，以使花纹华丽雅致，并富有立体感，色织不练。其宜做春秋季妇女服装、冬季袄面等。

（15）异艳锦　异艳锦的特点是绸面挺括，色光富丽炫目，图案古朴典雅。纹样宽 12.2cm，题材以满地变形花卉和几何图案为多。以各色线条纬花和经花为主，在地纹上嵌缀各式环纹点子，色织不练。其宜作妇女礼服面料及装饰用等。

（16）翠竹锦　翠竹锦的特点是质地坚实挺括，金（银）光闪闪，花纹层次丰富清晰。纹样宽 18.2cm，题材以写意或变形花卉为多，布局以小块面为宜，各种平纹袋织与纬花相互衬托，层次丰富，色织不练。其宜作春、秋、冬季妇女服装面料等。

（17）金蕾锦　金蕾锦的特点是质地柔挺，横罗地纹清晰，花纹精细雅致。纹样宽 9.1cm，题材以写实花卉为多，清地或半清地布局，花纹线条细致，色织不练。其宜作春、秋、冬季妇女服装面料等。

（18）潇湘锦　潇湘锦的特点是质地柔挺，横罗纹地清晰，花纹精细。纹样宽 9cm，采用小型朵花散点排列，色织不练。其主要用作妇女服装面料等。

（19）彩经缎　彩经缎的特点是质地丰厚坚牢，花纹图案艳丽并富有立体感。纹样宽 12.1m，题材以写实花卉为多，半清地布局，花型块面要适中，以各色乙经经花为主，其彩花周围用甲、乙纬纬花包边衬托。其主要作春秋冬季妇女服装面料及装帧簿册封面、玩具等用。

（20）彩库锦（库金、织金）　彩库锦的特点是质地紧密、淳厚、精致，金银闪光夺目，高贵典雅，富有中华民族传统特色。纹样采用中小型花图素。其主要用于制作蒙古族、藏族、满族少数民族滚镶衣边、帽边和维吾尔族帽子等。

（21）琳琅缎　琳琅缎的特点是缎面精致，光泽柔和，图案生动，色彩艳丽夺目，金银闪光炫目。纹样宽 21.2cm，纹样取材于具有民族风格的传统写实图样，如梅、兰、竹、菊等花卉，或变化多姿的波斯图案，以中、小型块面和线条构图，笔法工整，造型精细活泼，半清地散点排列，也有满地布局。其主要用于制作高贵华丽的礼服、袄面及宾馆床罩、贴墙装饰用品等。

（22）明朗缎　明朗缎的特点是锦面光泽柔和，织纹精致，柔挺厚实，图案瑰丽多彩，并具有我国民族传统风格。其主要用于制作妇女袄面、春秋季时装及床罩、靠垫等。

七、绢

绢是指采用平纹或重平组织，经、纬线先染色或部分染色后进行色织或半色织套染的丝织物，如图 2-54 所示。采用桑蚕丝、人造丝纯织，也可采用桑蚕丝与人造丝或其他化纤丝交织。经、纬线不加捻或加弱捻。绢面平整，光泽自然柔和，质地细密挺爽。绢为丝织物中的高档产品，色织产品用于制作礼服、时装、滑雪衣、羽绒被套、床罩、毯镶边、领结、帽花、绢花等。生织绢主要用作书画、扇面、彩灯材料等。

图 2-54　绢

（1）花塔夫绢（花塔夫绸）　花塔夫绢的特点是质地平挺滑爽，织纹紧密细腻，花纹光亮突出，是丝织物中的高档产品。其主要作春秋季妇女服装、节日礼服及高级伞面、鸭绒被套、毛毯绲边、工艺品等用绢。

（2）素塔夫绢（塔夫绸、素塔夫绸）　素塔夫绢的特点是绸面紧密细洁，平挺光滑，光泽晶莹，富有丝鸣。其主要用于制作礼服、时装、风雨衣及羽绒被套、伞面等。

（3）绢纬塔夫绢（绢纬塔夫绸）　绢纬塔夫绢的特点是质地紧密挺爽，弹性好，绸面丰满。其宜作衬衫等服装用绢。

（4）桑格绢（格塔夫绸）　桑格绢的特点是质地细洁、轻薄、精致，手感滑爽平挺，绸面呈现彩色格子，格形图案美观大方，是一种高级熟丝织物。其宜作妇女时装、礼服面料等。

（5）节绢塔夫绢（节绢塔夫绸）　该织物的特点是质地缜密挺括，绸面有闪色效应，纬向竹节分布自如而别有风格。其宜做礼服、男女风衣套装、时装等。

（6）彩花绢纺　彩花绢纺的特点是手感柔糯，地纹素洁大方，彩经花纹均匀分布，五彩缤纷，风格别致，富有趣味，是中国传统绸缎产品。其宜做妇女夏季衬衫、连衣裙及装饰用品等。

（7）涤纶塔夫绢　该织物的特点是绸面平挺细密，制成的绢花具有形象逼真、鲜艳夺目、久用不变形，不褪色的优点。其主要用于制作服装、雨衣衬里及涤纶绢花、毛毯镶边、军工用品等。

（8）人丝塔夫绢（黏胶丝塔夫绢、人丝塔夫绸）　该织物的特点是绸面比桑蚕丝塔夫绸粗犷厚实，织物紧密、光洁、滑爽，色光优美柔和，晶莹悦目。其常用作春秋大衣里料，也可作羽绒被套、毛毯四边包边等。

（9）天香绢　天香绢的特点是绸面细洁、光滑、雅致，花纹层次较多，色彩丰富，质地紧密，轻薄柔软。其大多用作春秋冬季妇女服装、儿童斗篷面料及装饰用绢等。

（10）缤纷绢　缤纷绢的特点是绸面五彩缤纷，色彩秀丽，织纹层次丰富，质地柔和，挺括厚实。其主要用作春、秋、冬季妇女服装面料及服饰用绢等。

（11）和平绢　和平绢的特点是风格特征类似天香绢，但质地较柔和。其主要用作春秋冬季妇女服装、儿童服装、儿童斗篷面料及装饰用绢等。

（12）迎春绢　迎春绢的特点是绸面五彩缤纷，质地紧密柔和。其主要用作春秋冬季妇女服装、儿童服装和斗篷面料及装饰用绢等。

（13）绒地绢　绒地绢的特点是绸面在绒地上显示出色纬纬花、白纬纬花、经缎花以及色纬平纹暗花，绸面细洁，图案高雅艳丽，质地紧密柔和，绒毛光亮，密布满地。纹样以写意变形花卉为主，满地嵌有钩藤和细小不规则点子，布局灵活多变。其宜作春秋冬季妇女服装面料及装饰用绢等。

（14）西湖绢　西湖绢的特点是绸面色光柔和，彩抛点缀，质地紧密挺括，坚牢耐用。其主要用作秋冬季妇女服装和儿童服装面料等。

（15）丛花绢　丛花绢的特点是绸面呈现鲜艳多彩的花纹，图案明暗清晰，富有立体感，质地紧密，坚牢挺括。纹样宽18cm，题材以写实花草树木为主，多层衬托，重叠交映，花型生气勃勃。其宜作秋冬季妇女服装面料及装饰用绢等。

（16）繁花绢　繁花绢的特点是在淡雅的斜纹地上显现平纹朵花，在平纹上再加影光，布局细密，层次丰富，立体感强，质地紧密，弹性好。纹样宽11.7cm，以散点排列，纹地分明，配置均匀，以平纹及短浮花来显现花纹，并可配上泥地影光组织，增加花纹层次，达到织花的主体效果。其宜作秋冬季妇女服装面料及装饰用绢等。

（17）格夫绢　格夫绢的特点是绸面呈现闪烁的格形，质地平挺滑爽。系在素塔夫绢地上经、纬向有规则地嵌入少量金、银丝色铝皮而成，是一种高级塔夫织物。其宜做春秋季妇女服装、晚礼服等。

（18）格塔绢　格塔绢的特点是绸面紧密平挺，光泽柔和，格形层次丰富。其宜作男女雨衣、风雪衣及阳伞的面料等。

（19）挖花绢　挖花绢的特点是绢面通过提花多呈本色缎纹花，常在花纹中央拼嵌以突出醒目的彩色小花，素彩两花相套，彼此烘托，使绢面的花纹图案富有层次，更加生动美观，很有些苏绣风味。其主要用于制作女装、中式便装、棉袄面、艺装、民族装等。

八、绫

绫是以斜纹或变化斜纹为基础组织，表面具有明显的斜纹纹路，或以不同向组成山形、条格形以及阶梯形等花纹的花、素丝织物，如图 2-55 所示。原料大多为桑蚕丝和黏胶丝，经、纬丝不加捻，以生织为主，经整理为成品。素绫采用单一的斜纹或变化斜纹组织，如蚕维绫、真丝斜纹绸等；花绫的花样繁多，在斜纹地组织上常织有盘龙、对凤、环花、麒麟、孔雀、仙鹭、团寿等民族传统纹样，如文绮绫、桑花绫等。绫类织物光泽自然柔和，质地细腻，手感柔软，穿着舒适，适宜制作衬衣、头巾（长巾）、连衣裙、睡衣等。其中轻薄型绫宜做服装里子、裱装书画经卷以及装饰工艺品包装盒等。

图 2-55　绫

（1）真丝斜纹绸（桑丝绫）　真丝斜纹绸的特点是质地柔软光滑，光泽柔和，花色丰富多彩。其主要用于制作衬衫、连衣裙、绣花睡衣、方巾、长巾等。

（2）花绫　花绫的特点是织物结构较稀松，质地轻薄。花纹微亮，以回纹、团寿、龙凤、菱纹图案为主，古典雅致，并具有东方民族图案的特点。其常用作书画及高级礼盒裱糊装帧贴绸，也用作寿衣等。

（3）双宫斜纹绫　双宫斜纹绫的特点是质地中型偏薄，绸面具有不规则节粗、节细疙瘩效应的风格特征。其主要用于制作衬衫、连衣裙等。

（4）蚕维绫　蚕维绫的特点是质地较紧密，表面呈现粗细斜线，光泽柔和。其主要用于制作衬衫、连衣裙等夏季服装。

（5）宝带绸　宝带绸的特点是质地厚实，富有弹性，绫面文静雅致，是一种中档领带面料。

（6）文绮绸　文绮绸的特点是手感柔软、轻薄、挺括，富有弹性，光泽柔和，织花和印花图案相互衬托，图案古朴典雅。其宜做男女衬衫、连衣裙、头巾等。

（7）绢纬绫　绢纬绫的特点是质地中型偏薄，绸面微亮，纹路清晰，如同丝毛织物。其多用作服装、领带面料等。

（8）桑绫　桑绫的特点是绸面满布丝纱的不规则绵粒，质地丰厚坚牢，光泽柔和，斜格隐约可见。其宜作各种服装面料及装饰用绫等。

（9）桑花绫　桑花绫的特点是质地极轻薄，手感轻柔，花纹微亮，满地四方连续花纹，古朴典雅。纹样宽 17cm，纹样题材多为中小型满地连续回纹图案，上嵌变形团龙、团凤或其他菱形散点。其常用作装裱用绫，也可用于书画装帧、做寿衣等。

（10）文绮绫　文绮绫的特点是质地轻薄柔软，手感糯爽，光泽自然柔和，色调匀称，织物厚实，采用织花和印花相结合的图案，风格古朴典雅。其宜做男女衬衫、连衣裙、头巾等。

（11）素宁绸　素宁绸的特点是色光素洁、柔和，质地挺括，是南京的传统产品。其主要用作服装面料等。

（12）柞丝彩条绸　柞丝彩条绸的特点是质地柔软，富有弹性，纹路清晰，格型新颖，色泽鲜艳等。其宜做男女时装、衬衣、连衣裙等。

（13）柞花绫　柞花绫的特点是质地轻薄滑爽，光泽柔和，弹性、吸湿性、透气性良好。纹样以中小型、变形写意花卉为主，由于花、地组织不同，花纹排列应散布均匀，使绸面松紧一致。其宜做男女衬衫、连衣裙等。

（14）辛格绫　辛格绫的特点是绫面光洁，配色稳重、大方。其宜做各类职业服等。

（15）尼丝绫　尼丝绫的特点是绸面织纹清晰，质地柔软光滑，防水性能好。其常用于制作滑雪衣、雨衣及雨具里子等。

（16）涤丝绫　涤丝绫的特点是质地挺括滑爽，花纹细巧。其宜做夏季衬衫、连衣裙，经涂层防水整理后制作雨衣等。

（17）涤松绫　涤松绫的特点是质地松软而富有弹性，外观毛型感强。其宜作春夏季服装面料等。

（18）涤弹绫　涤弹绫的特点是质地挺爽，富有弹性，耐磨不起毛，并具有影条效应。其宜做西式上装、裤子、春秋两用衫等。

（19）海南绫　海南绫的特点是绸面具有水浪花纹，纹路清晰，织物平挺坚牢。其宜作春、秋季服装面料等。

（20）亮片弹力罗缎　该织物的特点是手感柔软，挺括滑糯，弹性和抗褶皱性好，光泽自然，透露出亮片丝的闪光，兼容了短纤棉纱和涤纶丝的双重风格。其宜做春秋季各类休闲服装等。

（21）美丽绸（美丽绫、高级里子绸）　美丽绸的特点是绸面光亮平滑，斜纹纹路细密清晰，手感平挺光滑，略带硬性，色泽鲜艳光亮，反面色光稍暗。其宜作高档服装里子绸等。

（22）人丝采芝绫　该织物的特点是绸面地部有隐约可见的闪闪细点纹，花部光滑明亮，质地中型偏薄。其宜作祆面料、寿衣料等。

（23）羽纱（夹里绸、里子绸、棉纬绫、棉纱绫、沙背绫）　羽纱的特点是绸面呈细斜纹纹路，手感柔软，富有光泽。其用于各式服装做里子等。

（24）蜡纱羽纱（蜡羽纱）　蜡纱羽纱的特点是手感略带硬性，比羽纱滑爽，光泽较足。其用于各式服装做里子等。

（25）靓爽牛仔绫　该织物的特点是用作内衣贴身穿着时，织物反面浮起的丙锦复合超细长丝通过芯吸效应，将人体表面的汗水带走，并被主要浮于织物上面的吸湿性能好的棉纤维吸收，在织物表面汽化，故穿着十分舒适。其宜做衬衫、上装等。

（26）锦纶羽纱　锦纶羽纱的特点是绸面呈细斜纹，呈山形或人字形直条，质地坚牢耐磨，手感疲软。其用于各式服装做里子等。

（27）棉线绫　棉线绫的外观与羽纱相仿，手感较厚实，爽滑挺括，坚牢耐用。其用于各式服装做里子等。

（28）棉纬绫　棉纬绫的特点与用途同棉线绫。

（29）白纹丝绫　白纹丝绫的特点是织物经染色后，其表面出现不规则、深浅不一、宽窄不一的白纹效果，产品新颖雅致，手感挺爽柔软，悬垂性好，服用性能优越。其宜做中档西服、西裤等。

（30）人丝羽纱　人丝羽纱的特点是绸面光亮平滑，斜纹纹路清晰，质地柔软，用于制作服装里子及方巾等。

（31）牛仔绫　牛仔绫的特点是质地丰厚、挺括，绫面蓝白交织，色光柔和、文雅，花地分明，具有提花牛仔布的效果。其宜做牛仔衫、牛仔裤、牛仔裙及牛仔包等。

（32）黏闪绫　由于黏胶丝与醋酯丝具有不同吸色性能，经一浴法染色后，黏闪绫绸面呈现闪色效果，通常为红闪绿、红闪黄、红闪品蓝或黑闪红等，具有似色织的特点，质地细洁平滑，纹路清晰。其主要用作秋、冬季外衣的衬里等。

（33）花黏绫（丁香绫） 花黏绫的特点是质地疏松柔软，具有不规则的粗泥点效果。纹样宽17.5cm，题材以写实花卉为主，清地或半清地布局，花纹轮廓简练圆滑，块面适中。其主要用于丧衣、寿衣及装饰等。

（34）采芝绫 采芝绫的特点是质地中型偏厚，地纹星点隐约可见。其宜做妇女春秋装、冬季袄面、儿童斗篷等。

（35）真丝大豆哔叽 该织物既具有桑蚕丝外观高雅、穿着舒适的特点，又有大豆纤维羊绒般的轻柔手感，织物自然松垂，并呈现特殊的闪烁效果。其宜做女式时装、男女休闲装等。

（36）桑黏绫 桑黏绫的特点是质地轻薄，光泽柔和，手感介于黏胶丝和桑蚕丝单织的斜纹绸之间。其用于制作服装里子、方巾等。

（37）柞绢和服绸 该织物的特点是由于柞绢纬丝条干不均匀，以及桑蚕丝、柞蚕丝的色泽不同，绸面有星星点点的芝麻效果。其主要用于制作和服。

（38）凤华绫 凤华绫的特点是质地细密，纹路清晰，手感柔软，富有弹性，光泽柔和鲜艳，透气性好。其宜作时装、连衣裙、印花领带的面料等。

（39）交织绫 交织绫的特点是质地柔滑坚牢，斜纹纹路清晰，闪色鲜明。其主要用于做大衣、服装里子等。

（40）棉纬美丽绸 该织物的特点是手感柔软，绸面光亮。其专用于做秋、冬季服装的里料。

（41）丝尔绫 丝尔绫的特点是手感柔软，光泽柔和，具有较佳的透气性和吸湿性，服用性能较好。其宜做春、夏、秋季各类服装等。

（42）绒面绫 绒面绫的特点是质地丰厚柔软，花色艳丽，绒毛浓密。其主要用作服装和儿童斗篷面料等。

（43）尼棉绫 尼棉绫的特点是质地厚实，绸面光滑，因锦纶和棉纱对染料吸附的性能不同，用一浴法染色后在深色经丝上，有闪中浅色的纬丝，如黑闪红、黑闪金黄等。闪色效果好，有色织的特点。其宜作妇女春、秋季服装面料等。

（44）广绫 广绫的特点是绸面斜纹纹路明显，质地轻薄，色光漂亮，光泽好，绸身略硬。其宜做夏令女装、衬衫、睡衣、连衣裙等。

（45）涤黏仿毛绫 该织物的特点是产品无极光，手感柔软，身骨挺括，绫面有绒毛感。其宜做冬季上装和中档西装等。

（46）真丝绫（斜纹绸、桑丝绫） 真丝绫的特点是绸面平整光洁，质地柔软，飘逸轻盈，花色丰富，色泽艳丽。其宜做女装、裙子、衬衫、睡衣、头巾等。

九、罗

罗是指全部或部分采用罗组织，纱孔明显地呈纵条、横条状分布的花、素丝织物，如图2-56所示。其中，外观具有横条形孔眼特征的称为横罗，

图2-56 罗

而外观具有直条形孔眼特征的称为直罗。大多采用桑蚕丝织制，也有少数采用锦纶丝织制。织物组织紧密结实，身骨平挺爽滑，透气性好，花纹雅致。常见品种有杭罗、帘锦罗等。其主要用于制作男女衬衫、两用衫等。

（1）杭罗（横罗、横条罗、直罗）　杭罗的特点是绸面排列着一行行有规律的罗纹纹孔形成的细小清晰的孔眼。其风格雅致，美观大方，质地紧密结实，经洗耐穿。纱孔透气通风，手感挺括、滑爽，穿着舒适凉爽。其宜做男、女夏季衬衫、长裤、短裤、夏装等。

（2）纹罗　纹罗的特点是质地轻薄，手感柔软，色泽明亮。其宜做各式服装及装饰用绸等。

（3）帘锦罗　帘锦罗的特点是表面具有纹纱罗形成的直条罗孔，质地轻薄挺括，悬垂性好，绸面花纹犹如在直条子门帘屋内观赏门外景物一般，别有情趣。其主要用于制作夏季服装及窗帘、装饰用品等。

十、纱

纱是指在地纹或花纹的全部或一部分，构成的具有纱孔的花、素丝织物，如图 2-57 所示。原料经纬丝大多采用桑蚕丝、锦纶丝、涤纶丝，纬丝还可用人造丝、金银丝及低

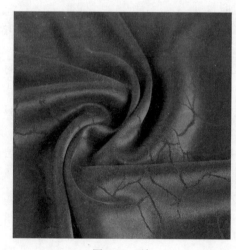

图 2-57　纱

特（高支）棉纱等。纱织物可分为素纱和提花的花纱两类。素纱多为生织，如萤波纱、化妆面纱。花纱多为熟织（色织），其结构大多采用单层纹组织，如芦山纱、莨纱等；也有采用重纬结构，多组色纬织制，可取得丰富多彩的外观效应。织物经后整理后，广泛用作妇女晚礼服、宴会服，以及蚊帐、窗帘和装饰用纱等。

（1）芦山纱　芦山纱的特点是绸面素洁，起细微皱纹，直条清晰并呈现分布均匀的纹纱孔眼，透气性好，暗花纹上显示分散均匀的微小亮点，手感轻薄、柔软、爽挺，质地坚牢。其宜做夏季中式服装、长衫、衬衫、女装、艺装、裙子、裤子等。

（2）莨纱（香云纱、拷纱）　莨纱的特点是绸面光滑，呈润亮的黑色，并有隐约可见的绞纱点子暗花，背面为棕红色，也有正反两面均为棕红色的。其挺爽柔滑，透湿散汗，透凉舒适，易染免烫等，宜做亚热带地区各种夏季便装、旗袍、香港衫、唐装等。

（3）西湖纱　西湖纱的特点是织纹细洁，纱孔清晰，花纹隐约可见，手感挺爽柔软，透风凉快，易洗、快干、免烫，宜做夏季服装及装饰用纱等。

（4）辽宁柞丝绸　该织物的特点是质地轻薄挺括，表面具有大小不等的菱形，且纹纱孔清晰，富有立体感。其宜做连衣裙及装饰用纱等。

（5）涤纶纱　涤纶纱的特点是绸面孔松、透明，质地轻薄、柔软，宜做服装、蚊帐及窗帘等装饰用纱。

（6）华珠纱　华珠纱的特点是绸面有均匀分布的纱孔，质地轻薄挺括，风格近似素月纱，宜做夏季服装及窗帘等装饰用品。

（7）闪光尼丝纱（闪光锦丝纱）　该织物的特点是质地轻薄透明，平挺滑爽，手感柔

挺，纱面闪光炫目，条子孔眼清晰。其宜做妇女头巾及窗帘等装饰用品。

（8）素月纱 素月纱的特点是绸面纱孔呈细小矩形，等距规律排列，点纹图案别致，质地平挺柔软，悬垂性好。其宜做夏季服装、蚊帐及窗帘等装饰用品。

（9）如心纱 如心纱的特点是质地中型偏薄，纱孔清晰，透气性好。其宜作衣料、裙料及装饰用料。

（10）锦玉纱 锦玉纱的特点是织物地部通透而平挺，花部呈现光亮的铝皮浮花和隐约闪光平纹花，花地分明，外观华丽。其宜做妇女高档服装，如晚礼服、宴会服，也可用作装饰用纱。

（11）萤波纱 萤波纱的特点是质地松软通透，绸面闪闪发光，风格别致，花式线具有较大的圆圈结子。其宜做妇女服装、服饰等。

（12）夏夜纱 夏夜纱的特点是地部亮而平挺，花部暗而通透，层次分明，花地相映，犹如盛夏夜空中闪烁的繁星，外观高贵华丽。其宜作妇女高档衣料，也可制作晚礼服及窗帘等装饰用品。

（13）碧玉纱 碧玉纱的特点是坯绸在整理时，锦纶丝产生收缩，有光黏胶丝和铝皮同时凸起形成高花，花亮地暗，层次分明，绸面闪烁点点星光，美观高雅。纹样宽18.2cm，题材和布局大致同凉艳纱，花纹中除有两色纬浮线条为主花外，两组纬花相互包边，纬花与地交界处再用平纹包边。其宜做女装、晚礼服、裙子、艺装及舞台装饰用品、高级窗帘等。

（14）凉艳纱 凉艳纱的特点是地部纱孔清晰可见、通透，花部微凸含蓄，色泽鲜艳，别具风格。纹样宽18.2cm，采用半清地、满地大型写意花卉或几何纹样，花纹四周平纹包边。其宜做晚礼服及装饰用品等。

（15）西浣纱 西浣纱的特点是在平纹地上均匀布满点点纱孔，质地紧密爽挺，绸面色彩淡雅，花地分明，缎花肥亮，并采用金、银色铝皮挖花点缀，花纹形象栩栩如生，风格含蓄别致。纹样18cm，题材常以花草为主，以小动物为陪衬花，如在朵花中串飞蝴蝶等，使纹样更为生动逼真。其宜做夏季衬衫、晚礼服、宴会服等。

（16）华丝纱 华丝纱的特点是绸身轻薄透亮，有亮点的花纹，外观类似芦山纱，但轻薄得多，手感滑爽。其主要用于制作女装、衬衫、艺装、纱巾及装饰用品等。

（17）香山纱 香山纱的特点是绸面皱纹稍粗且明显，质地稍密稍厚，弹性好，较坚牢。其主要用于制作衬衫、裙子、艺装、头巾、围巾及灯罩、装饰用品等。

十一、葛

葛是指用同一原料或不同原料织制的经细纬粗、经密纬稀的丝织物，如图2-58所示。经线一般采用人造丝，纬线采用粗棉纱或混纺纱，也有的经纬线均采用桑蚕丝或人造丝，采用平纹、经重平或急斜纹织制。质地厚实而坚牢，绸面少光泽，并具有粗细一致的横缕凸纹。品种有素葛和提花葛两类。素葛在绸面上仅呈横缕凸纹，提花葛则在横缕纹的地组织上呈现经缎花纹。其主要用于制作春、秋、冬季服装及坐垫和沙发面料等，也可作装饰用。

（1）特号葛（特号绸） 特号葛的特点是绸面平整光洁，以缎纹亮花为正面，质地柔软，坚韧耐穿，花纹清晰美观，色泽鲜艳，是葛类中较高档的品种。其主要用于制作春秋季服装、民族装、中式便装、冬季袄面及家具等的装饰用品。

（2）印花葛 印花葛的特点是绸面具有横缕纹路，织纹精致，光泽悦目，质地柔软。其

图 2-58　葛

宜作衬衣、睡衣等服装的面料等。

（3）明华葛　明华葛的特点是绸面经细纬粗，经密纬疏，具有明显的横绫纹效果。如满地嵌有规则短经浮暗纹，则呈现隐隐约约花明地暗的效果，质地较柔软。纹样宽 15cm，题材以写实或写意的梅、兰、竹、菊、寿字为主，或少量的团形龙、凤。以清地、半清地散点排到，用一色平涂绘画。如采用嵌地暗花，不需另绘出，只在意匠图上点绘即可。其宜做春秋季服装、冬季棉袄、维吾尔族妇女服装及装饰用品等。

（4）春风葛　春风葛的特点是绸面光洁，手感滑爽，风格与明华葛相类似。其宜作服装面料及装饰用葛等。

（5）新华葛　新华葛的特点是质地挺括滑爽，织纹细密雅致，外观及手感近似明华葛。其宜作男女服装面料及装饰用葛等。

（6）和平葛　和平葛的特点是绸面地部具有明显的横棱纹，花部以中型写实花卉为主，花明地暗，质地平滑。其宜做春秋季服装、冬季袄面、儿童斗篷等。

（7）文尚葛　文尚葛的特点是葛面平整光洁，呈现饱满而明显的横向细罗纹，罗纹清晰，色泽纯正，团花秀丽清楚，手感厚实滑爽，质地坚牢。产品正面色光柔和，反面亮光大，具有较强的民族特色。其宜做男女春、秋、冬季服装，中式便装，藏族、苗族、彝族服装，以及罩衣、袄面、童装和沙发套、窗帘、帷幕等装饰用品。

（8）金星葛　金星葛的特点是质地坚牢，满地分布中小块面的变形装饰花卉或几何图案，闪烁星光，花地凹凸分明，形成主体感较强的高花效果，主要用作时装、女装、艺装以及沙发套、坐垫、家具装饰用品等。

（9）似纹葛　似纹葛的特点是绸面呈现颗粒状横棱纹，质地坚牢挺括。其宜做棉袄罩衫和春、秋两用衫等。

（10）丝罗葛　丝罗葛的特点是质地厚实似毛葛，表面少光泽，光泽柔和，具有明显的横棱纹（因经细纬粗，经密纬稀，故绸面呈现横棱效应）。其主要用作棉袄面料等。

（11）素毛葛　素毛葛的特点是质地厚实，光泽柔和，绸面呈现明显的横棱纹。其主要用作春秋季服装和棉袄面料等。

（12）椰林葛　椰林葛的特点是绸面地部横棱纹清晰少光泽，花纹光亮、平滑，质地厚实。纹样宽 12.1cm，以写实花木为题材，清地或半清地散点排列，构图粗壮简朴。其宜作春秋季妇女时装、冬季袄面料等。

（13）春光葛　春光葛的特点是绸面上有横棱纹凸起，光泽柔和，质地坚牢。其主要用作男女冬季袄面料等。

（14）绢罗缎　绢罗缎的特点是经纬纱细度差异大，在绸面纬向形成等距离横条，纬效应突出，且具有大条丝绸粗犷豪放的外观效应。其主要用作男女服装面料及装饰用绸等。

（15）芝地葛　芝地葛的特点是绸面平整光洁，手感平挺，质地坚牢，花色文静，花纹美观，色泽鲜艳，新颖典雅。其宜做女装、民族装、中式便装及装饰用葛等。

十二、绨

绨是指用长丝作经，棉纱或蜡纱作纬，以平纹组织交织的丝织物，如图 2-59 所示。一般采用有光黏胶丝作经线与丝光棉纱作纬线交织的称线绨；与蜡纱纬交织的称蜡纱绨。蜡纱是由普通棉纱经上蜡而成，蜡纱表面绒毛少，条干光滑。用提花机或多臂机制织的有花纹线绨，通常称为花绨。绨类丝织物的特点是质地粗厚，织纹简洁而清晰。小花纹的花绨与素线绨一般用作服装和装饰用绨；大花纹的花绨用作被面和装饰用绨等。

图 2-59　绨

（1）一号绨　一号绨的特点是质地坚实丰厚，地纹光泽柔和，在地部平纹上显现出大、中、小型花纹。其主要用于制作春秋季服装、冬季袄面、夹衣、罩衣、童装、艺装及家具等装饰用绨。

（2）素绨　素绨的特点是质地粗厚、缜密，织纹简洁清晰，光泽柔和。其宜做男女冬季棉袄面料等。

（3）蜡线绨　蜡线绨的特点是绸面平整、滑爽、光亮，质地厚实，光泽柔和，多以亮点小花图案为主，也有团龙、团凤、竹叶、梅花等大图案花纹的品种。其主要用于制作男女单夹衣、罩衣、袄面、女装、童装、艺装及沙发面、靠垫、家具装饰等用绨。

（4）花线绨（小花绨、花绨、人丝花绨）　花线绨的特点是绸面平整紧密，表面呈现经起花小亮点，小花图案清晰，亮点散布均匀，排列紧密，身骨好，富有弹性。其主要用于制作男女夹衣、女装、罩衣、袄面、童装等。

（5）新纹绨　新纹绨的特点是质地坚实，光泽柔和。其主要用作男女棉袄面料等。

十三、绒

绒系指表面具有绒毛或绒圈的花、素丝织物，常称为丝绒，如图 2-60 所示。绒采用桑蚕丝或化纤长丝以平纹、斜纹、缎纹及其变化组织织制而成，织物质地柔软，绒毛、绒圈紧密，耸立或平卧，色泽鲜艳亮丽，手感柔软。绒类品种繁多，花式变化万千，按织制方法的不同，可分为四类：双层分割起绒的经起绒织物，双层分割起绒的纬起绒织物，用起绒杆形成绒圈或绒毛的绒织物，缎面浮经线或浮纬线通割的绒织物。按原料和织物后处理加工不同，又可分为真丝绒、人丝绒、交织绒和素色绒、印花绒、烂花绒、拷花绒、条格绒等。绒类丝织物是一种高级丝织物，适宜作服装、外套、帷幕、窗帘面料以及精美工艺品的包装盒用料等。

图 2-60　绒

（1）漳绒（天鹅绒）　漳绒的特点是绒圈和绒毛浓密耸立，呈现出丰满的彩色绒毛花纹，色光柔和，手感柔软舒适，质地坚牢耐磨。漳绒有花、素两类。表面全都是绒圈的为素漳绒；将部分绒圈按绘制的花纹割断成绒毛，使绒毛与绒圈相间构成花纹的为花漳绒。漳绒主要用于制作礼服、旗袍、艺装、时装、裙子及挂屏、手提包、礼品盒等装饰用料等。

(2) 俏绒绉　俏绒绉的特点是正反两面均为类似乔绒的地部，两层中间为黏胶丝，形成上下接结，接结高度 4mm 左右，织物表面具有不规则的皱纹。其宜做秋、冬季服装等。

(3) 金丝绒　金丝绒是采用手工割绒形成绒面。绒面的绒毛耸立，短而稠密，略呈倾斜状，但不如乔其立绒平整。其光泽纯亮，手感丰满柔软，是少数民族特需用绒。其宜做妇女服装和服装镶边、西装上衣、两用衫，以及少数民族妇女衣裙、马甲、民族帽及窗帘等装饰用品。

(4) 利亚绒　利亚绒的特点是绒面的绒毛丰满，比乔其立绒稍长而按纬向方向均匀倒伏，色泽鲜艳，光彩明亮夺目，手感柔软、丰满。其宜做高级服装、礼服、艺装、老年妇女帽子、童帽、妇女服装镶边以及帷幕、内窗帘、沙发面、礼盒装帧等装饰用绒。

(5) 漳缎　漳缎的特点是质地淳厚，缎地挺括坚牢，织纹清晰美丽，光泽鲜艳肥亮，绒毛耸密柔软，富丽华贵，具有浓郁的东方民族风格。其宜做妇女高级时装、艺装、少数民族袍子、鞋、帽以及高级窗帘、靠垫、沙发装饰等用绒。

(6) 弹力乔绒　弹力乔绒的特点是光泽好，立体感强，手感柔软，悬垂性好，雍容华贵，纬向富有弹性，衣服柔和贴体，富有线条美。其宜做旗袍、健美裤、套装、裙装等。

(7) 彩经绒　彩经绒的特点是绒毛耸密，色泽多彩艳丽，手感丰厚柔软，外观新颖而富有情趣。其宜做高级服装、披肩、少数民族服饰、儿童斗篷及装饰用绒等。

(8) 仿真乔绒　仿真乔绒的特点是织物悬垂性和手感良好，绒毛抗皱性和回弹性优良，穿着舒适，物美价廉。其宜做服装、旗袍、裙子等。

(9) 乔其绒　乔其立绒的绒毛耸密挺立，手感柔软，富有弹性，光泽柔和。烂花乔其绒花地分明，花纹绚丽别致。其主要用于制作妇女晚礼服、宴会服、围巾、少数民族服饰、连衣裙、短裙、民族小花帽及帷幕、沙发套、被面、窗帘、门帘等装饰用品。

(10) 闪金立绒　闪金立绒的特点是绒毛浓簇挺立，地部闪光，手感丰厚，弹性好。其宜做服装及装饰用布等。

(11) 金丝绒　金丝绒的特点是绒面毛丛密集耸立、丰满、均匀平整，绒毛稍有顺向倾斜，光泽纯亮，色光柔和，质地坚牢，手感柔软舒适，富有弹性。其宜做西装上衣、两用衫、裙子、服装镶边、少数民族妇女衣裙、马甲、民族帽等，也可作装饰用。

(12) 锦地绒　锦地绒的特点是质地柔软而较透明，绒花浓簇艳丽。其主要用于制作妇女衣裙、礼服，也作装饰用等。

(13) 烂花绒　烂花绒的特点是绒地轻薄，柔挺透明，绒毛浓艳密集，花地凹凸分明。其主要用于制作连衣裙、套裙、少数民族服装及装饰用绒等。

(14) 水晶绒　水晶绒的特点是质地丰厚，地部晶亮，绒毛浓密呈螺纹状。其宜作妇女服装面料及装饰用绒等。

(15) 万寿绒　万寿绒的特点是质地紧密挺括，花地分明，绒毛耸立。其宜作服装面料及装饰用绒等。

(16) 万紫绒　万紫绒的特点是质地丰满醇厚，绒毛浓密耸立，图案色彩雅观富丽，立体效果好。其主要用作高级时装面料及装饰用绒。

(17) 提花丝绒　提花丝绒的特点是运用双层分割法形成毛绒，提花毛绒紧密耸立，色泽浓艳光亮，绒地凹凸分明，富有立体感。其宜作妇女时装、晚礼服、宴会服面料及装饰用绒等。

（18）鸳鸯绒纱　鸳鸯绒纱的特点是采用双层割绒法，使上、下两幅织出表面具有阴、阳花纹绒毛，质地轻柔，绒毛糯软而略微倾伏，风格独特别致。其宜做时装及工艺装饰品等。

（19）锦绣绒　锦绣绒的特点是质地细腻丰厚，花纹闪光饱满，图案布局匀称，花地相映，风格独特别致。其主要用作妇女春季服装面料及高级沙发面料等。

（20）条影绒　条影绒的特点是以双层分割法形成毛绒，有隐约可见的光泽，绒毛呈直条纹，风格别致。其宜作服装面料及装饰用绒等。

（21）长毛绒（人造毛皮）　长毛绒的特点是采用双层分割法形成上、下两层绒毛，绒毛细长浓簇，卷曲自如，色光柔和，保暖性好，具有天然毛皮的外观和质感。其宜做服装、鞋帽及各种动物玩具，也作装饰用等。

（22）光辉绒　光辉绒的特点是绒毛倾伏，富有光辉，印花图案雍容华丽。其主要作外衣面料及装饰用等。

（23）高经密乔绒　该织物的特点是绒地丰满柔爽，绒毛浓密挺立。其主要用作服装面料及高级装饰用绒等。

（24）光明绒　光明绒的特点是质地轻柔爽挺，绒花浓簇耸立，丰满闪烁而富有立体感，具有高贵华丽的特殊风格。其主要用于制作连衣裙、礼服、外套、旗袍、艺装、民族装、裙子及装饰用绒等。

（25）立绒　立绒的特点是绒毛密集直立，较短而平整，光泽自然，质地柔软，绒毛坚牢，色泽鲜艳。其宜做女装、礼服、连衣裙、艺装、中式服装及帷幕、沙发面等装饰用绒。

（26）建绒　建绒的特点是绒毛浓密，色光乌黑发亮，有庄重富丽华贵之威。其宜做红袍、女装外套、礼服、艺装等。

（27）申丽绒　申丽绒的特点是绸面绒毛耸立，手感丰满柔软，色泽浓艳，色光柔和，绒毛短而密集，有耐压和一定的拒水性能。其宜做各类妇女服装、礼服、西式上装、艺装、老年妇女帽子、童帽、妇女服装镶边、围巾及装饰用绒等。

（28）乔其立绒（金丝立绒、交织立绒、立绒）　乔其立绒的特点是绒毛密集而挺立不倒，绒毛高度为 1.65～1.70mm，略短于乔其绒。绒面平整光洁，耐压而富有弹性，拒水性好，手感丰满柔软，色泽浓艳，色光柔和。其宜做各类妇女服装、礼服、西式上装、戏剧服装、围巾、老年妇女帽子、童帽、妇女服装镶边及装饰用绒等。

（29）申乐绒　申乐绒的特点是绒毛密而均匀，手感丰满柔软，色泽浓艳漂亮，色光自然柔和。其宜做女装、礼服、西装、艺装、童装、帽子、围巾及帷幕、窗帘、靠垫、台毯等。

（30）仿麂皮绒　防麂皮绒的特点是绒面布满细而密的绒毛，外观和手感酷似麂皮。其宜做麂皮服装、高级衬垫及家具布等。

十四、呢

呢是指采用皱组织、平纹、斜纹组织或其他短浮纹联合组织，应用较粗的经纬丝线织制，质地丰厚，具有毛型感的丝织物，如图 2-61 所示。因其具有毛织物的风格与视觉效果，故名"呢"，表面具有颗粒，凹凸明显，光泽自然柔和，皱纹丰满，质地松软厚实。根据呢类的外观可分为毛型呢和丝型呢两类。毛型是采用人造丝和棉纱或其他混纺纱并加捻的纱线，以平纹或斜纹组织制织，表面具有绒毛，少光泽，织纹粗犷，手感丰满松软的色织素呢

图 2-61　呢

织物，如丝毛呢、丰达呢等。丝型呢是采用桑蚕丝、人造丝为主要原料，以皱组织、斜纹组织制织，光泽自然柔和，质地紧密松软的提花呢织物，如博士呢、西湖呢等。此外，还有利用长丝织制的素色呢，坯呢经精练、染色等整理加工。呢类主要用作夹袄、棉袄、西式两用衫或装饰材料；轻薄型的呢类织物，可用于制作衬衣和连衣裙等。

（1）大伟呢　大伟呢的特点是绸面呈皱地暗花，色光柔和，花纹素静，反面则起亮光，质地紧密，手感厚实柔软，有毛型感，坚实耐用。其宜做长衫、衬衣、连衣裙、男女秋冬各式夹棉衣面等。

（2）精华呢　精华呢的特点是色彩均匀分布，色条配合恰当，色泽组合大方，手感挺爽，组织紧密，悬垂性好。其宜做薄型西服、夏季裤料等。

（3）博士呢　博士呢的特点是绸面起皱纹地，呈现隐约的细罗纹状，织纹精致，光泽柔和，富有弹性，背面起明亮的线条缎纹，手感厚实柔软，有毛料感。其宜做秋冬季男女各式夹棉衣面、长衫、中山装、青年装、夹克童装等。

（4）西服呢　西服呢的特点是织物有明暗相映、凸起颗粒的效果，新颖别致，风格粗犷、豪放。其宜做春、秋季西服等。

（5）花博士呢　花博士呢的特点是地部光泽柔和，织纹雅致；花部缎面光亮，花型古雅，暗地亮花，图案古朴端庄，手感爽挺，弹性好。其主要用作春秋服装及秋冬季夹棉袄面料等。

（6）西湖呢　西湖呢的特点是质地挺爽而富有弹性，花地清晰，光泽柔和。其主要用作春秋服装和冬季棉袄面料等。

（7）双色蜂巢呢　双色蜂巢呢的特点是织物挺括，强力高，手感柔软、细腻、丰满，回弹性好，毛型感强，呢面平整，耐磨性好。其宜做春秋冬季西服、女式套装等。

（8）爱美呢　爱美呢的特点是绸身刚糯，色光柔和，外观犹如仿毛呢绒，表面具有粗粒疙瘩的风格特征。其宜做男女服装、连衣裙及装饰用料等。

（9）秋波呢　秋波呢的特点是黏胶丝色点凸出绸面，风格别致，质地厚实，悬垂性好，手感糯滑，透气性佳，穿着舒适。其宜做裙衫、秋、冬季时装等。

（10）条影呢　条影呢的特点是质地厚实柔软，织纹清晰。其宜做男女西装和各种时装等。

（11）安东呢　安东呢的特点是质地丰厚坚牢，组织雅致，光泽柔和，弹性好，透气性佳，具有丝、毛织物的美观。其宜做男女夏季西装、防酸服装面料及工业过滤用料等。

（12）凹凸花呢　凹凸花呢的特点是绸面有明显的凹凸感，手感柔软、蓬松，弹性和悬垂性好，抗皱性和服用性能佳，外观丰满。其宜做时装等。

（13）凤艺绸　凤艺绸的特点是利用经细纬粗突出纬线的美感，呈现分布无规律、黑白交错的粗、细疙瘩，绸面粗犷丰满，色泽调和，质地厚实，具有立体感和毛型感。其宜作时装面料及高级装饰用绸等。

（14）凹凸绉　凹凸绉的特点是质地厚实柔软，绸面呈现凸条状，具有类似毛织物条花呢的风格特点。其宜作男女外衣面料及装饰用料等。

（15）人字呢　人字呢的特点是绸面粗犷奔放，质地厚实而柔软，既具有丝的光泽特性，又有毛织物的外观效应。其宜作男女西服和各式时装面料等。

（16）正文呢　正文呢的特点是立体感强，细条若隐若现，视觉大方，手感糯软、舒适、松爽，弹性优良。其宜做衬裙、时装等。

（17）丝毛呢　丝毛呢的特点是质地厚实而富有弹性，有毛型感。其宜做男女西装和套装等。

（18）混纺呢　混纺呢的特点是光泽柔和，富有弹性，具有近似毛织物的特征。其宜做西式服装和套装等。

（19）人丝花四维呢　该织物的特点是质地丰厚爽挺，光泽柔和，地部具有明显的横棱效果。其主要用作春、秋、冬季服装面料等。

（20）丰达呢　丰达呢的特点是绸面呈水浪形的空松斜条织纹粗犷，外观新颖，织物丰满，手感松爽。其宜做休闲夹克衫、时装等。

（21）四维呢　四维呢的特点是呢面平整，起有均匀的凸形罗纹条，手感柔软，光泽自然柔和，背面光泽润亮。其主要用于制作女装、中式便装、民族装、袄面、罩衣等。

（22）花如呢　花如呢的特点是呢面丰满柔和，少光泽。纹样宽17.5cm，题材为写意花卉或抽象图案，线条小块面满地布局，一色平涂。其主要用作服装面料等。

（23）纱士呢　纱士呢的特点是质地轻薄、平挺，手感滑爽，具有隐隐约约的点纹。其主要用作春夏秋季服装、冬季中老年男女服装、丝棉袄和驼毛棉袄面料等。

（24）纺绒呢　纺绒呢的特点是织物质地厚实，绒感丰满，手感柔软，光泽自然优雅，两种纤维的混色效果富有层次感。其宜做冬季外套等。

（25）康乐呢　康乐呢的特点是质地平挺松厚，手感滑爽，花纹明朗清晰。其宜作春、秋季服装面料和冬季袄面等。

（26）五一呢　五一呢的特点是外观似毛型呢织物，弹性好。其宜作冬季棉袄面料和裤料等。

（27）锦纶羊毛交织呢　该织物的特点是质地粗犷，手感丰满，弹性好，绸面疏松，有毛型感。其主要用于制作套裙、上装和袄面等。

（28）峰峦呢　峰峦呢的特点是织纹别致，外观凹凸感明显，立体感强，质地粗犷，手感柔软松糯，悬垂性好，透气性佳，穿着舒适。其宜做夏季时装等。

（29）晶花呢　晶花呢的特点是地纹隐约闪烁花纹，光泽柔和，手感丰满，弹性好，外观类似毛织物。其主要用作妇女春、秋、冬季服装面料等。

（30）新华呢　新华呢的特点是绸面粗犷少光泽，质地丰厚柔软，具有一定的抗褶皱能力。其主要用作棉袄面料及装饰用呢等。

（31）闪光呢　闪光呢的特点是绸面具有异色闪光及微凹凸效应，手感柔软丰厚。其主要用于制作春秋季两用衫、套装和冬季袄面等。

（32）益丰呢　益丰呢的特点是光泽柔和，黑丝形成小格和底色交相辉映，产生动感和新颖感，织物挺括有弹性，手感松爽，透气性好。其宜做秋、冬季时装和裙料等。

（33）云纹呢　云纹呢的特点是具有纬高花与毛型感的效果，立体感强，手感丰满，光泽柔和。其宜做妇女春秋季套装、上装、裙子等，也作装饰用呢等。

（34）荧光呢　荧光呢的特点是绸面织纹粗犷，印花色彩艳丽，银光点点闪烁，手感丰厚，富有弹性。其宜做西服、连衣裙、上装、套装及装饰用呢等。

（35）金格呢　金格呢的特点是质地丰厚，弹性好，色光隐约柔和，外观犹如毛织品。其宜做春秋冬季男女上装、套装、裙子及装饰用品等。

（36）绢丝哔叽呢（绢丝哔叽、丝哔叽）　该织物的特点是呢面光洁平整，纹路清晰，手感柔软，弹性好，抗皱性能强，吸湿性能好，具有毛织物风格。其宜做夏季西装、女装、两用衫、连衣裙、睡衣、裙子、童装等。

（37）华达呢　华达呢的特点是呢面呈清晰的斜向纹路，手感厚实柔软，弹性好，质地挺括、坚牢，毛型感较强，具有易洗、快干、免烫等特性。其宜作男、女、老、少的春、秋、冬季服装面料等。

十五、其他

（1）纯厂丝牛仔布　该织物的特点是光洁明亮，手感滑细，极富高级感。其宜做高级时装、女装等。

（2）纯绢丝牛仔布　该织物的特点是光洁明亮，手感柔软滑细。其宜做高级时装、女装、衬衫等。

（3）纯䌷丝牛仔布　该织物的特点是布面粗糙，捻度少，纱线蓬松，宜采用碱砂洗。经砂磨后，结粒疵点被磨成绒状，使布面柔细、平整，有呢绒糯滑感，吸湿性与服用性好，宜做衬衫、两用衫、西装、女装等。

第五节　服装用中长型化纤织物的鉴别与用途

中长型化纤织物，简称中长化纤。它是用中等长度的化学纤维混纺或纯纺织制的织物。所谓中长纤维，就是指其长度介于棉和羊毛纤维之间，即 51～76mm，纤维细度（纤度）为 2.2分特（2旦）～3.3分特（3旦）。中长型化纤织物是在改进后的棉纺设备上纺纱、织造的，其后整理基本上是仿毛纺织物。该织物比棉织物手感丰满，弹性好，抗皱性能强，成衣挺括，不易变形，强力好，耐磨，耐穿用。但与毛织物相比，其手感、光泽、外观以及吸湿性、保暖性等均较差。它的品种很多，一般多采用棉织物或毛织物的名称。例如，中长坚固呢、中长皱纹呢、中长啥咪呢、中长法兰绒等，其中以仿毛织物名称居多。

一、中长凡立丁

中长凡立丁又称中长平纹呢，如图 2-62 所示。它是用中长涤黏、涤富、涤腈等混纺纱以平纹组织织制的平布，多为色织，也有匹染产品。

中长凡立丁的主要特点是布面平整光洁，手感滑糯活络，弹性好，抗皱性能强。其主要用途是做中装、西装、两用衫、夹克衫、罩衣、女装等。

二、中长大衣呢

中长大衣呢是中长化纤仿粗纺呢绒大衣呢品种风格的化纤混纺织物，如图 2-63 所示。原料采用涤腈混纺纱或纯腈纶纱。部分产品还有在纤维中混入锦纶丝，使呢面有银色抢毛，制成银抢大衣呢；有的在呢面上织出花纹，在呢面绒毛中隐约可见，有如呢绒中拷花大衣呢风格，故称为中长拷花大衣呢。

中长大衣呢的主要特点是呢面丰满厚实，绒毛密立，织物厚实，手感柔软，保暖性好，光泽好，具有一定的毛型感。其花色繁多，色泽主要以混色深灰、黑色为主，也有咖啡、绿、黑色等。其主要用途是做男女长短大衣、时装、童装等。

图 2-62　中长凡立丁

图 2-63　中长大衣呢

三、中长元贡呢

中长元贡呢是用涤纶 65%、黏纤 35% 的混纺纱织制的化纤贡呢品种，属于色织产品，如图 2-64 所示。其主要特点是布身紧密挺括，手感厚实，光泽好，纹路清晰，色泽乌黑纯正，富有毛贡呢感。其主要用途是做长短大衣、猎装、女装、民族装、鞋面等。

四、中长马裤呢

中长马裤呢是用三上一下单面急斜纹组织织制的色织仿精纺呢绒马裤呢风格的中长织物，如图 2-65 所示。原料主要是涤黏混纺纱，也有腈纶、锦纶、维纶等化纤混纺产品。

图 2-64　中长元贡呢

图 2-65　中长马裤呢

中长马裤呢的主要特点是呢面光洁，织纹粗壮清晰，斜纹角度大，纹路凸出饱满，质地紧密厚重，弹性好，抗皱性能强，手感丰厚活络，光泽自然，具有一定的毛型感。其主要用途是做上衣、女装、军装、两用衫、猎装、夹克衫、套装、中山装、西装、长短大衣、裤子、帽子、童装等。

五、中长印花平布

中长印花平布又称中长印花布，是用涤纶 65%、黏纤 35% 的混纺纱以平纹组织织制的印花中长织物，如图 2-66 所示。中长印花平布的主要特点是布面平整光洁，布身挺括滑爽，具有薄型毛织物的风格，花纹图案新颖美观。全纱产品质量轻薄，花型图案印制美观，但耐磨性较差。全线产品类似毛薄花呢产品，布身厚实，耐穿用，毛型感强。中长印花平布的主要用途是做衬衫、女装、罩衣、童装、裙料以及家具装饰用布。

六、中长华达呢

中长华达呢是用涤纶 65％、黏纤 35％的混纺纱以二上二下斜纹组织织制的中长化纤织物，如图 2-67 所示。它的主要特点是织物平整光洁，纹路清晰，手感丰厚挺括，耐磨，耐穿用，成衣快干免烫。该织物的主要用途是做中山装、军便装、学生装、女装、西装、风雨衣、夹克、猎装、裙料等。

图 2-66　中长印花平布

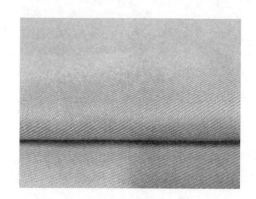

图 2-67　中长华达呢

七、单面中长华达呢

该织物采用涤黏中长纤维混纺纱织造而成，经纬纱均用混纺单纱，采用二上二下斜纹组织制织，如图 2-68 所示。色泽以朱棕、栗灰、深上青、黑色为主。该织物主要特点是布面光洁平整，不起毛，防水、防起球、防静电，不吸尘，富有弹性，具有较好的毛型感，色泽鲜艳，织物组织紧密，褶裥保形性较好。其适宜做西装、套装、中山装、青年装、两用衫、制服、工作服、风雪大衣、帽子等。

图 2-68　单面中长华达呢

图 2-69　中长条纹呢

八、中长条纹呢

中长条纹呢又称中长明条呢、中长条花呢等，是用涤纶 65%、黏纤 35% 或涤腈的混纺纱以平纹组织制织的中长化纤色织物，如图 2-69 所示。其主要特点是布面具有明显的直条花型，条有宽窄之别，条纹中嵌有不同色泽的嵌条线，类似于精纺呢绒中的条子花呢。它的主要用途是做西装、套装、女装、便装、青年装、两用衫、童装、裙子等。

九、中长克罗丁

中长克罗丁又称中长缎卡其、中长双纹呢，它是用 65% 涤纶、35% 黏纤的混纺纱，以四上一下、一上一下、四上二下、一上二下缎纹组织织制的印花或色织中长化纤织物，如图 2-70 所示。品种有印花克罗丁和色织克罗丁两种。布面呈双纹并列的斜纹，外观同于精纺呢绒的巧克丁（又称克罗丁）。它的主要特点是织物挺括厚实，纹路清晰，成衣挺括，悬垂性好，光泽好。印花克罗丁的色泽主要有深灰、蓝、棕、咖啡、黑色等，也有红、紫红、铁锈红色。色织克罗丁的色泽以混色灰、蟹青、混驼、蓝色为主，也有杂色产品。该织物的主要用途是做西装、女装、猎装、运动装、长短大衣等。

十、中长牛仔布

中长牛仔又称中长劳动呢，是用涤纶 65%、黏纤 35% 的混纺纱以斜纹组织织制的中长化纤色织物，如图 2-71 所示。它的主要特点是呢面光洁细密，纹路清晰，成衣挺括，耐磨耐穿，是中长化纤织物中比较厚重的品种之一。其主要用途是做夹克、猎装、牛仔裤、运动装、青年装、女装、工作服、时装、裙子等。

图 2-70　中长克罗丁

图 2-71　中长牛仔布

十一、中长法兰绒

中长法兰绒是用涤、黏或涤、腈的混纺纱以平纹或斜纹组织织制的仿粗纺呢绒中法兰绒的风格的中长混纺织物，如图 2-72 所示。品种有全线、半线和全纱。它的主要特点是呢面经起绒后，有丰满细洁的绒毛覆盖，绒毛匀齐，呢面紧密活络，手感丰厚舒适，保暖性好，色泽呈混灰夹花风格，配色均匀调和，仿毛型感强。色泽有深灰、浅灰、驼色、米色、妃色、茜红、浅蓝、湖蓝等。该织物主要做男女春秋套装、长短大衣、两用衫、女装、西装、夹克、运动装、裙子等。

十二、中长板丝呢

中长板丝呢是用涤黏和涤腈的混纺纱织制的仿精纺呢绒中板丝呢风格的中长化纤织物，如图 2-73 所示。色泽以混驼、混灰、蓝灰、棕、咖啡等色为主。其主要特点是呢面呈细格或小格状花纹，或用嵌线织成格形，也有比较安静的素色底纹。织纹清晰，配色协调。织物厚实，弹性好，毛型感强，服用面广。其主要做西装、套装、青年装、两用衫、运动装、夹克、猎装、中山装、学生装、女装、童装等，是用途较广泛的品种。

图 2-72　中长法兰绒

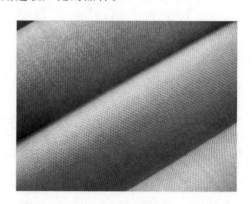

图 2-73　中长板丝呢

十三、中长皱纹呢

中长皱纹呢是用涤纶 65%、黏纤 35% 的混纺纱以皱组织织制的中长化纤织物，如图 2-74 所示。它的主要特点是布面有密集的皱纹，花纹细致美观，手感柔糯，质地厚实，色泽匀净，毛型感强。光泽自然柔和，抗皱性能强，一般成衣可免熨烫。其色泽多为蓝、绿、红、黑、墨绿，也有本色、浅粉、漂白、本白、豆绿、藕荷、驼色等。它的主要用途是做女装、时装、睡衣、浴衣、艺装、民族装、裙装以及窗帘、装饰用布等。

十四、中长花呢

中长花呢是涤黏、涤腈、涤富等混纺纱线以平纹、斜纹、变化斜纹以及提花组织织制的中长花呢色织品种（如图 2-75 所示），有男花呢和女花呢两种。男花呢的花色比较文雅素静，以条格花型为主，嵌以浅色、深色、花色的嵌条线等，有时还混纺织入异形化纤长丝（例如三角、中空等锦纶或涤纶长丝等）。女花呢比较鲜艳，以提花呢（大提花和小提花）为主，并夹织入各种花纱（例如毛巾线、结子线、竹节纱、金银丝、异形涤丝等），呢面显得丰富多彩。女花呢还用中长涤黏与弹力涤丝交织或用腈纶膨体纱织成，使花呢织物丰厚，弹性好，手感好，仿毛感强。

中长花呢的主要特点是呢面丰满，织纹清晰大方，花色品种丰富，色泽文雅，配色调和，弹性好，手感厚实，布身挺括滑糯，富有毛型感。其主要用途是做西装、女装、两用衫、套装、时装、便装、运动装、夹克、猎装、青年装、童装、裙子以及家具装饰用品等。

图 2-74　中长皱纹呢

图 2-75　中长花呢

十五、中长派力司

中长派力司是用涤黏或涤腈的混纺纱织制的仿精纺呢绒派力司风格的中长化纤织物，如图 2-76 所示。色泽以各类混灰色为主，也有驼灰、米色和蓝灰的产品。它的主要特点是呢面散布着均匀的雨丝痕，布身轻薄挺括，织纹清晰，手感滑爽，弹性好，抗皱性能强。有时，为了增加花式品种，夹织入结子线点缀布面，使织物具有仿麻效果。它的主要用途是做夏令中山装、两用衫、女装、军便服、学生装、猎装、裙子、青年装、运动装等。

十六、中长哔叽

中长哔叽是用涤纶 65％、黏纤 35％的混纺纱以二上二下斜纹组织织制的仿精纺呢绒哔叽的中长化纤品种，如图 2-77 所示。它的主要特点是布面平整光洁，斜纹清晰，色泽匀净，手感厚实、糯润、活络，富有毛型感。色泽以蓝色、藏青为主，也有黑色、咖啡、军绿等杂色品种。其主要用途是做中山装、军便装、学生装、女装、裙子、西装、套装、便装、两用衫等，是用途较广泛的品种之一。

图 2-76　中长派力司

图 2-77　中长哔叽

十七、中长啥味呢

中长啥味呢是用中长涤纶 65％和中长黏纤 35％的混纺纱以二上二下斜纹组织织制的仿精纺呢绒啥味呢产品风格的中长化纤织物，如图 2-78 所示。一般是用有色中长涤纶和白色中长黏纤混纺，使织物呢面呈现各种深浅不同的混灰、混驼、混蓝、混色蟹青等混色啥味呢外观，也有平素啥味呢产品。

中长啥味呢的主要特点是织物丰厚，富有弹性，具有精纺呢绒啥味呢的风格。质地挺括，穿着舒适，外观呈现十分均匀的夹花混色，文静而大方。呢面绒毛均匀整齐，混色调和均匀，起毛有磨毛和拉毛两种不同方式，重起绒产品不露地纹，轻起绒织物底斜纹隐约可见。光面中长啥味呢呢面光洁平整，纹路清晰，纱线条干均匀。它的主要用途是做中山装、西装、套装、学生装、女装、裙子、外套、猎装、青年装等，是用途广泛的织物品种，最适宜做春秋装。

十八、中长海力蒙

中长海力蒙是中长涤纶 65％、中长黏纤 35％的混纺纱织制的仿精纺呢绒中的海力蒙风格的涤黏中长化纤织物，如图 2-79 所示。其一般为全线色织产品，色泽以灰、驼、咖啡为主，也有米色、棕色、蓝色以及混杂色。

图 2-78　中长啥味呢

图 2-79　中长海力蒙

中长海力蒙的主要特点是呢面平整光洁，人字条纹清晰，色泽调和自然，呢面显得文雅大方。织物外观呈现大小宽窄不同的"人"字条纹，一般为了突出"人"字纹效果，多用经纬异色纱线制织形成深浅不同的"人"字，彼此叠接，使花纹更加明显和富于立体感。它的主要用途是做西装、套装、青年装、猎装、外套、女装、时装、运动装等。

十九、中长凉爽呢

中长凉爽呢是用中长涤腈各 50％或涤纶 65％、腈纶 35％的混纺纱以平纹或平纹与小提花联合组织织制的仿呢绒毛涤凉爽风格的涤腈中长化纤织物，如图 2-80 所示。中长凉爽呢是色织产品，色泽以浅灰、米色、浅驼、浅天蓝等淡雅的冷色调为主，也有部分粉、棕、锈红等暖色调的产品。

中长凉爽呢的主要特点是布面平整光洁，质地轻薄，手感滑挺爽，弹性好，色泽自然大方，成衣抗皱性能强，穿着舒适透凉，酷似毛涤凉爽呢。其主要用途是做西装、女装、时装、套装、学生装、青年装、便装、两用衫、裙子等，是春夏季男女服装面料。

二十、中长麻纱

中长麻纱是用中长涤纶65％、中长黏纤35％的混纺纱以纬重组织或纬重和小提花联合组织织制的麻纱类中长化纤织物，如图2-81所示。中长麻纱有杂色和印花两类品种。它的主要特点是布身轻薄挺括，色泽较浅，织纹清晰，透气性好，手感如麻，有一定的毛型感，适合春夏穿用。其主要用途是做衬衫、女装、童装、裙子等。

图 2-80　中长凉爽呢

图 2-81　中长麻纱

二十一、中长隐条呢

中长隐条呢是用中长涤纶65％、中长黏纤35％或中长涤纶、腈纶各50％的混纺纱以平纹组织织制的仿精纺呢绒中隐条薄花呢和毛涤纶织物风格的中长化纤织物，如图2-82所示。采用不同捻向的纱线，在经向间隔排列，经染整后，布面上就呈现了协调的隐条。这种隐条条形是由于纱线捻向的不同，使光线的反射不同而得到的，可以给人们的目光以舒适的感觉。

中长隐条呢的特点是呢面呈现宽窄不同的隐约可见的条纹，使织物兼有平素和条花呢的风格，花素结合，文雅大方、美观，具有静中有动、素中有花的文雅秀丽感，色泽均匀，光泽好，呢面挺括平整，毛型感强。该织物的颜色以中深色为主，也有浅灰、浅驼、米色以及混杂色。其主要用途是做中山装、军便装、学生装、西装、便装、罩衣、女装、裙子等，是四季皆可穿用的衣料。

二十二、中长提花呢

中长提花呢是用中长涤纶65％、中长黏纤35％或中长涤腈各50％的混纺纱以平纹小提花、斜纹小提花及全幅大提花组织织制的仿呢绒和丝绸提花图案的中长化纤织物，如图2-83所示。它的主要特点是呢面配色协调，花色配合富丽堂皇，提花图案美观，富有艺术性，具有一定的仿毛或仿丝绸感。其主要用途是做女装、时装、套装、艺装、礼服、童装以及被面、家具装饰用品等。

图 2-82　中长隐条呢

图 2-83　中长提花呢

二十三、中长巴拿马

中长巴拿马是中长仿毛型织物，如图 2-84 所示，是由巴拿马衍生而来。现用中长化纤混纺股线生产中长巴拿马，其织物有厚、中、薄三种类型。厚型的经、纬纱使用粗细不同的股线，其特数之比为 4∶1，而中、薄型的经、纬纱采用相同特数的股线，一般用平纹组织织制，也有采用方平组织织制的。

图 2-84　中长巴拿马

中长巴拿马具有粗犷自然的风格，织物表面呈现出饱满凸出的颗粒，织物质地丰满厚实，穿着舒适，透气性好，仿毛型感强。该织物可用作一年四季各种服装面料，以及鞋、帽面料和窗帘等装饰用织物。

第六节　服装用针织面料的鉴别与用途

针织面料是指用针织方法形成的面料。针织面料和梭（机）织面料的最大区别是纱线在织物中的形态不同。针织以线圈的形式相互连接，不像梭织物中近似平行或垂直的纱线，当然针织组织中也有衬经衬纬组织带有平行或垂直的纱线，但它们都穿插在线图中。构成针织物的基本结构单元为线圈，决定是否为针织物，只要看布的结构中是否有线圈。有些织物从外观上看像针织物，但没有线圈；相反，有些织物从外观上看似梭织物，而往往是由连续的线圈形成的针织物。此外，针织物按编织方式的不同分为纬编和经编两类。

一、纬编针织面料

纬编是编织时将一根或数根纱线分别由纬向喂入针织机的工作针上，使纱线顺序地弯曲成圈并相互串套而成织物。

（一）汗布

汗布是由一根纱线沿着线圈横列顺序形成线圈的单面组织的薄型纬平针织物，如图 2-

85所示。其正面有圈柱构成的纵向条纹，反面是圈弧构成的横向条纹，布面光洁，纹路清晰，质地细密，手感滑爽，纵、横向具有较好的延伸性，且横向比纵向更易延伸，因其吸湿性与透气性较好，常做贴身穿着的服装，如各种款式的汗衫和背心。汗布一般用细号或中号纯棉、混纺纱线或涤纶、腈纶纱编织成单面纬平针组织，再经漂染、印花、整理。

图 2-85 汗布

（1）纬平针织面料 该织物的特点是两面具有不同的外观，正面显露的是与线圈纵行配置成一定角度的圈柱组成的纵向条纹，反面显露的是与线圈横列同向配置的圈弧组成的横向条纹。其一般用于制作内衣、外衣、手套、袜子等，也可制作包装用布等。

（2）漂白汗布 漂白汗布的特点同纬平针织面料，但白度不如加了荧光增白剂而得到的特白汗布。其宜做背心、三角裤、圆领衫等内衣。

（3）特白汗布 特白汗布的特点同纬平针织面料。由于荧光增白剂能吸收紫外光波，其中部分转变成可见光波而增强了织物的白度，上蓝能加强视觉的白度感。其宜做背心、三角裤、圆领衫等内衣。

（4）烧毛丝光汗布 该织物是经烧毛、丝光工艺加工的针织物，具有良好的光泽，手感平滑，染色后色泽鲜艳，坯布的弹性和强力增加，吸湿性好，缩水变形较小。近年来，一般高档针织产品均采用这种面料。其宜做高档针织内衣、T恤衫等。

（5）素色汗布 素色汗布的服用性有所改善，宜做背心、三角裤、圆领衫等内衣。

（6）印花汗布 印花汗布的特点是表面具有根据设计不同而印制的各种花纹图案，可以紧随流行趋势，作为时尚内、外衣的面料。其宜做各种内衣或内衣外穿形式的服装。

（7）彩横条汗布 彩横条汗布的表面具有各种彩色横条，可以根据流行趋势，变化横条的宽窄、色泽，作为时尚内、外衣的面料。用蓝白两色纱线间隔编织的汗布称为海军条汗布。其宜做各种内衣或内衣外穿形式的服装。

（8）彩条莱卡汗布 该织物除了根据设计在织物表面编制不同的彩色横条以外，还具有很好的弹性，提高穿着的舒适性。其宜做各种舒适内衣和紧身衣。

（9）混纺汗布 混纺纱的应用目的是使两种原料纱线的性能达到优势互补，如涤/棉混纺既具有涤纶耐磨性好、强度高、耐霉蛀、耐气候性好、尺寸稳定、保形性好的优点，又具有棉吸湿性与透气性较好的优点。再如涤/麻混纺汗布具有麻纤维特有的滑爽性能，棉/麻混纺汗布既具有柔软、吸湿性与透气性好的优点，又具有滑爽的特点。尤宜制作夏衣。

（10）真丝汗布 真丝汗布的特点是富有天然光泽，手感柔软、滑爽，弹性和悬垂性较好，有飘逸感，穿着时贴身、舒适，有良好的吸汗性与散湿性。真丝的耐碱性弱，对酸有一定的稳定性，但受盐的影响很大，若纯丝汗衫长期受汗水浸蚀，则会影响服用性能，甚至出现破洞。其可制作高档内外衣、女礼服、裙衫等。

（11）苎麻汗布 苎麻汗布比纯棉汗布硬、挺、爽、结实，外观粗犷自然，吸湿散热快，出汗后不贴身，不易吸附尘埃，但弹性恢复差，不耐褶皱。苎麻经过改性处理后更显出其独特的风格，同时增加了手感的柔软性，特别适宜制作夏季衣衫。

（12）涤纶汗布　涤纶汗布的特点是具有优良的耐皱性、弹性和尺寸稳定性，织物挺括、易洗快干、耐摩擦、牢度好、不霉不蛀，但吸湿性、透气性、染色性较差。其可制作汗衫、背心、翻领衫等。

（13）腈纶汗布　腈纶汗布的特点是弹性好，手感柔软，染色性能较好，色泽鲜艳且不易褪色，吸湿性较差，易洗快干，洗涤后不变形，但摩擦后易产生静电作用而吸附灰尘，故不耐脏。其主要用于制作翻领扣子衫、汗衫、汗背心、运动衣裤等。

（二）罗纹针织面料

罗纹针织面料是由一根纱线依次在正面和反面形成线圈纵行的针织物，如图 2-86 所示。

图 2-86　罗纹针织面料

它是纬编双面原组织，其外观特征是正反面都呈现正面线圈，织物具有较大的延伸性和弹性。脱散性与织物的密度、纱线的摩擦力等有关。正反面线圈相同的罗纹，卷边力彼此平衡。正反面线圈不同的罗纹，相同纵行可以产生包卷的现象。不同的罗纹针织面料是由正面线圈纵行与反面线圈纵行以一定比例配置而成的。常见的有 1+1 罗纹（平罗纹）、2+2 罗纹、氨纶罗纹。该织物根据正反面线圈纵行组合的不同可以有变化多端的宽窄不同的纵向凹凸条纹外观。特别是在横向拉伸时具有较大的弹性和延伸性，且面料不会出现卷边现象，但面料中线圈断裂时可以逆编织方向脱散。其用于缝制夏季内衣、针织服装的领口及饰边、游泳衣裤等。

（1）米兰罗纹针织面料　该织物的特点是由于空气层的存在，织物厚度加大，弹性有所下降，但尺寸稳定性好，保暖性好。一般用作外衣面料。

（2）氨纶罗纹面料　该织物结构更显紧密，弹性更好，用于制作弹性较大的服装和服装的弹性部位（如边口）等。

（3）提花罗纹面料　该织物的特点是既有直条纹外观，又有在移圈处因线圈纵行中断而呈现的孔眼效应。如果线圈的转移在同一针床相邻织针上进行，则织物上的孔眼较清晰，如果线圈的转移是在相对针床的相邻织针上进行，则织物上的孔眼较小。提花罗纹面料的横向弹性好，延伸性好，没有卷边现象，有逆编织方向脱散的现象。由于移圈，面料的牢度有所降低。其主要用于缝制内衣、外衣和装饰用料等。

（4）复合罗纹面料　该织物的特点是空气层罗纹面料横向延伸性较小，尺寸稳定性好，织物厚实挺括，两面外观完全相同，坯布裁剪时不会出现卷边现象。瑞式点纹面料结构紧密，横密较大，而法式点纹面料具有线圈纵行纹路清晰、表面丰满、横密较小等特点。其主要用于缝制运动衫裤和外衣等。

（三）双反面针织面料

双反面针织面料是由一根纱线依次在正面和反面形成线圈纵行的针织物，如图 2-87 所示。它是纬编双面原组织，其外观特征是正反面都呈现正面线圈，织物具有较大的延伸性和弹性。脱散性与织物的密度、纱线的摩擦力等有关。正反面线圈相同的罗纹，卷边力彼此平衡，不卷边。正反面线圈不同的罗纹，相同纵行可以产生包卷的现象。双反面针织面料的品种规格较多，根据织物的组织结构，分为平纹双反面织物和花色双反面织物。平纹双反面织物常用 1＋1、2＋2 或 1＋3 等双反面组织。花色双反面织物有各种花纹效应，如在织物表面根据要求混合配置正、反面线圈，则可形成正面线圈下凹、反面线圈凸起的凹凸针织物；又如，在凹凸针织物中变化线圈颜色，则可形成既有色彩、又有凹凸效应的提花凹凸针织物。该面料在纵向拉伸时具有较大的弹性和延伸性，且纵向与

图 2-87　双反面针织面料

横向的弹性及延伸性相接近。织物比较厚实，无卷边现象，但有顺、逆编织方向脱散的可能。该织物适宜制作婴儿装、童装、袜子、手套和各种运动衫、羊毛衫等成形服装，应用范围极广。在双反面针织面料基础之上增加了更多的色彩或者凹凸花纹，便是花式双反面针织面料，面料更时尚。

（四）双罗纹针织面料

双罗纹针织面料是由两个罗纹交叉组织复合而成，属于双面组织的变化组织，如图 2-88 所示，俗称棉毛组织。双罗纹织物的延伸性和弹性都比罗纹织物小，而且个别线圈断裂，因受另一罗纹组织线圈摩擦的阻碍，脱散不容易进行。双罗纹织物不卷边，表面平整而且保暖性好。常见的有本色棉毛布、印花棉毛布、抽条棉毛布、凹凸棉毛布等。

图 2-88　双罗纹针织面料

（1）本色棉毛布　该织物的特点是织物丰满，纵行纹路清晰，保暖性好，弹性较优良，一般用来制作棉毛衫、裤等。

（2）涤纶针织灯芯条面料　该织物的特点是凹凸分明，手感厚实饱满，弹性和保热性良好，主要用于缝制男女上装、套装、风衣、童装等。

（3）港型针织呢绒　该织物的特点是既有羊绒织物滑糯、柔软、蓬松的手感，又有丝织物光泽柔和、悬垂性好、不缩水、透气性强的特点。其主要用于缝制春、秋、冬季服装等。

（4）凹凸纹网眼棉毛布　该织物的特点是可以利用集圈位置交替和数量上的变化，织出各种图案的网眼外观或使织物产生凹凸纹效果，有双层立体感，增加织物的透气性，弹性较优良。用较粗的纱线编织的面料可制作上装，用较细的纱线编织的面料可制作衬衣等。

（5）抽条棉毛布　该织物的特点是可以利用停止工作织针位置的变化，织出各种不同宽窄、不同外观的纵向凹凸条纹，立体感强，弹性好，可用于缝制内、外衣等。

（6）彩条棉毛布　该织物的特点是织物用色纱编织；色纱排列可以是彩色纵条、横条或斑点。织物丰满，纵行纹路清晰，保暖性好，弹性优良。其可用于缝制内、外衣以及装饰用

料等。

（7）印花棉毛布　该织物的特点是表面可以设计不同的花纹或图案，利用棉毛布平整的外观和花色制作流行服装的面料。其可以作时尚内、外衣的面料等。

（8）法兰绒针织面料　该织物的特点是采用的混色纱多为散纤维染色，主要是黑白混色配成不同深浅的灰色或其他颜色，经起绒整理后外观酷似法兰绒，面料手感柔软，绒面细腻丰满，保暖性好。其适宜缝制针织西裤、上衣和童装等。

（五）添纱针织面料

添纱针织面料（如图 2-89 所示）的一部分或全部线圈是由两根或两根以上纱线形成的。

图 2-89　添纱针织面料

添纱针织面料可以是单面的也可以是双面的，可以编织成单色的也可以编织成多色的。添纱针织面料的正、反面有不同的色泽或性质（如丝盖棉），或针织物的正面具有花纹（如绣花添纱），亦可以消除针织物线圈的歪斜（不同捻向的纱线）。根据用纱情况形成的面料可制作外衣或舒适内衣等。

（1）变换添纱针织面料　该织物的特点是外观可以根据两根纱线交换而出现别样花纹，使之形成提花效果，又可以做两面穿服装面料。其可用于制作两面穿内、外衣或编织羊毛衫、袜子等。

（2）架空添纱针织面料　该织物的特点是外观可以根据一根纱线编织位置的变化，形成不同花纹或图案镂空效果，既可增强透气性，又可作为装饰性面料。其可用于制作夏装或装饰性服装等。

（六）衬垫针织面料

衬垫针织面料（如图 2-90 所示）是以一根或几根衬垫纱线按一定比例在织物的某些线圈上形成不封闭的圆弧，在其他的线圈上呈浮线停留在织物反面。起绒针织面料是对衬垫针织物的反面浮线进行拉毛处理，使之形成绒面。起绒用的衬垫纱宜采用粗支纱，且捻度要小，按纱线粗细不同，拉出的绒面厚薄不同，可有厚、薄细绒。该织物厚实，手感柔软，保暖性好。织物的正面类同于纬平针地组织，衬垫纱的悬弧和浮线根据要求可以按 1∶1、1∶2 或 1∶3 等比例显现在织物的反面，成为弧状（鱼鳞状）。衬垫织物的横向延伸性较小，厚度增加，因衬垫纱较粗，织物的反面呈现较粗糙外观，主要用于制作运动衣、休闲装、外衣或装饰布。

（1）起绒针织面料　该织物的特点是正面呈纬平针织组织的外观，反面呈现稠密短细的绒毛而看不见织纹，具有一定的弹性和延伸性，手感柔软，织物厚实，保暖性好，可用于缝制冬季绒衫裤、运动衣和外衣，也可供装饰和工业用等。

（2）厚绒布　厚绒布一般为纯棉和腈纶产品，正面是纬平针织组织的外观，反面绒毛较长，看不

图 2-90　衬垫针织面料

见织纹，绒面疏松，面料较厚，保暖性好。其常用于制作冬季绒衫裤。

（3）薄绒布　纯棉薄绒布柔软，保暖性好。化纤类如腈纶薄绒布色泽鲜艳，绒毛均匀，缩水率小，保暖性好。其主要用于制作运动衫裤、春秋季绒衫裤等。

（4）细绒布　细绒布的特点是绒面较薄，布面细洁、美观。纯棉类细绒布的干燥单位面积质量为 $270g/m^2$ 左右；腈纶类细绒布较轻，其干燥单位面积质量为 $220g/m^2$ 左右。其主要用于制作妇女和儿童的内衣，也用于制作运动衣和外衣等。

（5）驼绒针织面料　该织物又称骆驼绒，是用棉纱和毛纱交织成的起绒针织物，因织物绒面外观与骆驼的绒毛相似而得名。其特点是表面绒毛丰满，质地松软，保暖性和延伸性好，是用于制作服装、鞋帽、手套等衣着用品的良好衬里材料。

（6）针织灯芯绒面料　该织物的特点是外观类似梭（机）织灯芯绒，但具有良好的弹性和手感，穿着舒适。其宜作外衣及家具装饰用布等。

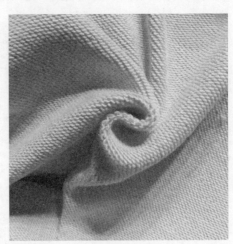

图 2-91　毛圈布

（七）毛圈布

毛圈布是由平针线圈和带有拉长沉降弧的毛圈线圈组合而成的针织物（如图 2-91 所示），分为单面毛圈布和双面毛圈布，可后整理成素色、花色，还可对毛圈线圈进行剪毛、刷花，整理成绒类织物。

（1）单面毛圈布　该织物的特点是在织物的一面均匀分布着环状纱圈，另一面与纬平针织物的正面相同，手感松软，质地厚实，具有良好的延伸性、弹性、抗皱性、保暖性和吸湿性。其主要用于制作睡衣、浴衣、T恤衫、家用纺织品及工业用品等。

（2）双面毛圈布　双面毛圈布的特点是织物的两面都竖立着环状纱圈的针织面料。织物厚实，毛圈松软，能储藏较多的空气，具有良好的保暖性和吸湿性，又因其两面有毛圈，可以在其一面或两面进行表面整理，以改善产品外观和服用性能。其适用于制作浴衣、免烘尿布、婴儿服等。

（3）提花毛圈布　该织物一般为单面毛圈布，在织物的一面分布着环状纱圈形成的凸起花纹，地部似为平针织物的反面，另一面与纬平针织物的正面相同。织物手感松软，花纹具有立体感，延伸性、弹性、抗皱性等都较好。其宜做夏令服装，也用于做睡衣、浴衣、T恤衫、家用纺织品等。

（4）天鹅绒针织面料　该织物的特点是织物的一面被由直立的纤维或纱形成的绒面所覆盖，绒毛细密蓬松，手感柔软，织物厚实，色光柔和，织物不易起皱，坚牢且耐磨。其常用于制作外衣、女士晚礼服、旗袍、帽子及帷幕和家用装饰布等。

（5）刷花绒针织面料　该织物的特点是绒面花型是通过热刷形成的，织物质地柔软，绒面丰满，花型立体感强，时隐时现，图案花式变幻莫测，纬编刷花绒针织物的弹性和延伸性好，可用于女式时装、裙衫、旗袍等服装，也可用于制作沙发罩、汽车坐垫、家具布、窗帘等装饰用织物。

（八）人造皮毛针织面料

采用针织长毛绒组织，在编织过程中用纤维同地纱一起喂入织针编织，纤维以绒毛状附在针织物表面的组织，成为绒毛。长毛绒组织一般是在纬平针组织上形成的。长毛绒组织面料被称为人造皮毛针织面料（图 2-92）。此外经编编织也能形成人造皮毛针织面料，共同点是一面有较长的绒毛覆盖，外观类似动物皮毛，另一面为针织底布。若在底布上粘贴一层人造麂皮或起绒处理，可达到两面穿的作用。此类面料手感柔软丰满，质轻保暖，防蛀，可水洗，易存放，用于大衣、服装衬里、帽子、衣领等，也可用于制作褥垫、玩具、室内装饰织物和地毯等。在织物的绒毛表面形成具有色彩效应的各种图案，以模仿各种动物皮毛的花纹，形成美化产品的外观，便是提花人造皮毛，其更具有装饰性。

图 2-92　人造皮毛针织面料

图 2-93　提花针织面料

（九）提花针织面料

提花针织面料（见图 2-93）是编织时将纱线垫放在按花纹要求所选择的某些织针上进行成圈而形成花纹图案的织物，有单面提花面料和双面提花面料。提花面料的横向延伸性和弹性较小；单面提花面料的卷边性同纬平针织面料，双面提花面料不卷边；提花面料中纱线与纱线之间的接触面增加，具有较大的摩擦力，阻止线圈的脱散，所以提花面料的脱散性小；织物稳定性好，布面平坦，美观大方；单位面积重量大，厚度大。

（1）单面提花面料　该织物的特点是反面有浮长线，花纹较小，织物较薄，手感柔软，有弹性，延伸性与脱散性比平针织物小，一般用于制作 T 恤衫或女士时装等。

（2）针织泡泡纱　该织物的特点是结构轻薄，手感柔软，透气性、弹性及延伸性好，脱散性小，穿着凉爽而不易粘贴皮肤。其主要用于制作夏季服装，如连衣裙等。

（3）双面提花面料　该织物的特点是花纹清晰，布面平整，结构稳定，较为厚实，延伸性与脱散性小，手感柔软，有弹性，适宜制作外衣等。

（4）纬编树皮皱针织面料　该织物的特点是表面呈现树皮状皱纹外观，美观大方，产品较厚实、挺括，有弹性。其适宜制作春秋季时装、套裙、西裤及沙发面料等。

（5）针织仿毛华达呢　该织物的外观类似毛华达呢，表面呈现清晰而较陡的急斜纹，面料细密结实，弹性与悬垂性较好。其适宜制作中档外衣裤、裙子及汽车装饰用料等。

（6）纬编银枪大衣呢　该织物的特点是表面具有铁灰色毛绒，并从中突出较长较粗的银白色纤维，毛型感较强，尺寸稳定，弹性好，较挺括，多用于制作大衣及外衣等。

（7）涤纶色织针织面料　该织物的特点是光彩鲜艳、美观、配色调和，质地紧密厚实，织纹清晰，毛型感强，有类似毛织物花呢的风格。其主要用作男女上装、套装、风衣、背心、裙子、棉袄、童装面料等。

（8）涤纶针织劳动面料　该织物又称涤纶针织牛仔布，特点是织物紧密厚实，坚牢耐磨，挺括而有弹性。若原料用含有氨纶的包芯纱，则可织成弹力针织牛仔布，弹性更好。其主要做男女上装和长裤等。

（十）集圈针织面料

集圈针织面料（见图2-94）的形成是在针织物的某些线圈上，除套有一个封闭的旧线圈外，还有一个或几个未封闭的悬弧。这种集圈编织使织物表面产生了网眼与小方格的外观效应，可以形成许多花纹。如果适当增加编织集圈的弯纱深度和集圈列数，则线圈中有的伸长有的抽紧，悬弧还有将相邻线圈纵行向两边推开的作用，使变化更为突出，同时还可增加织物的透气性，但由于线圈的严重不均，将影响织物的坚牢度。集圈针织面积由单面集

图 2-94　集圈针织面料

圈组织和双面集圈组织形成。集圈针织面料纵密大，横密小，长度缩短，宽度增加；面料较平针和罗纹组织厚；脱散性较平针组织小。

（1）单面集圈面料　该织物表面是由孔眼形成的花纹，或者由悬弧形成网状外观，一般织物较薄，透气性较好，弹性、延伸性与脱散性比平针织物小。其宜作夏季T恤衫或女士时装面料等。

（2）针织乔其纱　该织物的特点是织物轻薄，布面呈现随机散布的颗粒状皱纹，挺括而不刚硬，弹性和抗皱性好。其宜做夏季衬衫、连衣裙、头巾、窗帘及装饰用布等。

（3）双面集圈面料　该织物比单面集圈面料厚实，弹性、延伸性与脱散性比平针织物小。其宜做外衣等。

（4）涤盖棉面料　该织物的特点是一面呈涤纶线圈，另一面呈棉纱线圈，中间通过集圈加以连接。织物常以涤纶为正面，棉纱为反面，集涤纶织物挺括抗皱、耐磨坚牢、良好的覆盖性及棉的柔软贴身、吸湿透气等特点为一体，是制作运动服，夹克衫和休闲装的理想面料。

（5）半畦编针织面料　该织物的特点是一面都是单列集圈，另一面都是平针线圈，与悬弧相邻的线圈则因纱线弹性而呈圆形，故在织物表面呈现的是圆形平针线圈，俗称单元宝针，有特殊风格。该织物在圆形线圈的影响下，纵向缩短，横向扩大，织物比普通的双罗纹要厚实。可以根据其所用纱线的粗细编织不同季节穿着的外衣。

（6）畦编针织面料　该织物的特点是在织物两面交替进行集圈编织，因此在织物两面都呈现均匀的圆形平针线圈，俗称双元宝针。织物较为厚实，横向延伸性与脱散性较小，与同针数的平针织物相比，织物的宽度增加，长度缩短，在羊毛衫生产中应用较多。

（十一）摇粒绒

摇粒绒（见图2-95）是针织面料的一种，在二十世纪九十年代初先在台湾生产。它是半畦编组织结构（集圈组织的变化）在大圆机上编织而成，再经染色、拉毛、梳毛、剪毛、摇粒等多种复杂工艺加工处理。面料正面拉毛，摇粒蓬松密集而又不易掉毛、起球，反面拉毛稀疏匀称，绒毛短少，组织纹理清晰、蓬松，弹性特好。其成分一般是全涤，手感柔软。

图 2-95　摇粒绒

摇粒绒还可以与一切面料进行复合处理，使御寒的效果更好，例如摇粒绒与牛仔布复合，摇粒绒与羊羔绒复合，摇粒绒与网眼布复合中间加防水透气膜等。该织物是近年国内冬季御寒服装的首选面料，还可用于手套、围巾、帽子、抱枕、靠垫等。

（1）印花摇粒绒　该织物的特点是花型新颖别致、自然流畅，颜色丰富多彩，手感柔软，耐洗耐穿，保暖性好，受到各界人士的青睐，可用于制作保暖服装面料、服装内里等，也可用于做床上用品和地毯等。

（2）抽条摇粒绒　在织物编制过程中用抽针方法形成纵向条纹，整理成带有绒条外观的摇粒绒，便是抽条摇粒绒。其纹理清晰、蓬松，弹性特好，保暖性好，手感柔软，耐洗耐穿，主要用于制作保暖服装等。

（3）提花摇粒绒　该织物的特点是利用提花的方法，使摇粒绒的外观更加丰富多彩、变化万千，手感柔软，耐洗耐穿，保暖性好，不易变形。除了制作保暖服装及内里外，还可做绒毯等。

（4）压花摇粒绒　该织物的特点是绒面由凹凸不平的外观组成花纹或图案，更突出绒面的立体感，手感柔软，耐洗耐穿。其用途同提花摇粒绒。

（十二）移圈针织面料

移圈针织面料是采用纱罗组织或波纹组织的镂空或波纹外观的针织面料，如图 2-96 所示。其中纱罗组织在纬平针组织之上进行移圈或在罗纹针织组织之上进行移圈形成镂空效果，可以产生孔眼，利用孔眼的排列形成各种镂空图案花纹；适当组合移圈可以得到凹凸花纹、纵行扭曲效应以及绞花和阿兰花等。波纹组织是在地组织为 1＋1 罗纹组织或双面集圈组织基础之上，前后针床整个横列的相互移动。根据不同的设计，罗纹式波纹组织可分为曲折波纹组织、平折波纹组织、阶段曲折波纹组织、抽条波纹组织以及区域式波纹组织，使织物表面出现各式花纹。该织物的特点是在编织时根据机器，可以用带扩圈片的舌针进行移圈，也可以手工进行移圈使织物产生孔眼、扭曲效应的花纹。织物外观别致，透气性好，装饰性强，适用于夏季服装或装饰性服装等。

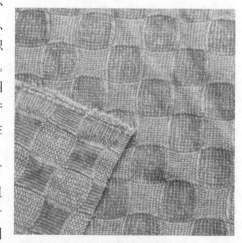

图 2-96　移圈针织面料

（1）波纹针织面料　该织物的特点是地组织可以是罗纹或集圈组织。织物具有与它所采用的地组织相同的性质，差别在于线圈的倾斜，所形成的针织物比其原来的基本组织宽，长度减小，弹性受到一定的影响，宜做成形服装、围巾、披肩等。

（2）菠萝丁　菠萝丁的特点是表面有凹凸、小孔效应形成的一定花纹，由此丰富面料的花纹，织物装饰性强，透露性好，宜做夏季服装和装饰性服装等。

（十三）衬经衬纬针织面料

衬经衬纬针织面料（见图2-97）是在纬编基本组织上衬入不参加编织的纬纱和经纱形成的。由于针织组织中增加了不参加编织的纬纱和经纱，限制了织物横、纵向的延伸，使织物具有针织物和机织物相结合的性质。如果该面料衬入的纱线是普通的纱线，则面料弹性缩小，尺寸稳定性增加，如果该面料衬入的纱线是氨纶，则面料弹性增加。

该织物的特点是由于衬经纱位于线圈的沉降弧和衬纬纱之间，衬纬纱位于线圈的圈柱和衬经纱之间，所以经、纬纱纵横交错于针织线圈之中，类似

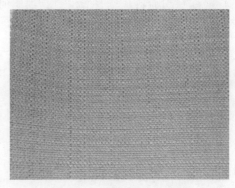

图 2-97　衬经衬纬针织面料

梭织物，故该织物的风格和性能兼有针织物与梭织物的特点。织物的纵、横向延伸性很小，手感柔软，透气性好，穿着舒适，可用于制作外衣产品，也可用作工农业用各种涂塑管道的骨架。

（十四）复合组织针织面料

复合组织针织面料是应用两种或两种以上的纬编组织复合而成的针织面料，如图2-98所示。利用各种组织的复合，可以在织物表面产生横向、纵向、斜向、凹凸和孔眼等多种花色效应。采用复合组织的主要目的是改善织物的服用性能，如透气性、保暖性、弹性或尺寸稳定性等；另外也能美化面料外观，扩大花色品种。复合组织形成的面料相当多，典型的有夹层绗缝织物、空气层组织、胖花组织、点纹组织、网眼组织、横楞组织面料等。

图 2-98　复合组织针织面料

（1）夹层绗缝织物　该织物的特点是由于中间有大的空气层，保暖性好，手感柔软，穿着舒适。双面编织的绗缝可以根据设计的花纹图案进行编织，使织物表面增加装饰的美观。其用于作保暖内衣，被称作三层保暖内衣，还有的称为柔暖棉。

（2）弹力针织面料　该织物的特点是除了弹性佳，还可以根据不同的设计生产出各种花纹的皱织物，外形美观，穿着舒适合体。其主要用于制作运动装集合体的时尚服装等。

（3）针织凡立丁　该织物具有类似毛凡立丁织物的风格特征，结构细密，表面平整，光泽自然，弹性好，挺括而抗皱，不霉不蛀，经济实惠。其适宜于制作春、秋季外衣、裙套装等。

（4）针织仿毛哔叽　该织物的特点是外观具有一定的仿毛效果，类似毛哔叽，面料表面出现近似于45°角的斜纹，且斜纹纹路清晰，织物尺寸稳定、挺括、抗皱，横向延伸性小。其适用于制作各种外衣、裤或裙套装等。

二、经编针织面料

经编针织面料（见图2-99）是编织时将一组或几组（甚至几十组）平行排列的纱线由经向绕垫在针织机所有的工作针上同时进行成圈，线圈互相串套而形成的织物。

图2-99　经编针织面料

（1）经编网眼面料　该织物的特点是布面结构较稀松，坯布有一定的延伸性和弹性，透气性好，孔眼分布均匀对称。孔眼大小变化的范围很大，小到每个横列上都有孔，大到十几个横列上只有一个孔，孔眼形状多且复杂，有方形、圆形、菱形、六角形、柱条形、纵向波纹形等。其主要用于制作夏令男女衬衣、女式装饰外衣、运动衣里、蚊帐和窗帘、汽车坐垫套等，还可用于工业生产，在国防工业中应用也很广。

（2）经编真丝面料　该织物的特点是结构稳定，细密厚实，比梭织真丝面料具有更大的弹性，穿着柔软舒适。如果采用色丝编织，可以产生各种纵纹效应的外观。其主要用于制作内衣衫裤、衬衫、T恤衫等。

（3）经编闪光缎　该织物的特点是织物光滑平整，尺寸稳定，反面有极强的闪光效果。如果编织时在梳栉中有规则地间隔穿入一些异形截面的纱线，则可产生一种明暗相间的表面效应。其可用作时装、装饰服装或家具用布面料等。

（4）涤纶经编面料　该织物的特点是布面平挺，色泽鲜艳，有薄型、中厚型和厚型之分。薄型的主要用作衬衫、裙子面料；中厚型、厚型的则可用作男女外衣、风衣、上装、套装、长裤等面料。

（5）经编雨衣面料　该织物的特点是结构紧密，尺寸稳定，表面平整，具有拒水性，而且产品不易老化，但不透气，穿着舒适性较差。其主要用于制作雨衣、雨披以及一些防雨用品等。

（6）经平绒、经绒平针织面料　这两种织物正面都呈V字形线圈纵行。经平绒反面有横纹光泽，织物弹性好，脱散性小，用纱得当，织物覆盖性能好，手感好，纹路清晰。经绒平反面无横向条纹，织物较紧密平整。常应用不同的原料编织内外衣面料。

（7）经编斜纹面料　该织物的特点是面料呈现明显的斜纹图案，并在厚度和外观上能清晰地显现凸条和凹条，斜纹条线圈结构分布均匀，布面结构稳定，手感厚实，外观丰满，具有毛呢感风格，斜纹条宽度有细有宽，有右斜和左斜，其倾斜角度由设计工艺决定。其主要用途是做服装和装饰用布，如男女外衣裤、裙子和室内装饰用布、沙发坐垫、椅套等。

（8）经编涤盖棉面料　该织物的特点是布面平整，正反两面覆盖性能好，不露地，透气性好；由于正反两面采用不同性质的原料编织，从而获得不同的服用性能，贴身的一面具有舒适柔软、透气、吸湿等性能，而服装表面则具有挺括、抗皱、耐磨、放湿性快等特点，面料纵横向弹性略差于双面纬编织物，但优于双面梭织物。其主要用于做外衣裤、睡衣裤、各种运动衣裤和西裤等。

（9）经编毛圈面料　该织物的特点是结构稳定，外观丰满，毛圈坚牢均匀，具有良好的弹性、保暖性、吸湿性，布面柔软厚实，无褶皱，不会产生抽丝现象，毛圈不会从面料表面拉出，故有良好的服用性能。其可以用于做男女 T 恤衫、睡衣裤、浴衣、运动服、游泳衣、海滩服、童装、毛巾被、浴巾、床罩、装饰用布、尿不湿、医院卫生用品等。

（10）经编双面毛圈面料　该织物的特点是两面具有相同高度的毛圈，外观丰满，毛圈坚牢均匀，具有良好的弹性、保暖性、吸湿性，布面柔软厚实，无褶皱，不会产生抽丝现象，毛圈不会从面料表面拉出，故有良好的服用性能。其广泛用于制作睡衣裤、毛巾、毛巾被、浴巾、床罩等。

（11）经编提花毛圈面料　该织物的特点是外观花色丰富多彩，变化万千。由于地组织采用锦纶或涤纶长丝为原料，具有免烫、尺寸稳定、弹性和抗褶皱性能佳的特点；毛圈纱采用棉纱，故毛巾柔软，吸湿性和穿着舒适性能良好。其主要用于制作家居便服、运动装、毛巾、浴巾、床上用品等。

（12）经编毛圈剪绒面料　该织物的特点是毛绒细密，绒面高度整齐一致，外观丰满、厚实，弹性、保暖性和悬垂性好，坯布结构稳定，不易褶皱，可用于制作高档服装和工业装饰用品，如男女外套、晚礼服、帽子、妇女用的披风等，还可做床罩、窗帘和各种沙发坐垫套等。

（13）经编起绒面料　该织物的特点是外观酷似呢绒，布身结构紧密，手感柔软挺括，面料悬垂性好，不脱散，不卷边，有各种色泽。如用合纤丝做绒面，则坯布具有易洗快干、洗后免烫、一次定型的特点，但静电作用大，易吸附灰尘；如用天然纤维或黏胶纤维做绒面，则坯布不易洗涤，洗涤后折印较多，需重新熨烫。其主要用于制作各式男女风衣、上衣、礼服、鞋面、帷幕及各类宾馆的室内装饰用布和家具用布、工业用布等。

（14）经编灯芯绒面料　该织物的特点是质地厚实，保暖性好，直条凹凸分明，尺寸稳定性好，不脱散，不卷边，外观与纬编灯芯条针织物相似，弹性、绒毛稳定性较经纬交织的梭织灯芯绒佳。割绒灯芯绒采用双针床经编机编织，同时可采用不同的色纱穿纱顺序或改变走针方式，织出各种纵条、方格、菱形等凹凸绒面的类似花式面料。其可做各种男女外衣及汽车、家具装饰布等。

（15）经编丝绒面料　该织物按绒面性状可分为平绒、横条绒、直条绒和色织绒等，且各种绒面可在同一块面料上交叉布局，形成多种花色的绒面效应。织物表面绒毛浓密耸立，手感厚实、丰满、柔软，富有弹性，保暖性好。其主要用作冬令服装、童装面料，也作装饰和汽车、沙发等包覆用布。

（16）经编仿麂皮绒面料　该织物有素色效应和花色效应。花色麂皮绒主要有两类，一类是编织成提花坯布再进行起毛、磨绒等整理，毛绒面形成提花的花色；另一类是编织成本色坯布，而后进行染色、印花，然后再作磨毛等整理，形成花色经编麂皮绒等。仿麂皮绒面料不仅具有绒毛细密、柔软而富有弹性、尺寸稳定性好、悬垂性佳等天然麂皮的特征，而且还具有天然麂皮无法比拟的优点，即不发霉、易洗快干、不易脱毛、手感柔软、抗褶皱、耐磨等。其适宜制作外套、运动衫、春秋季大衣等服装，也可用作鞋面、帽子、手套、沙发套、箱包面料等。

（17）经编仿棉绒面料　该织物的特点是面料极似棉平绒，绒面丰满，手感柔软，悬垂性好，不脱散，不卷边，有各种色泽，且坯布易洗快干，洗后免烫。其主要用于制作各式男女风衣、上衣等。

（18）经编骆驼绒　该织物的特点是色泽鲜艳，富有浓厚的民族特色，还具有绒面厚实、丰满、弹性和保暖性好的特点。其主要用于制作保暖服装夹里或外衣等。

（19）经编人造毛皮　该织物通常在双针床拉舍尔经编机上织制，两针床相距60mm，织成的织物经剖割后即成为两片人造毛皮，其毛头高30mm，这种仿兽皮毛绒织物保暖性好，绒面耐磨，质量轻，抗菌防蛀，可以水洗，可用以代替天然兽皮制作服装及装饰用布等。

（20）经编提花面料　该织物的特点是结构稳定，手感挺括，表面凹凸效应显著，立体感强，花型多变，外形美观，悬垂性能好。还有一种经编提花织物是贾卡经编机上编织的全幅独花织物，用于装饰。其主要用于妇女外衣、内衣、裙子及窗帘、台布、床罩等装饰用品。

（21）经编绣纹面料　该织物的特点是地组织结构稳定，凸起在工艺反面的花纹富有光泽，外观丰满，立体感强，其物理、机械性能都较好。其主要用于妇女外衣、披肩、头巾或装饰面料等。

（22）经编花边织物　该织物的特点是地组织多呈同孔形，坯布质量轻薄，手感软而不疲、柔而有弹性、挺而不硬，悬垂性好，有花部分和无花部分对比明显，花型别致高雅。其主要用于制作服装上的饰边，如妇女内外衣裤和童装的花边，还可用作装饰品等。

（23）经编弹力面料　该织物是有较大伸缩性的经编针织物，编织时加进弹力纱并使之保持一定的弹力和合理的伸长度。该织物质地轻薄光滑，用其缝制服装可进一步显示形体曲线，使运动舒展轻巧，泄水性好。其常用于游泳衣、体操服、滑雪服和其他紧身衣，用不同细度的氨纶弹力纱编织的经编弹力织物还可以制作军用带、医用卫生带和体育护身用品等。

（24）局部衬纬经编面料　该织物的特点是坯布延伸性小，尺寸稳定，只要合适地选用原料和组织即可织制外衣和少延伸的经编织物。其可用于制作外衣，多根衬纬纱段形成大型花纹的织物用于制作窗帘、台布等装饰品。

（25）全幅衬纬经编面料　该织物是整幅夹入衬纬纱，而形成介于经编针织物和梭织物之间的一种织物。与普通的经编坯布相比，其横向延伸性较小，结构稳定，坯布具有更好的覆盖性，但撕破强度和顶破强度有所降低。其用途很广，可以做男女外衣、家用装饰织物和工业用坯布等。

（26）经编褶裥织物　该织物的特点是织物具有显著的表面凹凸的褶裥效应。由于褶裥之间的重叠效应，面料外形美观别致，花纹立体感强并有一定的闪色效应，且织物较厚实，手感丰满，弹性、悬垂性好。其主要用于做服饰品和服装，如花边、窗帘、沙发垫套等。又由于坯布弹性较好，拉伸后能恢复，所以还可以做妇女紧身衣、裙子、裤子等。

（27）经编方格织物　该织物是表面有明显格子效应的经编织物，结构紧密、厚实，外观挺括，线圈结构分布均匀稳定，格子效应清晰而有规律，一般采用色织或不同原料交织。其主要用于做男女内外衣、裙子，也可做装饰用布，如汽车坐垫、沙发椅套等。

（28）经编色织面料　该织物的特点是结构稳定，有清晰的双色、三色或多色效应，几何图形对称，外观漂亮、挺括。根据工艺设计的需要，有时织物的反面也可作成品的正面使用。花色效应按织物外观来分有纵条、菱形、方格、六角形、横条等。其主要用于做男女内外衣、裙子和各式装饰布等。

（29）经编烂花面料　该织物是表面具有半透明花形图案的轻薄型混纺经编织物（或交织织物）。烂花织物结构稳定，无卷边，布边挺括，悬垂性好，花纹清晰，花型层次分明，有光部分和无光部分透光对比度大，立体感强，艺术效果较为突出。织制烂花织物工艺简单、流程短、生产周期快、花型图案设计不受限制。如选用不同的原料、采用不同的组织结构，在不同的织机上编织，可以获得不同外观特征的坯布。其主要用于做装饰用布和服装用布，如窗帘、床罩、台布、沙发巾、各式男女内外衣、裙子、礼服等。

（30）经编扎花面料 该织物有薄型和厚型之分。绒面轧花属厚型织物，花纹凹凸明显，立体感强，质地厚实，毛绒丰满，有良好的保暖性，适宜做各种外衣。薄型可做窗帘、裙子等。

（31）经编超薄印花面料 该织物的特点是外观花型绚丽多彩，手感柔软、轻薄，弹性好。其适宜做各种内衣及装饰品等。

（32）经编高尔夫球衫面料 该织物的特点是因面料穿纱带有空穿，可以形成独特的条纹花型，弹性好，舒适柔软，因采用吸湿排汗纤维纱线编织，提高了热湿舒适性，适于制作高尔夫球衫和其他运动服装。

（33）经编贾卡提花针织物 在编织经编贾卡提花针织物时由于同一梳栉中的各导纱针能按花纹要求作不同针距的横移，所以在此种机上能编织全幅的大型独花织物。其主要用于制作披肩、围巾及窗帘、床罩等室内装饰品。

三、缝编面料

缝编面料是利用经编原理在纤维网或纱线层上以线圈纵向串套缝固的无纺织布，如图2-100所示。其也可在底布（纤维网或纱线层）上编以一定的组织制成。

（1）缝编印花面料 该织物的特点是纤网型的织物表面粗厚，经印花等整理后的产品，富有立体感，若采用印花（烂花整理烂去部分黏胶纤网），留下花纹部分和底组织，产品更具有厚实、花纹清晰、立体感强等特点；纱线层的特点是坯布用"印花—烂花"整理后，产品轻盈飘逸，类似抽纱风格；毛圈型的特点是若对其进行拉毛整理就形成单面绒状织物，若无圈纱先染色，产品便有色织条纹效应。其用途是：纤网型可作窗帘、台布、

图 2-100 缝编面料

床罩、揩布、童装和女装及保暖衬绒面料等；纱线层可用作服装、裙子、浴衣和海滨服面料等，也可用作揩布、床单、床罩、台布、地毯、家具用布、贴墙布、幕帘布面料等；毛圈型可用作毛巾布、浴衣、衬布、衬绒、毛毯和仿毛皮产品面料等。

（2）缝编仿丝绒面料 该织物的特点是坯布经剪绒、磨绒等后整理后，丝绒感强，尺寸稳定性好，弹性稍差，物美价廉。其可作服装、裙子、浴衣、海滨服以及家具用布、床单、床罩、台布、地毯、幕帘布面料等。

（3）缝编衬衫面料 该织物的特点是外观近似普通织物，尺寸稳定性、服用性好，穿着舒适，比经编衬衫布价格低，用于制作衬衫，若缝编纱采用 $145\sim167$ dtex 的涤纶长丝，制成的产品可作外衣用料。

（4）缝编毛巾布 该织物是自织底布，在同机台上一次编织成毛巾布，所以产量高，成本低。其主要用于做浴衣、毛巾被、床罩、内衬等。

（5）缝编儿童裤料 该织物的特点是表面结构类似机织或针织物，尺寸稳定，服用性能好，适用于作儿童裤料等。

（6）缝编弹力浴衣 该织物的特点是既富有弹性，穿着舒适，又具有独特的外观，适用

于作浴衣面料等。

(7) 缝编仿毛皮 该织物的特点是蓬松性好，手感柔和，制成的毛皮大衣轻柔、暖和，尺寸稳定，毛皮形态逼真，价格低廉，适宜做毛皮大衣等。

(8) 缝编仿山羊皮 该织物的特点是门幅宽，尺寸稳定，外观逼真，产量高，价格低廉，宜做皮衣。

第七节 服装用非织造布面料的鉴别与用途

非织造布又称不织布、非织造织物、无纺织物或无纺布。它是一种不经过传统的织布方法，而是用有方向性或无方向性的纤维制造成的布状材料。它是应用纤维间的摩擦力或者自身的黏合力，或外加黏合剂，或者两种以上的力而使纤维结合在一起，即通过摩擦加固、抱合加固或黏合加固的方法制成的纤维制品。

一、缝编仿毛皮

该织物（图 2-101）的特点是蓬松性好，手感柔和，制成的毛皮大衣具有轻软、暖和、尺寸稳定、毛皮形态逼真与价格低廉等特点，宜做毛皮大衣等。

二、缝编仿山羊皮

该织物（图 2-102）的特点是门幅宽，尺寸稳定，外观逼真，产量高，价格低廉，宜做皮衣等。

图 2-101 缝编仿毛皮

图 2-102 缝编仿山羊皮

三、针刺呢

针刺呢的特点是手感较硬，弹性较差，但抗张强力比机织大衣呢、女式呢略高，耐磨性也强。经抗起球整理后抗起球性比大衣呢、女式呢略高，与粗纺花呢相近。呢面光滑度、弹性、保暖性与呢绒相同或略好，弯曲刚性及起拱回复性比呢绒差。其宜做鞋帽、童装、混纺绒毯及车辆坐垫等，见图 2-103。

四、无纺黏合绒

该织物（图2-104）的特点是保暖性强，弹性好，裁剪缝纫方便，不老化脆裂，出汗后容易挥发，洗涤后易干燥，用于滑雪手套与夹绒衬衫等服装。

图2-103　针刺呢　　　　　　　　　　图2-104　无纺黏合绒

五、合成面革

合成面革具有透气、透湿性能，外观酷似天然皮革，密度小，易于保养，与天然皮革比，厚薄均匀，易于落料，适合连续化生产，用于服装和鞋、帽、手套等，见图2-105。

六、非织造布仿麂皮

该织物的特点是手感柔软，有素雅的柔光，有麂皮样非常高雅的外观，质地轻柔，保暖性、通气性、透湿性好，耐洗，耐穿，尺寸稳定性好，不霉、不蛀，无臭味，色泽鲜艳。其宜做春秋季外衣、夹克、大衣、西装、礼服、运动衫、鞋面、手套、帽子等服饰及沙发套、贴墙布等装饰用布，也作高级工业用布，见图2-106。

图2-105　合成面革　　　　　　　　　图2-106　非织造布仿麂皮

第八节　服装用裘皮面料的鉴别与用途

裘皮由动物的皮板和毛被组成，或称皮草或毛皮。裘，《辞海》解释为皮衣，如狐裘。天然裘皮的外观保留动物毛皮的自然花纹、光泽，丰厚的绒毛光润华美，除了保暖性好，其独特的外观使其华丽高贵，成为人们穿用的珍品，但价格昂贵，不易保管，国际上的动物保护组织号召人们反对穿毛皮。目前大部分裘皮原料来自人工养殖场。不过也有极少数不法商贩滥捕滥杀野生动物获取它们的皮毛，国际上就对海豹皮等野生动物皮毛流通等违法行为有严格的限制和制裁。所以现今大量生产仿裘皮面料，也称人造毛皮裘皮面料。

一、天然裘皮面料

天然裘皮（见图 2-107）是防寒的理想材料，它的皮板密不透风，毛绒间的静止空气可以保存热量，使之不易流失，既可做面料，又可充当里料与絮料。

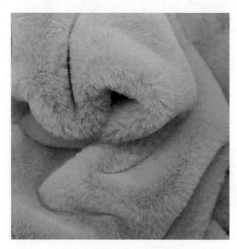

图 2-107　天然裘皮面料

（一）小毛细皮

小毛细皮指体形较小的动物毛皮，且张幅小，毛短，细密柔软，主要用于毛皮帽、长短大衣等，属于高档毛皮。

（1）水貂皮　水貂皮是珍贵的细毛皮张，成为国际裘皮贸易的三大支柱产品（水貂皮、狐皮和羔羊皮）之一，其毛绒齐短、细密柔软，针足绒厚，色泽光润，皮板坚实、轻便，毛被美观，御寒能力强，是制毛皮制品的上乘原料，适宜制作高档裘皮衣服、衣领、皮帽、披肩、斗篷、围巾、袖口、饰口及服饰物等。

（2）紫貂皮　紫貂皮的特点是毛被呈棕褐色，针毛内夹杂着银白色的针毛，比其他针毛粗、长、亮，毛被细软，底绒丰厚，质轻坚韧，御寒能力极强，适宜制作高档长短大衣、毛皮帽等。

（3）水獭皮　水獭皮的特点是针毛锋尖粗糙，缺乏光泽，没有明显的花纹和斑点，但拔掉粗毛后，底绒却稠密、丰富、均匀，非常美丽，且不易被水浸透。其适宜制作各种高档长短大衣、披肩、毛皮帽等。

（4）海龙皮　海龙皮的特点是毛被的锋尖粗厚致密，有很好的抗水性，皮板坚韧，弹性大，纵横向伸缩性好，耐穿耐用，张幅较大，价格昂贵。其适宜制作大衣领、帽子、袖口等。

（5）扫雪（又称白鼬、石貂）皮　扫雪皮的特点是皮板的鬃眼比貂皮细，毛被的针毛锋尖长而粗，绒毛丰厚，光润华美。其适宜制作高档长短大衣、毛皮帽等。

（6）黄鼬皮　黄鼬皮的特点是针毛锋尖细软，有极好的光泽，绒毛短小稠密，整齐的毛锋和绒毛形成明显的两层，皮板坚韧厚实，防水耐磨。经拔针毛、染色后的黄鼬皮又称黄狼绒。其适宜制作高档长短大衣、毛皮帽等。

（7）艾虎皮　艾虎皮的特点是毛油润、细密、灵活，有光泽，柔软的锋毛之间夹杂着较长的定向毛，脊部的针毛比绒毛长一倍多，但不稠密，能透出绒毛独特、优美的色泽，显得别有姿色。其适宜制作裘皮大衣、皮帽、皮领及衣服镶边。

（8）麝鼠皮　麝鼠皮的特点是锋毛高爽，针毛较密，色泽光亮美观，张幅较大，皮板结实，保温能力强，品质优良，经济价值仅次于水獭皮。其适宜制作时尚长短大衣、坎肩等。

（9）花地狗皮　花地狗皮的特点是皮板轻软柔韧，毛色艳丽，很有装饰性，但资源很少，十分珍贵。其宜装饰毛皮长短服装等。

（10）香狸皮 香狸皮以冬皮为上乘，其毛色均匀，光润，底绒丰富，皮板柔韧。冬皮适宜制作保暖服装。

（11）海狸鼠皮 海狸鼠皮多呈褐棕黄色，背部比腹部颜色要深，针毛光亮，绒毛稠密呈棕色，腹部毛比背部的密度大，拔针毛后的商品皮，色均绒密，耐用耐磨，质量上乘。其适宜制作时尚长短大衣、坎肩等。

（12）旱獭皮 旱獭皮的特点是张幅较大，皮板稍厚，油性大，针毛长短适中、平齐、光亮，绒毛较长，稍稀疏，光泽柔和，富有弹性。其适宜制作高档长短大衣、坎肩、毛皮帽等。

（13）松貂皮 松貂皮的特点是坚韧柔软，绒毛细密，冬季厚实柔滑，夏季短而粗糙。毛皮呈浅褐至深褐色，在冬天会逐渐变长，颜色变浅。冬季爪底垫被毛完全覆盖。幼仔在出生后的第一个冬天即长成成兽，其皮毛美观，御寒能力强，是毛皮制品的上乘原料，适宜制作高档长短大衣、毛皮帽等。

（二）大毛细皮

大毛细皮指体形稍大的动物毛皮，且张幅稍大，毛相对较长，宜做毛皮帽、长短大衣、斗篷等，属于高档毛皮。

（1）狐皮 赤狐皮毛长绒厚，色泽光润，针毛齐全，品质最佳；银狐皮基本毛色为黑色，均匀地掺杂白色针毛，尾端为纯白色，绒毛为灰色；蓝狐皮有白色和浅蓝色，绒毛长3.5cm，针毛5.5cm，毛长绒足，细而灵活，色泽光润美观，保暖性好，皮板厚软，拉力强，张幅大。其适宜制作高档长短大衣、女用披肩、围巾、皮领、斗篷、毛皮帽等。

（2）貉子皮 貉子皮的特点是绒毛呈青灰色，毛尖呈褐色，针毛为黑色，有时带灰尖，中部有的呈橘红色。总体来看，毛被呈灰棕色。针毛长，底绒丰厚，细柔灵活，耐磨，光泽好，皮板结实，保暖性很强。其适宜制作高档长短大衣、坎肩、皮领、皮帽等。

（3）猞猁皮 猞猁皮的特点是毛被华美，绒毛稠密，锋毛爽亮，皮板坚韧，有弹性，耐拉伸，保暖性强。其宜制作高档长短大衣、坎肩、毛皮帽等。

（4）狗獾皮 狗獾皮的特点是皮板坚韧，毛被蓬松，保暖耐磨，黑白分明，张幅较大，拔掉针毛可制得獾绒皮。其宜制作高档长短大衣、坎肩、毛皮帽等。

（5）狸子皮 狸子皮的特点是毛皮呈三色，基部灰色、中部白色、尖端黑色，毛锋光泽好，周身花点黑而明显，底色呈黄褐色，毛绒细密，经常是拔针后使用，其花斑如镶嵌的琥珀，绚丽夺目。其适宜制作高档长短大衣、坎肩、毛皮帽等。

（6）九江狸皮 九江狸皮的特点是毛呈浅灰棕色，后背部有黑、白条纹，皮质坚韧，毛绒蓬松。其适宜制作高档长短大衣、坎肩、毛皮帽等。

（7）玛瑙皮 玛瑙皮的特点是毛长而密，背毛多呈灰棕色或银灰色，背中线色深，有棕黑色毛，并形成数条黑色细横纹，腹部淡黄色。尾粗圆，具6～8条黑细纹，尾端为黑色。其可制作皮领、皮帽、皮衣等。

（8）草猫皮 草猫皮的特点是体背和四肢呈浅黄灰色，背部中央呈红棕色；全身无明显条纹，仅臀部和前肢内侧有数条细而不明显的暗纹，耳尖有棕黄色簇毛，尾后部有3～4个暗棕色环，尾端黑色。其适宜制作长短皮衣、坎肩、皮帽等。

（9）青猺皮 青猺皮的特点是基本呈棕色或深棕色，皮质坚韧，毛绒蓬松，适宜制作长短皮衣、坎肩、皮帽等。

（三）粗毛皮

粗毛皮指体形大的动物毛皮，且张幅大，毛长，用于制作帽子、长短大衣、坎肩、衣里、褥垫等，属于中档毛皮。

（1）黄羊皮　黄羊皮的特点：毛被夏季毛发较短，为红棕色，腹面和四肢的内侧为白色，尾毛棕色。冬季毛发厚密而脆，但颜色较浅，略带浅红棕色，且有白色的长毛伸出，腰部毛色呈灰白色，稍带粉红色调。臀部有明显的白色斑块。其皮革光润轻暖，可以加工制成皮衣等。

（2）绵羊皮　绵羊皮的特点是毛多呈弯曲状，黄白色，粗毛退化后呈绒毛，光泽柔和，皮板厚薄均匀，结实柔软，不同种类的绵羊皮各有其特色。蒙古绵羊皮，皮板张幅大、厚实，纤维松弛，毛被发达，毛粗直；西藏绵羊皮，毛长绒足，花弯稀少，弹性大，光泽好；新疆绵羊皮，厚薄均匀，毛细密多弯，弹性和光泽好；滩羊皮，毛呈波浪式花穗，毛股自然，花绺清晰，光泽柔和，手感活络，皮板薄韧。绵羊皮鞣制后多制成剪绒皮，染成各种颜色，颇似獭绒。其多用于皮衣、皮帽、皮领等。或鞣制后把毛被剪成寸长，将皮板磨光上色制成板毛两穿的服装。

（3）山羊皮　山羊皮的特点是毛被呈半弯半直，白色，皮板张幅大，柔软坚韧，针毛粗，绒毛丰厚，拔针后的绒皮则可以制裘，未拔针的一般用作衣领或衣里。小山羊皮也称作猾子皮，毛被有美丽的花弯，皮质柔软。根据加工情况，其可制作皮衣、皮帽、皮领、童装及各种服饰品等。

（4）羔皮　羔皮的特点是毛被花弯绺絮多样。滩羊羔皮毛绺多弯，呈萝卜丝状，色泽光润，皮板绵软；湖羊羔皮毛细而短，花呈波浪形，卷曲清晰，光泽如丝，毛根无绒，皮板轻软；三北羔皮毛被卷曲，光泽鲜明，皮板结实耐用。其一般用于外套、袖笼、衣领等。

（5）狼皮　狼皮的特点是毛绒粗长、丰足、色泽光润、美观，皮板肥厚坚韧，保暖性强，油性小，张幅大。大的狼皮可达 2m 长（从鼻尖到尾尖），宽 40～45cm。绒毛长2.5～4.0cm，针毛长 3.5～5.5cm。其主要用于制作短皮衣、皮帽、坎肩、衣里、褥垫等。

（6）狗皮　狗皮的特点是针毛稠密、较细，色泽光润，绒毛丰厚、灵活，张幅较大，皮板较厚，板面细致，油性足。其一般用于制作被褥、衣里、帽子。

（7）豹皮　豹皮的特点是头大尾长，色泽棕黄，毛被上分布着大小不同的黑圆圈。其可以制作服装及装饰品。因豹属野生动物保护品种，目前很少使用。

（四）杂毛皮

杂毛皮指皮质稍差，产量较多的低档毛皮。

（1）家兔皮　家兔皮的特点是毛色较杂，毛绒细密灵活，色泽光亮，皮板柔软但较薄，耐用性稍差，适宜制作中、低档毛皮产品，如衣帽及童装大衣等。

（2）獭兔皮　獭兔皮的特点是针毛较粗，光滑坚挺，与绒毛数量之比为 1∶50。针毛在毛被中起支撑骨架作用，所以獭兔被毛直立耐磨；且针毛在其中又起隔离绒毛作用，阻止黏合。适宜制作中、低档毛皮服装、坎肩、帽子及童装大衣等。

二、仿裘皮面料

仿裘皮面料（见图 2-108）是采用人工织造、整理的方法形成的外观和保暖性皆可与天然裘皮媲美的面料。梭织仿裘皮面料的生产采用双层结构的经起毛组织织制，针织仿裘皮面料的生产采用长毛绒组织在长毛绒织机上织制而成，或者缝编非织造生产工艺生产坯布，再经后整理、各种起毛加工，原料采用羊毛、棉、涤纶、腈纶、氯纶、黏胶纤维等。还有黏胶人造短毛皮的生产，采用黏胶或腈纶制造卷毛，用胶黏合在基布上，再经过加热、滚压，修饰成为人造卷毛皮。仿裘皮面料的特点是幅面较大，质量轻，光滑柔软，保暖，而且色彩丰富，可以染成各种明亮的色彩，结实耐穿，不霉不蛀，耐晒，价廉，可以水洗，特别是仿真性强，具有动物毛皮的外观，各种野生和养殖的裘皮种类都可以仿制。其缺点是易起静电、沾尘，洗涤后仿真效果变差。

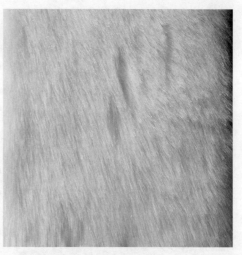

图 2-108　仿裘皮面料

（1）梭织仿裘皮面料　梭织仿裘皮面料的外观极似短毛类的天然毛皮，有印花和提花两类。其面料保暖性、透气性较好，质量轻，可湿洗，不霉、不蛀、易保管，可作各种仿裘皮大衣、保暖服装的面料或里料等。

（2）纬编仿裘皮面料　该面料的特点是外观极似天然毛皮，保暖性好，毛绒平顺，绒毛色泽齐全，透气性和弹性均较好，质量轻，可湿洗，不霉、不蛀，易保管。缺点是绒面容易沾污，长毛的尖端也易打结。其主要作各种仿裘皮大衣、保暖服装的面料或里料，也可做镶边、玩具、戏装及装饰用品等。

（3）经编仿裘皮面料　该面料的外观与天然毛皮相似，保暖性、透气性和弹性均较好，主要应用于拉舍尔毛毯及服装等。

（4）缝编仿裘皮　缝编仿裘皮的特点是其毛圈直接由纤网形成，蓬松性好，手感柔和，尺寸稳定，保暖性好，毛皮形态逼真，价格低廉等。其用于制作毛皮大衣及其他保暖服装等。

（5）缝编仿山羊皮　缝编仿山羊皮的特点是门幅宽，尺寸稳定，外观逼真，产量高，价格低廉等。其用于制作毛皮大衣及其他保暖服装、坐垫等。

（6）人造卷毛皮　人造卷毛皮以白色和黑色为主要颜色，表面形成类似天然的花绺花弯，毛绒柔软，毛色均匀，质地轻，保暖性和排湿透气性好，不易腐蚀，易洗易干。其广泛用作毛皮服装的面料，也可作冬装的填里及装饰边口材料等。

第九节　服装用皮革面料的鉴别与用途

皮革是经脱毛和鞣制等物理、化学加工所得到的已经变性、不易腐烂的动物皮，其表面有一种特殊的粒面层，具有自然的粒纹和光泽，手感舒适柔软，具有抗撕裂性、耐曲折性等物化性能。

一、天然皮革面料

天然皮革按其种类来分主要有猪皮革、牛皮革、羊皮革、马皮革、驴皮革和袋鼠皮

图 2-109　猪皮革

革等，另有少量的鱼皮革、爬行类动物皮革、两栖类动物皮革、鸵鸟皮革等。其中牛皮革又分黄牛皮革和水牛皮革，羊皮革分为绵羊皮革和山羊皮革。

（1）猪皮革　猪皮革（见图 2-109）的特点是皮厚且粗硬，其外观不是很精致，但可以加工成光面、绒面，或可通过切割层皮得以改善。纤维组织紧密，所以比较耐折耐磨，透气性比牛皮好，穿着舒适，经济实惠，但弹性不如牛皮。猪皮的磨面革、轧花革可制作服装，漆革和绒面革及经过磨光处理的光面革是做皮鞋的主要原料。

（2）牛皮革　牛皮革（见图 2-110）的特点：黄牛皮革粒面磨光后光亮度较高，革面丰满、细致、光亮，且皮革薄厚均匀，手感坚实而富有弹性，吸湿透气性良好，耐磨耐折，光面革偶有松面现象，制绒面革的绒面比较细致美丽，是良好的服装和鞋用皮革；水牛皮革的最大优点是吸湿透气性佳；小牛皮革柔软、细致、轻薄，弹性佳，吸湿好，是优良的服装用皮革。其主要用于制作皮革服装、皮革箱包、皮革手袋、皮革装饰及皮鞋等。

图 2-110　牛皮革

图 2-111　羊皮革

（3）羊皮革　羊皮革（见图 2-111）的特点：山羊皮革的皮身较薄，成品革的粒面紧密，有高度光泽，纹路清晰，立体感强，透气、柔韧、坚牢，但革面略显粗糙；绵羊皮革的透气性、延伸性较好，手感柔软，表面细致平滑，但坚牢度不如山羊皮。羊皮革多用于制作皮革服装、皮鞋、皮帽、皮手套、皮背包以及皮制装饰物等。

（4）麂皮革　麂皮革（见图 2-112）的特点是绒面细腻柔软，坚韧耐磨，吸湿透气性和吸水性均佳，制作服装具有独特的外观风格，是近年流行的服装面料之一。其用于制作服

装、鞋，由于其细致柔软还广泛用于制作汽车清洁用布。

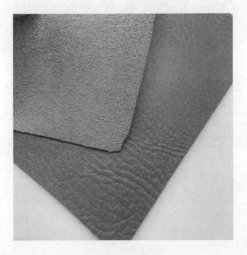

图 2-112　麂皮革

图 2-113　蛇皮革

（5）蛇皮革　蛇皮革（见图 2-113）具有独特的花纹，而且柔软轻薄，弹性好，耐拉耐折，用于制作服装的镶皮及箱包、鞋、钱包、手提包等辅件和打击乐器等。

（6）驴、马皮革　驴、马皮革（见图 2-114）在外观和性能上很相像，不同部位其外观和性能上有差别。前身皮较薄，结构松弛，手感柔软，吸湿透气性好，可用于服装；后身皮结构紧密坚实，透气透湿均差，不耐折，一般用于服装的镶拼或箱包等辅件。

（7）绒面革　绒面革（见图 2-115）的特点是由于没有涂饰层，其透气性能较好，柔软性较为改观，但其防水性、防尘性和保养性差，没有粒面的正绒革的坚牢性变低。制成品穿着舒适，卫生性能好，但除油鞣法制成的绒面革外，绒面革易脏而不易清洗、保养。其可用于服装、服装的镶拼或箱包以及皮鞋等。

图 2-114　马皮革

图 2-115　绒皮革

（8）镭射皮革　镭射皮革（见图 2-116）在服用性能上除了具有原皮的特点外，最突出的优点是外观新颖、花纹、图案别致、美观，具有很强的观赏性，并且手感柔软，多用于服装或服饰等。

（9）磨砂皮革　磨砂皮革（见图 2-117）的特点是绒毛短浅细腻，丰满有弹性，用磨砂皮专用清洁剂护理。其可用于服装、皮鞋等。

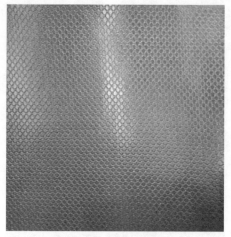

图 2-116　镭射皮革

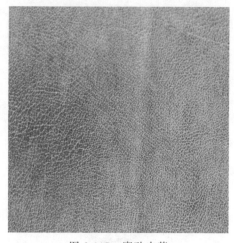

图 2-117　磨砂皮革

二、人造皮革面料

人造皮革面料是在纺织布基或无纺布基上，由各种不同配方的聚氯乙烯（PVC）和聚氨酯（PU）等发泡或覆膜加工制作而成，可以根据不同强度和色彩、光泽、花纹图案等要求加工制成，具有花色品种繁多、防水性能好、边幅整齐、利用率高和价格比真皮便宜等特点，但绝大部分的人造皮革，其手感和弹性无法达到真皮的效果；它的纵切面，可看到细微的气泡孔、布基或表层的薄膜和人造纤维。

（1）PVC 革　PVC 革（见图 2-118）同天然皮革相比，耐用性好，强度与弹性好，耐污易洗，不可燃，不吸水，变形小，不脱色，张幅大，裁剪缝纫工艺简便，厚度均匀，但舒适性较差。其适宜制作服装、鞋、靴等。

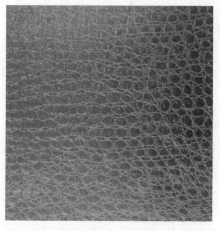

图 2-118　PVC 革

图 2-119　PU 革

（2）PU 革　PU 革（见图 2-119）涂层薄，有弹性，柔软滑润，具有较好的耐水性和耐磨性，透气性好，仿真效果好，张幅大，裁剪缝纫工艺简便。其多用于制作中档大衣、夹克、鞋、靴等。

（3）仿麂皮　仿麂皮（见图 2-120）的特点是不仅具有绒毛细密、柔软而富有弹性和透水汽性、尺寸稳定性、悬垂性佳等天然麂皮的特征，而且还具有天然麂皮无法比拟的优点，

图 2-120　仿麂皮

即不发霉、易洗快干、不易脱毛、手感柔软、抗褶皱、耐磨，是理想的绒面革代用品。其适宜制作外套、运动衫、春秋季大衣等服装，也可做鞋面、帽子、手套、沙发套、箱包等。

第十节　服装用复合面料的鉴别与用途

近年来，复合材料发展势头强劲，出现复合纤维、复合纱线、复合织物等。复合面料是将一层或多层纺织材料、无纺材料及其他功能材料经黏结贴合而成的一种新型材料，适合做服装、服饰品、家居用品和工业用纺织品等。复合面料应用了"新合纤"的高技术和新材料，具备很多优异的性能（与普通合纤相比），如织物表现细洁、精致、文雅、温馨，织物外观丰满、防风、透气，具备一定的防水功能，增强保暖性、耐磨性等。复合面料是欧美流行面料。

（1）布-薄膜复合面料　如图 2-121 所示，该面料的特点是手感柔软，穿着舒适，可迅速排除人体汗气，集防水、防风、抗寒、保暖性于一体，具有单层面料所无法替代的功能，而且剥离强度高、耐水洗、耐低温、耐老化、美观大方。但不同品种热塑性薄膜分别具有不同程度的防水、防风及透湿性能。其广泛应用在运动休闲装、风衣、滑雪装、防寒夹克、野战服装、手术衣、婴儿围嘴、鞋、帽、手套、雨衣、雨伞及各种气囊产品、体育用品等。

图 2-121　布-薄膜复合面料

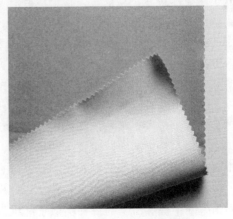

图 2-122　布-布复合面料

（2）布-布复合面料　如图 2-122 所示，该面料具有两面穿效果，手感柔软，黏结牢度强，具有弹性，产品耐干洗、耐水洗，保暖，外观风格仿真性强。其主要用于各类时装、休闲装、保暖服装、服饰品、装饰布、工业用布等。

（3）布-膜布复合面料　如图 2-123 所示，该面料具有复合材料的共同特点，保暖、透湿、弹性好、耐磨，具有优良的黏合牢度和撕破强度，柔软、挺括。各面料本身的图案色泽可使复合面料获

图 2-123　布-膜布复合面料

得各种外观风格，体现新一代功能性复合布料的优势特点。其适合做各种时装、休闲装、保暖服装以及装饰品、工业用布、鞋面、箱包、手套、汽车内饰等。

第十一节　服装用新型面料的鉴别与用途

新型面料是把最新科学研究成果和一般科学知识应用于服装面料产品和工艺上而产生的。新型服装面料开发实际上是由基础研究到应用研究再到技术开发的继续，即由技术开发进一步发展到产品开发即新型面料。一般而言，新型面料是指具有抗菌、除臭、促进人体微循环等功能的各类面料。

一、舒适型服装面料

所谓舒适型是指产品更适应人的生存、生活、生理的要求，无刺激，无副作用，是多种性能的综合反映，包括心理上的因素和生理上的因素。舒适型服装面料的舒适度主要影响因素包括面料的吸湿性、透气性、透水性、导热性、伸缩性、刚柔性、体积重量、电性能和化学特性等。

（一）吸湿透气的凉爽面料

（1）新型麻纤维面料　麻是天然纤维素纤维，其织物具有良好的吸湿散热、屏蔽紫外线、抗菌防蛀、抗电击等性能，并具有粗犷的外观风格，符合保护环境、回归自然的时尚。但麻织物弹性较差，易褶皱，接触皮肤有刺痒、粗糙不适感。为了提高麻织物的舒适性，除提高纺纱支数外，近年来应用了生物技术，用酶剂、低温等离子体对麻纤维材料进行加工整理，使麻纤维柔软、光泽好、抗皱，并保持其耐热、耐晒、防腐、防霉及良好的吸湿透气性。以往服装面料通常使用苎麻、亚麻。近年对具有保健功能的罗布麻、汉麻（大麻）也加大了开发力度。罗布麻又称野红麻，因发现于新疆罗布泊而得名。罗布麻织物洁白、柔软、滑爽，除了本身具有天然麻的风格还具有丝的光泽和棉的柔软，特别是其特殊的药用机理，使其具有一定降压、平喘、降血脂等保健功能。经过酶剂处理的大麻不但手感柔软、穿着舒适，而且其本身抗菌、防腐、防霉性能好，耐热、耐晒和防紫外线辐射功能极佳，实用价值越来越高。其适宜制作贴身衣物、夏季服装、凉席、床上用品等。

（2）甲壳素吸湿面料　甲壳素是从虾皮、蟹壳以及昆虫等甲壳类动物外壳和真菌类、藻类的细胞壁中提炼出来的一种类似于纤维素的多糖生物高聚物，是一种蕴藏量仅次于纤维素的极其丰富的天然聚合物和可再生资源。将甲壳素溶于溶剂中，经纺丝加工得到甲壳素纤

维,具有优越的吸水性、吸湿性和与活体组织的融合性,并具有抗菌功能。甲壳素纤维面料吸湿保湿好,染色性好,可使用直接染料、还原染料等,染色性能接近棉纤维。又由于甲壳素本身的抗菌功能,所以穿这种面料的服装时,汗液中的蛋白质和脂肪就不易分解,臭味就难以产生,可起到防臭的作用,既是舒适保健面料,又可视为绿色面料。其可用于制作舒适、保健内衣等。

（3）吸湿排汗的合成纤维面料　普通的合成纤维截面多为圆形或近似圆形,表面光滑或呈树皮状。其纤维强度大,但形成的织物手摸有蜡状感,光泽不佳,吸湿透气性较差,特别是夏季穿着不透气,有闷热感。近年国内外开发出的吸湿排汗纤维的截面包括十字形、Y形、H形和五叶形涤纶、丙纶等。这类纤维表面不同形式地存在凹槽,具有特殊的排汗功能,织成布后产生高密度出气孔,形成吸湿去湿的快速通道,产生汗不湿效果,有人称之为会"呼吸"的织物。如杜邦公司生产的 Coolmax 和原解放军总后勤部开发的凉爽涤纶等都达到吸湿排汗的效果。其主要用于制作夏季服装等。

（二）其他舒适型服装面料

（1）舒适合体的弹性面料　该面料的特点是在梭织物中加入 5%～10% 的弹性纱线（如莱卡）,使织物获得良好的弹性。目前有在一个方向（纬向）加入弹性纱线和在经、纬两个方向加入弹性纱线的梭织面料,大大提高了梭织面料的舒适性、和使用价值。特别是加入弹性纱线的梭织面料具有较高的附加值,大大提高了经济效益。针织面料本身就具有较好的伸缩性,再加入弹性纱线就更加合体舒适,也进一步丰富了面料品种。其主要用于衬衫、休闲装等各类服装。

（2）柔软保暖的绗缝面料　该面料是近年来国际上较为流行的织物。在双面机上进行编织,单面编织和双面编织相结合,在上、下针分别进行单面编织而形成的夹层中衬入不参加编织的纬纱,然后由双面编织形成绗缝。这种织物由于中间有大的空气层,保暖性好,大量用作保暖内衣面料。柔软保暖的绗缝面料还包括由内外两层织物,中间加絮料,通过热熔压合或绗缝将它们结合在一起形成的复合织物,一般做保暖外衣面料。其主要用于保暖性内、外衣等。

（3）纯棉丝光服装面料　丝光处理是对棉织物进行加工的传统加工工艺。过去棉丝光工艺多用于床单、毛巾和纱线等,而目前纯棉丝光 T 恤衫、汗衫、衬衫等已成为纯棉精品潮流。采用高支棉纱织物,经高浓度烧碱处理,使之光滑并具有丝般光泽,再用优质柔软剂整理,穿着清爽、光滑而舒适。其主要用于衬衫、T 恤衫。

（4）心理舒适型新面料　科研人员认为自然节律（就是具有一定节律性并能给人带来一种心理舒适感觉的不规则性）与舒适性和美学意识有密切关系,最早使用了"1/f 起伏"理论开发的"印花"不是以几何学的等距离反复出现固定的图案,而是适度地将具有不规则配置的自然感的花纹印在织物上。将"1/f 起伏"理论和"生物声"理论与面料生产的多种工艺相结合,可以开发出不同的心理舒适性织物。人体在接触这些信息时,能和自然界的生物声发生共鸣,产生愉快的心情。提取生物和生物周围外观中的节律信息、用语进行绘画、印花和提花,能产生与自然和谐的感觉,用这种方法可以赋予织物较高的附加值。其主要用于保健服装。

（5）恒温面料　美国新奥尔农业研究所化学家蒂龙·维戈研制发明了具有可调式温度的面料,用聚乙二醇处理纺织品后,制成的面料在体温和周围气温升高时能吸收并储存热量,而当体温或气温下降时,面料又能将储存的热量释放出来,人体就会保持恒温的感觉。其主要用于舒适内衣。

二、生态环保型服装面料

生态环保（ECO）是指转变观念和思路，树立绿色低碳发展观，发展绿色低碳经济，促进生态健康可持续发展。生态环保是人类社会未来发展的必然选择。采用生态环保面料将减轻人类生存环境的负担，使我们的环境更美。一般认为生态环保面料低碳节能，无有害物质，并且大多是由再生资源循环利用制成。环保面料可以保护人类身体健康，使其免受伤害，并且有无毒、安全的优点，而且在使用和穿着时，给人以舒适、松弛、回归自然、消除疲劳、心情舒畅的感觉。

（一）生态环保的棉纤维面料

（1）生态棉面料　为了降低农药、杀虫剂等对人体的危害，农业科学家竭力培育不施化学药剂而抗虫害的生态棉花。他们将从天然细菌芽孢杆菌变种中取出的基因，成功地植入棉花中，该细菌产生对抗毛虫类的有毒蛋白质，可使毛虫在 4 天内死亡。转变基因后的棉株不再有虫，不需喷洒杀虫剂，而且这种棉花只对以棉花为食的昆虫有毒，而对人和益虫无害。他们还培育出不需人工脱叶的棉花，使其具有遗传性的早期自然脱叶特性，在棉花成熟前两个月，叶子开始变红并逐渐脱落，自动去除了棉纤维中的杂质。利用无公害的生态棉面料制成的服装由于对人体无害，受到服装界的重视和消费者的欢迎。其用于做内、外衣。

（2）彩色棉面料　经农业育种专家和遗传学专家共同努力，利用生物基因工程等高科技手段，给棉花种子插入不同颜色的基因，从而使棉桃生长过程中具有不同的颜色。目前世界各国，如美国、英国、澳大利亚、秘鲁、乌兹别克斯坦、中国等，已栽培出浅黄、紫粉、粉红、奶油白、咖啡、绿、灰、橙、黄、浅绿和铁锈红等颜色的棉花。我国引进了三种颜色彩棉，但目前用得比较多的是咖啡色，少量浅绿色。彩色棉面料不再需要染色，使用机械方法预缩，不再用化学整理剂，并配用再造玻璃扣，或木质、椰壳、贝壳等天然材料纽扣，缝纫中也采用天然纤维缝纫线，成为环保型服装，特别适合制作与皮肤直接接触的各种内衣、婴幼儿用品和床上用品。天然彩色棉具有很高的经济效益和社会效益，因而也得到国际服装市场的青睐。但天然彩色棉在强度、色牢度等方面还需进一步改进。其用于做内外衣。

（3）竹纤维面料　竹纤维是一种原生纤维，是采用独特的工艺从大自然的常青植物——竹子中直接分离出来的纤维。一般根据各纺织厂不同的纺纱系统，将天然的竹材锯成生产上所需要的长度，经蒸煮→去皮→浸泡→软化等特殊、复杂的工艺，同时采用机械、物理的方法将竹材中的木质素、多聚戊糖、果胶等杂质除去后，从竹材中直接提取获得，不含化学添加剂，整个制取过程对人体无害，无或少环境污染，加上竹材本身具有天然的抗菌性，不生虫，自身可繁殖，生长过程中既不需要农药也不需要化肥，是新型纯天然绿色环保纤维。由于竹纤维本身的天然中空结构，其可以在瞬间吸收大量的水分和透过大量气体，被誉为"会呼吸的纤维"，用该纤维制成的面料具有良好的吸湿性和放湿性，同时还具有手感柔软、穿着舒适、光滑、耐磨、悬垂性好等特点。此外，竹纤维还具有天然的抗菌杀菌作用、良好的除臭作用，其面料具有较好的防紫外线功效，可用于制作内外衣、床上用品等。

（4）竹浆纤维面料　竹浆纤维是以竹子为原料，把竹子中的纤维素提取出来，再经制浆、纺丝等工序制造的再生纤维素纤维。在原料的提取和制浆、纺丝过程中全部采用高新技术生产，属于当今世界新型人造纤维，填补了国内、国际空白。竹浆纤维面料具有吸湿透气性好、穿着凉爽舒适、悬垂性佳、手感柔软、光泽亮丽、强力高、耐磨性能强等特点，并且还具有天然抗菌效果，可用于制作内外衣、床上用品等。

（5）竹炭纤维面料 竹炭纤维是以我国南方优质的山野毛竹制成的竹香炭纳米级微粉为原料，经过特殊工艺加入黏胶纺丝液中，再经近似常规纺丝工艺纺制出的纤维新产品。其能充分体现出竹炭所具有的吸附异味、散发淡雅清香、防菌抑菌、遮挡电磁波辐射、发射远红外线、调节温湿度、美容护肤等功效。竹炭纤维作为一种自然、环保、健康的纺织新材料，必将拥有更广阔的发展前景。其可用于制作运动服装、保温袜、围巾、窗帘、隔屏、床上用品及鞋垫等保健用品。

（二）其他生态环保型服装面料

（1）彩色羊毛和彩色兔毛面料 俄罗斯培育出了彩色绵羊，其颜色品种有蓝、红、黄和棕。澳大利亚也培育了蓝色绵羊，蓝色羊毛包括浅蓝、天蓝和海蓝。法国、美国和中国都培育出了多种彩色兔。我国彩色兔的共同特点是背部、体侧颜色较深，腹部毛色较浅，颜色分棕、黑、灰、黄、红、蓝等多种，是极佳的毛用型珍稀动物。这些动物毛彩色面料是继彩色棉之后又开发的新型天然纤维面料，对环境保护和人体健康做出了相当大的贡献。其可用作内、外衣面料等。

（2）彩色蚕丝面料 天蚕丝是一种天然的绿宝石颜色的蚕丝，在国际上享有"钻石纤维"和"金丝"的美称，是一种珍贵的蚕丝资源，价格昂贵，国际上售价达3000～5000美元/kg，产量极低。天蚕生长于气温较温暖的半湿润地区，还能适应寒冷气候，能在北纬44°以北寒冷地带自然生息，主要产于中国、日本、朝鲜和俄罗斯的乌苏里江等地区。1988年我国成功将天蚕引入江南落户，由以往单靠收集野生天蚕茧的阶段跨入人工饲养的崭新阶段。在河南省嵩城县境内还发现一种名叫"龙载"的天蚕，它吐彩丝，有绿、黄、白、红、褐五种颜色，为多层结彩。另外，安徽省蚕业研究所也采用生物工程中的基因工程培育成多种颜色的彩色蚕丝。其主要用于制作晚礼服、医疗用袜子、内衣、护膝、护腹等。

（3）桑树皮纤维面料 该面料是利用天然桑树皮经过一系列加工而得到的既具有棉花的特性，又具有麻纤维优点的新型生态环保材料。不仅可以纯纺，还可以与棉、毛、丝、麻天然纤维以及化学纤维等混纺，得到风格不同的新型面料。桑树皮纤维面料具有光泽柔和、挺括坚实、保暖透气、舒适柔韧、密度适中和可塑性强等特点，适用于制作各类服装等。

（4）生态环保的新型纤维素纤维面料 Tencel纤维是由英国Courtaulds公司研制的一种学名为Lyocell的新型纤维素纤维，是一种由木浆通过溶剂纺丝方法所萃取出的介于人造丝与天然纤维间的环保新纤维，溶剂不含有毒成分，对人体及生态环境不构成污染，并可回收进行循环利用，生产过程没有废弃物产生，最终产品废弃后可以生物降解，也不造成环境污染，所以被誉为"绿色纤维"。用该纤维织制的服装面料柔软、舒适，吸湿性和染色性较好，有光泽，还拥有悬垂性、耐洗性，且强度、刚度高。目前用Tencel纯纺纱或与棉纤维混纺织制的服装面料是比较有发展前途的新型面料。我国已经在上海等地建成Lyocell生产线。其可纯纺或混纺制作各种内、外衣面料等。

（5）大豆蛋白纤维面料 被誉为"人造羊毛"的大豆蛋白纤维是目前唯一由我国自主研发并在国际上率先取得工业化试验成功的再生蛋白质纤维。大豆蛋白纤维是从豆粕中提取植物蛋白质和聚乙烯醇共聚接枝，通过湿法纺丝生成的，是一种性能优良的新型植物蛋白质纤维，其表面光滑、柔软，具有羊绒般的手感、蚕丝般的光泽和棉纤维吸湿性能（但保湿性不是很好），纤维本身呈淡黄色。在高温高湿环境中，该纤维具有良好的内部吸湿效果而使纤维表面保持干燥，从而使服装在潮湿的环境中穿着非常舒适。此外，还具有明显的抑菌功能，并可生物降解。在加工性能方面可以与羊绒、羊毛、绢丝等原料混纺加工，在面料服用性能上具有细旦、丝光和良好的外观，手感能满足穿着舒适性及生态保健功能的需要，但抗皱与耐热性方面较差。其可用于各式服装。

（6）润肌养肤的牛奶丝面料　牛奶丝是高科技生态环保纤维，是由牛奶蛋白和丙烯腈接枝共聚，再进行纺丝加工而成，被誉为"绿色环保产品"。该纤维形成的面料具有天然丝般的光泽和柔软的手感，有较好的吸湿性和导湿性能。由于其主要原料是牛奶蛋白质，故具有独特的润肌、养肤的生物保健功效及抑菌消炎作用。其适合制作内衣、T恤衫、衬衫等服装。

（7）蛹蛋白丝面料　蛹蛋白丝是一种新型蛋白质纤维。综合利用高分子改性技术、化纤纺丝技术、生物工程技术将蚕蛹经特有的生产工艺配制成纺丝液，在特定的条件下形成具有稳定皮芯结构的蛋白纤维。蛹蛋白质与纤维素皮芯分布和结合。由于蛹蛋白液与黏胶的物理化学性质不同，蛹蛋白主要聚集在纤维表面。蛹蛋白丝外表呈淡黄色，有着真丝般柔和的光泽、滑爽的手感和良好的物理性能，集真丝和人造丝的优点于一身，具有舒适性、亲肤性、悬垂性好和染色鲜艳等优点。其织物光泽柔和、手感滑爽、吸湿、透气性好，适合制作内衣和春、夏季服装面料等。

（8）可生物降解的聚乳酸纤维（PLA纤维）面料　聚乳酸纤维是一种新型环保型纤维，是由玉米淀粉发酵制得乳酸，再经聚合、熔融仿丝生产而得，又称PLA纤维（LACTRON）或玉米纤维。美国杜邦公司生产的该产品商品名为sorona。该纤维能生物降解，其燃烧热较低而且燃烧后不会生成氮的氧化物等气体，使用后的废弃物埋在土中，可分解成碳酸和水，在光合作用下，又会生成起始原料淀粉。从环保的观点来看，该纤维能以低原料能源取胜于合成纤维，并且在生物降解方面获得极高评价，是一种极具发展潜力的生态纤维。这种纤维具有与聚酯纤维类似的性能，具有良好的耐热性、热定型性和丝绸般的光泽，比聚酯纤维手感柔软，具有优良的形态稳定性、疏水性、干爽感和抗皱性。其可以采用分散染料染色，并可以染比较深的颜色，能与棉、羊毛混纺生产具有丝质外观的面料。其可用于制作内外衣、T恤衫、运动衣、夹克衫等产品。

三、功能型服装面料

功能型服装面料种类很多，一大类是外在功能，主要是防护，如防风、防水、防割裂、防辐射、防静电、防火、防荧光等，另一类是内在功能，主要是体现穿着者的感受，如吸湿排汗、速干、抗菌、防臭、防螨虫、保暖、凉爽等。在此分为保健卫生功能、隔离与通透功能、专业防护的高性能、特殊休验的其他功能等。

（一）保健卫生功能面料

（1）微元生化面料　该面料是国内高科技企业研制开发的能够改善人体微循环的微元生化纤维，是将含有多种微量元素的无机材料通过高技术复合，制成超细微粒再添加到化学纤维中形成的。将这种纤维与棉纤维混纺织成的织物，穿用时可以改善人体微循环。其可用于制作内衣等。

（2）远红外线纤维面料　该面料的开发途径有两种：其一是以纳米级陶瓷粉末等远红外线微能辐射体混入合纤纺丝原液进行纺丝，得到远红外纤维，然后再加工成面料；其二是在整理加工时将微能辐射体以涂层、浸轧、印花等方法施加到面料上，使其能高效吸收外界光线和热量并能产生远红外线，渗透到人体皮肤深处，并产生体感升温效果，起保温作用，同时又可以对人体起到促进微循环、活化细胞组织、增强组织再生能力、扩张毛细血管、促进新陈代谢、解除疲劳等保健作用。远红外线纤维面料是一种积极的保温材料，不但可以使服装达到轻薄的目的，还具有保健的作用，主要用于制作具有远红外线作用的内衣、袜子、被单等。

（3）橄榄油加工的内衣面料　橄榄油是化妆品原料之一，其微小粒子能渗透到皮肤毛孔及天然纤维中去，利用这一特性加工成的针织面料再制成内衣，穿用时织物中橄榄油的微小粒子作用于肌肤，达到软化皮肤、清洁舒适、促进健康的目的。其主要用于制作内衣。

（4）芦荟加工内衣面料　该面料是利用天然植物芦荟从中提炼出的汁液加工而成，因其汁液含有丰富的聚氨基葡萄糖、山梨糖醇酐脂肪酸酯，故其具有美化滋润人体肌肤、保湿肌肤的功效，对人体具有保健延年及消炎作用，对烧伤、烫伤亦具有治疗作用。其可用于制作内衣。

（5）森林浴抗菌内衣面料　该面料由从天然柏桧中提取的硫醇成分加工而成，这种保护身体的天然成分可抑制臭味的发生源——微生物的繁殖，具有抗菌的效果。穿着时还可体验到森林浴的感觉。其可用于制作内衣。

（6）吸汗、排汗内衣面料　该面料采用含有骨胶原蛋白（纤维状蛋白质）的纤维加工剂经特殊的柔软加工而成，吸汗、排汗性能优良，具有良好的润滑、保养肌肤的作用。其用于制作内衣。

（7）生物谱内衣面料　该面料也称周林频谱内衣面料，是将一种特制的无机复合材料添加到纤维原料中纺制，并经加工而成。该面料在常温下能吸收外界和人体自身辐射的能量，然后再以同样的频率反馈于人体，对人的生长、发育及生存状态进行调节，能增加人体细胞的活力，改善人体末梢血液循环，抑制细菌繁殖，可以融透气性、除湿性和保暖性于衣物中，达到保暖、保健的功效。其主要用于制作内衣。

（8）中草药型内衣面料　日本钟纺株式会社推出多种中草药、植物香料、薄荷、啤酒花、茶叶树茎、肉桂香料等，用其制成天然染料和处理剂，处理天然纤维（棉或毛）制成的内衣裤、袜子、床上用品等，从而形成抗菌、防臭、防螨虫、防毒、防病的系列卫生保健用品。这种产品比化学处理的售价要高出 10%～20%，但颇受消费者欢迎。其主要用于制作内衣。

（9）抗菌消臭功能面料　该面料是将纳米级抗菌消臭剂添加到纤维之中或者经后整理的方法将抗菌消臭剂再加到织物表面而得到抗菌消臭功能面料，除了可抑制细菌滋生、防止病毒交叉感染、消除环境中或人体散发的异味外，还可以减轻人体皮肤瘙痒，提高睡眠质量。其主要用于制作内、外衣。

（10）负离子多功能面料　该面料的特点是除了具有抗菌、抗病毒功能外，还可以促进血液循环，增进心肺功能，使人神清气爽，并能提高睡眠质量以消除疲劳，是具有较高附加值的保健功能面料。穿着负离子多功能面料服装，实际上是改善人体周围的环境。其主要用于制作内、外衣。

（11）防止皮肤干燥面料　该面料是日本开发的一种保持皮肤湿润、防止皮肤干燥的新型生命纤维面料。生命纤维是通过纤维改良技术增强纤维的融水性，并通过化学反应将磷脂聚合物固化在纤维表面，减少肌肤的水分蒸发，从而起到维持皮肤湿润、防止皮肤干燥的保护皮肤作用。其主要用于制作运动服、内衣、防护用品等。

（12）磁性面料　该面料是将具有一定磁场强度的磁性纤维编织在织物中形成，面料带有磁性，因磁力线的磁场作用与人体磁场相吻合，故可治疗风湿病、高血压等疾病。该保健功能面料加工成服装、枕头等对风湿病和高血压有一定的辅助疗效。

（13）电疗面料　该面料是采用改性氯纶制成的弹性织物。当贴合人体皮肤时，能产生微弱的静电场，可以促进人体各部位的血液循环，疏通气血，活络关节，并可防治风湿性关节炎。其主要用于制作内衣。

（二）隔离与通透型功能面料

（1）热防护功能面料　由于热源性质和热转移以及接触方式的不同，对防护服的要求也不同，包括纤维材料、织物组织结构、处理加工方法和防护服的制作应用方式都不同，总的来说热防护面料首先应具有阻燃性能，即离开火焰后不再燃烧；还要遇热或熔融后应保持原有形状，不收缩，焦化后不散裂，这样可以避免损伤皮肤，而且最好具有防水、防油或防其他液体性能，可阻止高温水、油、溶剂以及金属融体或其他液体溅射而透入织物，损伤皮肤。①热导防护。对铁、铝、镁等熔融金属的防护，金属量和品种都对防护效果有影响。羊毛绝缘性好，对金属黏着力也低，总体防护性能较好。羊毛厚织物（$540g/m^2$）可防护350mL熔融钢铁或矿渣；羊毛薄织物（$270\sim350g/m^2$）适用于对铝、镁等熔融金属的防护。所以，对于热导的防护一般采用羊毛和阻燃棉纤维面料制作的防护服。不宜用热塑性纤维和导热性能优良的纤维，要求纤维在高温焦化后也不导热。②对流火焰防护。采用防燃纤维或经阻燃整理的服装面料，外层梭织物、内层疏松针织物搭配对火焰防护效果好。③对热辐射防护。铝的反射效果较好，可反射90%的热量，以采用镀铝整理的服装面料制作防护服装。其宜做消防服、海军防护服、宇航服和炼钢、浇铸、电焊、切割等操作人员用服装，以及婴儿服装等。

（2）防紫外线功能面料　该面料一种是在合纤纺丝原液中加入紫外线屏蔽剂或紫外线吸收剂进行纺丝，得到防紫外线纤维，然后再加工而成；另一种是在整理加工时将紫外线屏蔽剂或紫外线吸收剂，以涂层、浸轧、吸尽等方法施加到织物上而成，特别是天然纤维要应用后整理方法。人们穿该面料制作的服装，身体不受紫外线的伤害。其可制作服装、帽子、遮阳伞和窗帘等。

（3）防辐射功能面料　①防电磁波辐射功能面料。通常是用屏蔽的方法来实现的。通过防护层表面的金属将辐射波反射回去，以实现屏蔽。防护材料可用金属网保护层，也可在织物上镀银、镍、铜或用这些金属粉涂层。②防原子能射线辐射功能面料。原子能射线穿透力强，能量大，有很大的杀伤力。需要对相关的设备和人员进行防护，以避免放射性物质的污染和穿透。防护服常采用多层织物，外层要求价格低、制作方便、质轻，可用聚乙烯纤维织物或非织造布制造，内层主衣可用聚乙烯或聚丙烯纤维织物。γ射线防护面料是将铅粉或铅化合物用橡胶黏合制成。也有用纯棉细布喷涂45%～60% $BaSO_4$，或用 $BaSO_4$ 添加到黏胶纤维中，也有采用后整理方式进行加工。③防 X 射线功能面料。X 射线穿透力很强，仅次于γ射线，医学方面应用较多，从事这方面工作的人员，除在设备上加以防护外，防护服和对人体敏感部分的防护也很重要。经实验，铅、钡、钼、钨等金属及其化合物密度大，防护性能好，可与织物黏合或纤维混合作为防护材料。据介绍，将直径 $1\mu m$ 以下的 $BaSO_4$ 粉末加入黏胶液中纺丝，也可得到类似功能面料。其主要用于制作特殊防护服装。

（4）化学防护面料　该面料可以有效地减少日常工农业生产中各种已知的液态和气态化学有害剂对人体的影响。其阻挡材料有三类：一是橡胶类，包括丁基橡胶、氯丁橡胶、氟橡胶（如杜邦的 viton）和人造橡胶；二是在织物上涂敷阻挡的涂层材料，包括聚氯乙烯、含氟聚合物等；三是双组分结构材料，包括氟橡胶/氯丁橡胶、氯丁橡胶等组合。雾化的化学和生物剂是对作战人员的最大威胁，所以化学防护面料也是部队作战需要，目前已经应用纳米材料进行化学防护服的研究。即在防护服的衬层中加入一种直径为 200～300nm 的纳米纤维，通过纳米纤维的作用，提高防护服对雾化化学浮粒及干燥气浮粒的捕捉能力，对雾化化学有害的防化能力达到 98%。其宜做化学防护服。

（5）拒水拒油功能面料　该织物的拒水抗油功能是以有限的润湿为条件的，表示经处理的织物在不经受任何外力作用的静态条件下，抗液体油污渗透的能力。拒水整理剂一般是具有低表面能基团的化合物，用其整理织物，可使织物表面的纤维均匀覆盖上一层由拒水剂分子组成的新表面层，使水不能润湿。并且该整理并不封闭织物的孔隙，空气和水汽还可透过，使其既拒水又透气。拒油整理即织物的低表面能处理，其原理与拒水整理极为相似。只是经拒油整理后的织物要求对表面张力较小的油脂具有不润湿的特性。拒油整理是利用有机氟化物对织物进行整理，由于氟聚合物的表面自由能比其他聚合物低，因而能达到拒油的目的。其主要应用于专业劳动保护用品或雨衣、雨帽等。

（6）防水透湿功能面料　该织物包括用微细纤维织造成的高密织物、用超细旦纤维织造成的超高密织物，这些织物使纱线间几乎无间隙，但能使水蒸气透过，有聚四氟乙烯微孔薄膜的层压产品、聚氨酯湿法涂层面料等。这些面料既能阻止水的渗透，又能使人体散发的湿气逸出。但是，在长期使用过程中，由于经受摩擦尤其是洗涤等作用，高分子膜破裂，影响防水透湿功能，雨滴在织物表面的滚落速度变慢，甚至在织物表面形成水膜，结果使织物失去透湿性，影响穿着舒适性。其宜做羽绒服、风衣、雨衣、劳动保护服装等。

（7）形状记忆纤维面料　形状记忆纤维在热成型时（第一次成型）能记忆外界赋予的初始形状，冷却时可以任意变形，并在更低温度下将此形变固定下来（第二次成型），当再次加热时可逆地恢复到原始形状。目前，研究和应用最普遍的形状记忆纤维是镍钛合金纤维。在防烫伤服装中，镍钛合金纤维首先被加工成宝塔式螺旋弹簧状，再进一步加工成平面，然后固定在服装面料内（形成形状记忆纤维面料）。用该面料做成的服装接触高温时，形状记忆纤维的形变被触发，纤维迅速由平面变化成宝塔状，在两层织物内形成很大的空腔，使高温远离人体皮肤，防止烫伤发生。其宜做特种服装、劳动保护服装等。

（8）安全反光面料　该面料利用高感性发光或反光材料制成，这种面料无论日夜都能显现，特别是当灯光照射时更能显示出耀眼的光亮，起到提示作用，避免交通事故。所以应用这种面料加工的服装具有一定的防护功能，主要用于制作安全背心、帽子、鞋等。

（三）高性能纤维面料

（1）耐高温面料　该面料是应用芳香族聚酰胺纤维中的芳纶 1313（商品名 Nomex）纤维形成的面料。芳纶 1313 耐高温性能突出，熔点 430℃，能在 260℃下持续使用 1000h 强度仍保持原来的 60%～70%；阻燃性好，在 350～370℃时分解出少量气体，不易燃烧，离开火焰自动熄灭；耐化学药品性能强，长期受硝酸、盐酸和硫酸作用，强度下降很少；具有较强的耐辐射性，耐老化性好。其宜做飞行服、宇航服、消防服、阻燃服等。

（2）超高强面料　该面料是应用芳香族聚酰胺纤维中的芳纶 1414（商品名 Kevlar）纤维形成的面料。芳纶 1414 具有超高强和超高模量，其强度为钢丝的 5～6 倍，而重量仅为钢丝的 1/5，而且耐高温和耐化学腐蚀能力较强。其宜做宇航服、防弹衣、高温作业服及汽车、飞机轮胎帘子线等。

（3）PBO 纤维面料　PBO 纤维是聚对苯撑苯并双噁唑纤维的简称（商品名 Zylon），最初主要用于航空航天事业的增强材料，被誉为 21 世纪超级纤维。强力是凯夫拉（Kevlar）

纤维的 2 倍，一根直径为 1mm 的 PBO 纤维细丝可吊起 450kg 的质量，同时兼有耐热阻燃性、耐冲击、耐摩擦和尺寸稳定性优异，质轻柔软。其宜做宇航服、防弹衣、高温作业服、防切伤保护服等。

（4）PBI 纤维面料　PBI 纤维是聚苯并咪唑纤维的简称（商品名 Togylen），是典型的高分子耐热纤维，最初主要用于宇航密封舱耐热防火材料。20 世纪 80 年代又开发了可用于高温防护服装的民用产品。该纤维面料强度高，手感较好，吸湿率高达 15％，穿着舒适，而且还具有阻燃性、尺寸热稳定性、高温下化学稳定性。

（四）变色面料

（1）热敏变色面料　该面料的颜色随温度的变化而变化。原理是在面料内附着一些直径为 2μm 左右的微胶囊，内储因温度而变色的液晶材料或染料。无数微胶囊分散于液态树脂黏合剂或印染浆液中，进一步加工将它们涂敷于纤维或面料上，当环境温度变化时，便会出现颜色变化的现象，而且这种变色是可逆的。其宜做儿童服装、时装、泳装、舞台装等。

（2）光敏变色面料　光敏变色面料又称为光致变色面料，其在光的刺激下可发生颜色和导电性可逆变化。其是根据外界的光照度、紫外线受光量的多少来实现的。可以采用在纺丝溶液中加入具有光敏变化性化合物的方法，或合成能变色的聚合物进行纺丝的方法进行纺丝织布。日本研究的防伪纤维就是在聚酯纤维中加入特殊的发色剂，只要激光一照，发色剂就会发生变化，面料的颜色也就随之变化了。还可以利用微胶囊技术，将可变色的光敏液晶涂敷在面料上，则光线的明暗变化（如从室内到室外、从背阴处到阳光下或舞台灯光的变化等）便会使面料颜色发生明显变化或面料表面巧妙地浮现出各种图案花纹。其宜做儿童服装、滑雪服装、趣味玩具、舞台装等。

（3）湿敏变色面料　湿敏变色面料也称水现织物，看起来与普通面料没有差异，但是当它潮湿时就会显示出花纹、图案。这种面料非常适合制作泳装或雨衣、雨伞。当穿上这种泳装或雨衣，在入水的瞬间或雨水浸湿雨衣时，泳装和雨衣上斑斓的图案渐渐显示出来，引人注目。

（4）生化变色面料　该面料在生产时添加了一些材料，故该面料在接触某些生物体或化学物质（有毒、有害物质）后会改变颜色，以利用其起到提醒、防护作用。这种面料的变色与其他的不同，是不可逆的。其宜做防护服装等。

（五）其他功能面料

（1）香味面料　该面料一般是利用微胶囊技术包裹香料涂敷于织物表面或添加到纺丝液中形成的面料，此面料带有香味，但一般随着洗涤次数的增加，香味会逐渐淡化。日本一家公司研制的香味面料是将香料注入有大量微孔的有机聚合物所纺成的空心纤维中，然后在其外表涂上一层聚酯薄膜，先纺成长丝，再按需切成一定长度的短纤维，由于香气只能从两端切口处向外散发，不仅控制了香气散发的速度，还能有效地储藏香料，从而使香味散发的时间达一年以上，最长的还可以保持在 5～7 年。其宜做内外衣、礼服、床上用品、室内装饰等。

（2）芳香型功能面料　该面料是利用芳香纤维或经芳香后整理而制成的，具有优化环境和促进人体健康的功能。有的面料能提神醒脑，使人感觉激动兴奋；有的面料能安定神经系统，促进睡眠；有的能持久地散发天然芳香，给人轻松愉快之感。其主要用于制作服装、床上用品等。

（3）免洗涤面料　马萨诸塞大学的生物技术研究小组将一种大肠杆菌植入衣物纤维，利用它吞食污物来清洁衣物，并培养不同的寄居在衣物纤维上的细菌，分别以灰尘、散发异味的化学物质和汗渍为食，并且让这些以污渍为食的细菌分泌出香水的芳香。人们穿上这种面料的衬衫，稍稍出点汗，就可以使那些细菌活动起来，帮你清除衬衣上的污渍，并散发香气，既舒适又免洗涤。其宜用于制作内、外衣等。

（4）蓄热面料　蓄热面料具有持久的保暖性，可减缓体温的流失，且其柔软舒适的触感令人放松，心情愉悦。蓄热面料采用蓄热保温纤维织造而成的能吸收太阳光能的织物，可使波长 $2\mu m$ 以上的高能光线转化为热量。蓄热保温纤维是一种可吸收太阳辐射中的可见光与近红外线，且可反射人体热辐射，具有保温功能的阳光蓄热保温材料。其适宜制作保暖内衣、冬季滑雪服等保暖服装。

（5）凉感面料　该面料具有高效持久的凉爽感，它可以使体温迅速扩散，加快汗水排出，降低体温，保持织物凉爽和人体舒适之功能。凉爽面料的代表即"Coolcore"面料，该面料不含化学制品、高分子材料、胶剂、晶体或相变材料。所用的纤维都为安全无刺激性纤维，这种面料相比普通防潮面料具有轻薄、透气、穿着舒适的特点。其适宜制作夏季服装和运动服装。

（6）防蚊虫面料　该面料是用纳米微胶囊缓释技术，经过特殊工艺加工而成，该面料具有持久的驱蚊虫、广谱抗菌的作用，对蚊子、跳蚤、虫等具有耐久高效的驱赶作用，能抵挡和消除害虫，使人体更加整洁，心情更为愉悦。其适宜制作内衣和夏季服装。

第三章　主要服装用面料的选择

第一节　服装面料选择的依据

在人类赖以生存的衣、食、住、行四大要素中，衣是第一位的。在人们的日常生活中历来有"巧妇难为无米之炊"的道理，说明了各种材料对成品的重要性。服装也不例外，服装设计三要素（服装色彩、款式造型和材质）中的服装色彩和材质就是直接由选用的服装面料来体现的，说明服装面料的选择多么重要。它具有保护性、美饰性、遮盖性、调节性、卫生性、舒适性和标志性功能。

在人们的日常生活中，穿衣的目的有二：一是遮盖身体、御寒防暑、保护身体和掩饰某些人的体型缺陷；二是美化装饰。因此，服装面料的选择，不仅反映一个国家的政治、经济、科学、文化、教育水平，而且也反映一个国家的人民物质生活水平和精神面貌。在改革开放以前，我国人民对服装面料选择的标准大体上是经济、实用、美观。随着科学技术水平的蓬勃发展，人民生活水平的不断提高，以及人们对各个领域认识的深化，人们对服装面料的要求也越来越高。综合起来，一般按以下顺序进行选择：审美性、时新性、实用性、风俗性和经济性。

一、审美性

人们在选择服装面料色泽时，通常是"远看颜色近看花"。虽然面料的色泽万紫千红，五彩缤纷，但一般来说，还是比较注意庄重感，很有香花不艳的味道。长期以来，各种色彩在人们心理上已形成一种冷暖、明暗之分。在美学上，把红、橙、黄等颜色称为暖色；蓝、青、绿等称为冷色。医学上认为，颜色的冷暖与气候的冷暖给人的感觉是相反的；天气暖，使人容易感到疲倦，冷则使人精神振作，而颜色暖却易使人兴奋，颜色冷则会起到抑制作用。明暗度以白色明度最大，黄色次之，黑色最差。不同的色彩又给人以不同的感觉，由于各个民族对色彩的爱憎不同，即使同一种色彩，也有不同的内涵。例如：

（1）红色　一般多表示热情、兴奋、好动、豪放、热烈、希望、胜利、吉祥；也有表示权势、焦躁、恐惧、警戒等。

（2）橙色　一般多表示兴奋、喜欢、活泼、快乐、高兴、天真；也有表示嫌疑、疑惑等。

（3）黄色　一般多表示快活、温暖、欢乐、热情、乐观、明快、光明、希望；也有表示猜疑、警戒等。

（4）绿色　一般多表示友好、舒适、文静、爽快、舒畅、青春、和平、安详、生命；也有表示不祥等。

(5) 蓝色　一般多表示庄重、严肃、和平、安静、沉着；也有表示冷淡、神秘、阴郁等。

(6) 紫色　一般多表示高贵、权势、富裕、华丽、含蓄、优雅等。

(7) 白色　一般多表示纯洁、活力、神圣、宁静；也有表示肃穆、悲哀等。

(8) 褐色　一般多表示严肃、淳厚、老成等。

(9) 灰色　一般多表示深沉、平静、稳重；也有表示平淡、中庸等。

(10) 黑色　一般多表示寂静、庄重、古老、肃穆、神秘、深远等；也有表示悲哀、恐怖等。

(11) 金银色　一般多表示富丽、辉煌、华贵、荣耀等。

因此，人们在生活中必须注意服装色调和谐。如果一个人的身材不好，可以通过服装的颜色来进行弥补。例如，要想使自己显得高大些、胖一些，就可选择暖色和亮度大的服装，如红、黄等。冷色的服装可以给人一种矮小而瘦的感觉，如深绿、蓝紫和发深蓝的暗色调，它与暖色产生的效果正好相反，起到缩小物体体积的作用，所以这种颜色又称为收缩色。如果一个人的臀部较大，而胸部又不丰满，则不适宜选择浅色的裤子或裙子配深色的上衣，否则会使其身材比例显得更加失调。假如穿上深色的裙子，再配上浅粉色的上衣，这样可起到收缩臀部而扩大胸部之效，因而，显得体型优美而丰满。再如，一个人身材矮小，如果戴上亮度大的帽子，再配上灰色的服装，这样就会显得高大些。同样的道理，瘦人如穿上花色鲜艳的服装，就会显得丰满。如果穿上方格子花纹或横条的衣服，就会更加显得健壮而匀称。相反，胖人则不宜穿太鲜艳的衣服，尤其是在冬天，要避免穿浅色罩衣和外衣，夏天不宜穿白灰等色太浅的裤子，否则会显得更胖。对于身材太高的人，则不宜穿色彩鲜艳、大花朵和亮度大的服装，如果改穿深色、单色或柔和色的服装，就会显得稳重、安静、令人可亲。

此外，服装的颜色还能改变一个人的肤色，这是由于服装的色调和装饰给人们造成了视错觉。每个人都有自己的肤色，一个人的面部、身体肤色，以及眼睛、头发的颜色，在一定程度上都会随着服装的颜色而发生变化。有些颜色能使人的皮肤发粉、发红、发白，显得生气勃勃，甚至也会使眼睛显得格外明亮、炯炯有神。同样，也有的颜色会使人的脸色发黄、发褐、发青，显得灰暗，精神颓废，眼睛也显得呆滞无光。由此可见，根据肤色来选择服装的颜色是多么重要。例如，一个人的皮肤色调发黄或发褐色，则要避免穿亮度大的蓝色或紫色；如果皮肤色调很暗，则要避免深褐色、黑紫色或黑色；如果肤色太红、太艳，则要避免浅绿色和蓝绿色，这是因为颜色的强烈对比，会使肤色显得红得发紫；如果肤色是病黄、苍白色，则应避免穿紫红色，因为这种颜色会使人显得黄绿，更加呈现病态。

一般而言，任何肤色的人穿白色服装或浅色小花纹的服装，都会收到良好的效果。因为它反光，会使脸上显得富有色彩，具有生气。如果一个人的肤色发红，再配上浅色的服装，则更显得健康而有活力。黑色物体本身具有吸收光和颜色的性能，如果穿上黑色服装，它将会从肤色中吸收色彩，使皮肤发白。所以，只有那些肤色干净、发白的人，穿上毫无修饰的黑色服装才会产生美感。浅色的海军蓝对多数人的肤色都是比较适宜的。皮肤黑红色的人，不宜穿浅粉、浅绿的服装。黄脸的人可以穿浅粉色，也可以穿白小红花或白地小红格的服装，这样可使面部肤色富有色彩。对于粉红、黑红脸色的人，穿上浅黄色、白色或鱼肚白色的服装，使肤色和服装色调和谐，其效果甚佳。

在一般情况下，童装与女装的颜色多选用色彩多变的面料。在选择童装面料时，要注重儿童的心理，要符合儿童天真活泼的个性，多选用色彩艳丽、花型生动活泼、色彩对比性强、热闹、明快的面料。例如，秋冬季的服装面料可挑选暖色调的红、玫红、枣红、铁锈红、橙、棕等主色调或者加以适当的格条等花型；春夏可选用冷色调的白、浅粉、浅蓝、湖蓝、浅绿、米色等为主色调的各种面料。女士服装变化多，款式层出不穷，千变万化，选用服装面料的颜色主要根据自己的年龄、性格、爱好、肤色、体形、职业、经济条件等进行综合考虑。青年女士衣料颜色的选择，一般多注意时新性，即流行性，但总的以色泽鲜艳、明快和色调强烈，富于青春活力为标准。对于性格内向的人，应选择色调柔和、宁静的灰驼、咖等中间色或淡雅的颜色。中年妇女应选择典雅含蓄的色彩，或素雅的浅色，显得雅致大方，沉静深远，表现出合体的自然美。一般多以平素和中间色为宜，中深色的蓝、灰、咖等色也能显得落落大方，庄重不俗，切忌艳美。老年妇女适宜选择质地精良，穿着舒适、挺括，抗皱性能好的各种面料。颜色以中深色为主，如中深灰、中深蓝、黑色等。这些颜色显得宁静、安详、庄重，也可选用中间色的中深咖和中深驼色，以显示安逸、慈祥、庄重。当然，对于文艺工作者而言，由于职业和性格的关系，颜色的选择变化较大，多以流行和突出个性的颜色为主。

对于男式服装的颜色，一般以灰、蓝、咖为主，特别是中老年人多喜欢平素色，但要注意面料的质量。对于有一定社会影响力的男士，多追求高档典雅，能突出个性和符合礼仪的需要。一般选用中间色、中浅色或深色调。春夏多选用浅棕、米黄、银灰、鸽灰、栗灰、米灰、浅棕灰；秋冬多选用深色、藏青、海蓝、铁灰、咖啡、军绿色等。对于男青年而言，颜色的选择多以流行色为主，要求质地一般，特别是西装，多选用各类花呢面料，色调变化较大，中间色比较流行，反映出青年人的热情、活泼，富有青春的朝气和活力。

二、时新性

时新性是人们选择服装面料的重要依据之一，衣着与面料是相互依存、辩证统一的关系，而二者又是随时间而转移的。从时间概念来讲，时新性要求有时代感和现代感、现实感，又称为流行性。

时代不同，衣着变化极大。远古人类狩猎，衣着主要是遮盖与护肤，形式极为简陋。农耕时代，男耕女织，作为服装面料的原料，棉、毛、丝、麻逐渐被采用，多以手工织造。尽管平民与贵族的服饰区别很大，但无论是款式还是质地都有很大的局限性。随着现代工业的发展，适用于现代工业的工作服、作业服等不断涌现，服装防护功能的实用性与装饰性不断发展，在保证实现防护功能的前提下，也存在时新性的问题。因此，不管面料采用的原料是什么，或采用何种款式，均要考虑时新性。

服装的款式、色泽等的变化，即人们常说的流行性是选择服装面料最现实的依据。一般来说，衣着的流行性，通常是指款式、色泽与质地等在人群中受欢迎的程度。它与年龄、性别、民族、职业、体型、肤色等密切相关，例如近几年世界流行运动装。很明显，男与女、老与少等，对同是运动装的选择，不论是面料与质地，还是色泽与款式，都是千差万别的。

总之，时新性是人们选择服装面料必然要考虑的原则之一，只有在选择面料时考虑了时新性，才能使自己的穿着与时代同步。爱美的青年男女，都非常喜欢穿着流行的服装。

三、实用性

所谓实用性，是指主要根据性别、年龄、季节以及不同款式服装的需要对服装面料进行选择。使用什么样的面料和质地，最适宜做何种款式的服装是一门实用科学。

实用性是在选择服装面料时必须考虑的问题之一，要求所选择的面料能充分保证所做服装功能的充分发挥，也就是做到物尽其用，充分发挥面料的特性，面料要与所做的服装相匹配。一句话，做什么样的服装必须选择什么样的面料，这是一个具体的问题，将在后面详述。

四、风俗性

风俗性是指由于国家、地区、民族和性别的不同，对某些衣着款式、色泽、质地具有的特殊喜爱性。例如，欧美国家的西装、礼服，日本的和服，东南亚国家的纱笼，阿拉伯的长袍，印度的披肩，俄罗斯的布拉吉，中国的中山装。在我国，维吾尔族人民以鲜明华丽的色彩为美；朝鲜族人民却更爱淡雅素净，被称为"白衣同胞"；南方渔民喜欢穿宽裤腿下衣，打赤脚以便于上船、下水；蒙古族骑士则愿意穿贴身的长袍，可以掀起来上马；藏族人民喜爱穿氆氇等。因此，应根据民族风俗习惯，选择衣着的款式、服装的面料和色泽。

必须指出，服装的风俗性，也随着时间的流逝而不断地改变。例如，日本、中国、朝鲜、蒙古国、东南亚各国一向是有着民族风俗服装的国家，由于国际社会交往的日趋频繁，比较方便、舒适、美观、大方的西装开始普遍流行。

五、经济性

面料的经济性是指价格与面料功能（审美性和实用性）的合理性、面料之原料的合理搭配性对服用性能和价格的影响等。因此，服装面料的经济性显得十分重要。

1. 价格与功能的合理性

服装面料可以由不同的原料（棉、毛、丝、麻或各种化学纤维）经纺纱织造构成，由于原料价格的不同以及加工方法的不同，形成了面料价格的差异。人们花费较多的钱购买较高档的面料，主要是购买它的优越功能，即购买其审美性和实用性。审美性也称服饰性，这是高档面料突出的优点，用高档面料做成的服装常给人以外表高级、挺括，色泽自然柔和的感觉，这也是多用它做成服装的原因。当然，面料的实用性，它的内在质量，对人体的保护性，穿着舒适性，也是十分突出的。有些面料虽然比较贵，但可谓"按质论价""一分钱一分货"。那么，价格与功能的合理性如何选择呢？例如，若要购买一身夏季男装，可从毛凡立丁、毛派力司和毛涤纶三种面料中进行选择。一般来说，三者在同样规格和质地条件下，毛派力司价格最高，毛涤纶最便宜，顺次差价是3%~5%。就外观而言，毛派力司最好，毛凡立丁与毛涤纶一样。就耐穿用性来说，毛涤纶最好，毛凡立丁次之，毛派力司最差。因此，毛织物的经济性，即价格与功能的合理性，主要表现在购买者的经济条件。如果经济富裕，衣着较多，着眼点主要考虑服装的审美性，则可以购买毛派力司，反之，如果经济较拮据，衣着也不太多，主要考虑耐穿用性，那么应该选购毛涤纶。由此可见，选择服装面料的经济性，就是使用尽可能低的价钱去购买所需要的最大功能。运用价值工程的思想方法去选择面料，将是最经济的购买手段。

2. 构成面料的原料的合理搭配性对服用性能和价格的影响

面料原料的合理搭配是指不同纤维原料间的最佳搭配，同时，也指不同纤维原料间的混纺与交织。这些既是纺织厂用来提高织物质量、降低成本和增加花色品种的重要手段，又是消费者选择面料的经济性的重要原则。例如，毛织物成本的85%左右是原料成本，其中毛纺原料中最贵的是山羊绒。因此，山羊绒织物的价格最高是必然的。山羊绒织物具有高级、舒适、轻暖的优点，常以名贵呢料著称，最宜做高档男女礼服、羊绒衫和披肩等，但是它的强力、抗起球性等相比其他毛织物要差些，如果花高价买来做常用便服，就显得很不经济。事实上，任何质地的面料，都有其自身的品种特点，因此不能一味追求原料的高档名贵。近年来，市场上出现了各种仿天然纤维的化纤织物面料以及多功能差别化化纤织物面料，在一定程度上解决了花较少的钱购买较高档服装面料的问题。

适宜的混纺和交织是在充分发挥某种纤维优点的前提下，改善其某些不足，降低面料的成本和销售价格的重要途径。实践表明，混纺产品的服用性能比纯纺产品优良，且价格要低得多（这是针对高档原料与低档原料之间的混纺而言）。

第二节　服装面料的选择

一、常用服装面料的选择

（一）制服

1. 中山装

这是辛亥革命后流行起来的服装，因伟大的革命先行者孙中山先生做临时大总统时穿用而流行于世，故称中山装，是我国男装重要品种，也常用于礼服，为我国中老年所喜爱，如图 3-1 所示。它具有造型简约大方、选材讲究、工艺精致、穿着简便、舒适、外观挺括、严肃庄重的特点。在1929 年曾规定特任、简任、荐任、委任四级文官宣誓就职时一律穿中山装。中华人民共和国成立后，国家领导人经常穿着中山装出席各种活动。

最初款式的中山装背面有缝，后背中腰有节，上下口袋都有"襻裥"。后来又经过不断改进，逐渐演变成关闭式八字形领口、装袖，前门襟正中钉有 5 粒明扣，后背整块无缝（表示国家和平统一）。设计时依据国之四维（礼、义、廉、耻）而确定上衣前襟设有 4 只明口袋，左右上下对角，

图 3-1　中山装

有盖，钉扣，上面两个小口袋为平贴袋，底角呈圆弧形，袋盖中间弧形尖出，左上袋盖右线迹处留有 3cm 的插笔口，下面两个大口袋是老虎袋（边缘悬出 1.5～2cm），前襟为 5 粒纽扣，袖口还必须钉有 3 粒纽扣，袖口可开衩钉扣，也可开假衩钉装饰扣或不开衩不钉扣。裤子有 3 只口袋（两个侧裤袋和一只带盖的后口袋），挽裤脚。很显然，中山装的形成在西装的基本形式上又糅合了中国传统意识，整体轮廓呈垫肩收腰，均衡对称，穿着稳重大方。

中山装的面料选用有所不同，作为礼服使用的中山装面料，要求挺括，棱角分明，多为平素色，给人以庄严稳重、美观大方之感，宜选用纯毛华达呢（包括缎背、单面等）、毛哔叽、驼丝锦、凡力丁、派力司、加厚毛涤纶、毛涤纶、凉爽呢、板丝呢、啥味呢、麦尔登、制服呢、平素法兰绒、海军呢等。这些面料的特点是质地厚实，手感丰满，呢面平滑，光泽

柔和，与中山装的款式风格相得益彰，使服装更显得沉稳庄重。而作为便服使用的中山装面料选择可相对灵活，可用棉卡其、华达呢、士林灰布、士林蓝布、凡拉明蓝布、各色斜纹哔叽、苎麻的确良、苎麻棉混纺平布、亚麻粗布、化纤织物以及混纺毛织物，如黏锦华达呢、涤纶华达呢、锦纶华达呢、哔叽、巧克丁、克罗丁等。与中山装配套的裤子，一般采用同料同色的西式裤。

中山装的色彩很丰富，除常见的蓝色、灰色外，还有驼色、黑色、白色、灰绿色、米黄色等。一般而言，在南方地区人们偏爱浅色，而在北方地区人们则偏爱深色。在不同场合穿着时，对颜色的选择也不一样，作礼服用的中山装，色彩要庄重沉稳；而作便服穿着时，色彩可以鲜明活泼些。

2. 学生装

学生装又称学生服，如图 3-2 所示。衣领是封口的立领，有三只贴袋，下面两只是大袋，左上一只是小袋，均无盖，方便放钢笔或小型学习用品，裤子只有两个侧袋，直裤脚。学生装的款式较简单，零碎少，通用，给人以简朴、抖擞、青春向上之感，并易于洗涤、熨烫。全部缉止口，正中一般是拉链。学生装具有统一性、规范性，有着明确的穿着场合、穿着时间和穿着目的。学生装要求简洁、严肃、大方、规范、新颖、活泼、突出个性，要适应学生身体和智力发育快、性格活泼、爱动等特点，面料选用弹性好、强度高的材料，色彩则以明快、生动为主；大学生装则要求整齐、庄重，符合大学生知识青年的身份，可采用中西结合的款式，面料要求以中高档为主。

图 3-2　学生装

面料一般多选用具有一定坚挺性和易于洗涤的服装面料，主要是棉、棉与化纤混纺、纯化纤等面料，如涤棉卡其、涤棉线呢、涤黏华达呢、纯化纤纺毛华达呢、哔叽、纯棉色卡其、色华达呢、纱卡其、斜纹布、细条灯芯绒等。其颜色以各类蓝色为主，也有中深灰、蓝灰、黑色、咖啡色以及其他杂色。

3. 青年装

青年装是社会青年和大、中专学生多穿着的日常便服，从年龄上分，大体指 18～25 岁的青年男女穿的服装，如图 3-3 所示。其款式设计、色彩选用较符合青年人的心理，多以表现生动活泼、潇洒浪漫、突出个性等风格为主。青年装的外观特点：立领，上衣有三个明贴衣袋，均无盖；或翻领，上衣三个明贴袋常常富于变化。一般均采用明扣，也有采用暗门襟的。裤子一般只有两个侧兜，直裤脚。

面料的选择一般同学生装，但可适当选取厚重些的面料，如马裤呢、巧克丁、灯芯绒等。也有采用较高档的面料，如纯毛和毛混纺产品。青年装面料的颜色较富于变化，除灰、蓝、咖等平素色外，还可有各类杂色、混色和花纱色泽。

图 3-3　青年装

4. 军装及军便服

军装是服装的一个重要品种，全世界各国的军装有数千种。古代的，现代的，各兵种，从士兵到元帅，各国都有特定的服饰，有常服，也有礼仪服等。军装是一种特定的服装，其款式和色泽具有如下特点：严肃性、标志性、隐蔽性、实用性、经济性、易于洗涤和保管。

军装面料有以下几种。

（1）棉布类　人字呢、卡其、马裤呢、平纹的确良、涤棉卡其和华达呢等。

（2）毛呢类　纯毛凡立丁、毛涤纶、马裤呢、驼丝锦、海军呢、麦尔登、巴拉瑟亚军服呢、军用大衣呢等。

色泽多以平素的军绿、海蓝、漂白、天蓝为主，也有伪装印花布等。

军便服源于我国 20 世纪 50～60 年代军队干部便装，如图 3-4 所示，是中山装的派生款式，也是社会上广大老年人穿着的便装，部分中青年也有穿着。军便服的外观特点，基本上同中山装，但上衣的四个衣袋均为暗兜带盖，无扣，裤子只有两个侧袋，多为直裤脚。

图 3-4　军便服

面料的选择主要有以下几种：

（1）棉布类　主要品种有士林灰布、士林蓝布、凡拉明蓝布、各色斜纹哔叽、各色卡其和华达呢等。

（2）毛呢类　主要品种有毛华达呢、毛哔叽、凡立丁、派力司、加厚毛涤纶、毛涤纶、凉爽呢、平素啥味呢等。

（3）麻布类　主要品种有苎麻的确良、苎麻棉混纺平布、亚麻粗布等。

（4）化纤布类　主要品种有黏锦华达呢、涤纶华达呢、锦纶华达呢、哔叽、涤棉卡其、涤棉克罗丁、涤黏华达呢、纯化纤仿毛华达呢、哔叽、巧克丁、克罗丁等。

面料的颜色有蓝、灰、军绿、元青及其他杂色等。

（二）猎装

猎装，又称卡曲服，是一种具有狩猎风格的缉明线、多口袋、背开衩样式的流行上衣，如图 3-5 所示。其特点是紧腰身，翻驳领，肩与袖口带襻头，四贴袋，圆筒袖，明扣。其余款式主要是在腰节、背叉、门襟、衣袋、领式、后身、袖等处做不同变化。如开身猎装、翻边猎装、饿驳头猎装、双排扣猎装、披肩猎装、桑背猎装、翻领猎装、短袖猎装等。猎装适应范围很广，既可穿着上班、旅游，也可赴宴，参加一般的社交活动。老、中、

图 3-5　猎装

青、少、儿童均可穿用，因此被誉为"男子万能服"。

其主要选择坚挺、紧密的棉、毛、丝、麻和化纤面料。

（1）棉布类　色卡其、马裤呢、克罗丁、涤棉卡其、薄帆布、牛仔布、灯芯绒、粗支劳动布、牛津纺等。

（2）毛呢类　华达呢、粗支哗叽、啥味呢、驼丝锦、马裤呢、贡呢、巧克丁、板司呢、巴拉瑟亚军服呢、凹凸毛织物、粗花呢、克瑟密绒厚呢、麦尔登、海军呢、制服呢。短袖猎装选用凡立丁、派力司、毛涤纶、凉爽呢等。

（3）麻布类　苎麻的确良、漂白亚麻布、亚麻粗布、亚麻西服布等。

（4）化纤布类　中长仿毛黏锦华达呢、马裤呢、涤黏华达呢、巧克丁、长丝巧克丁、贡呢、涤纶绸等。

面料的色泽一般以混色、杂色为主，如多色相的咖啡、混灰、米驼、鸽灰。夏季服装多选用米黄、银灰、浅蓝、蓝灰、浅驼、本白等。

（三）夹克衫

夹克衫宽腰身，紧下摆，小袖口，宽处活动方便，穿着格外轻松自如，给人以潇洒而无拘束的感觉，如图3-6所示。夹克衫是休闲服的一种，泛指下摆和袖口收紧的上衣，有单衣、夹衣、棉衣、皮衣之分。不论男女老幼、胖瘦、高矮都相宜，一年四季在各种场合都可穿用，是深受人们欢迎的款式。其种类很多，如普通拉链三兜夹克衫、牛仔夹克衫、翻领夹克衫、罗纹夹克衫、插肩袖夹克衫、青果领夹克衫、拉链夹克衫等。其最大优点是松肩紧腰，穿着舒适，轻松时尚，方便随意，短小精悍，轻便实用，穿着精神抖擞，上下装搭配灵活，无论是在社交场合还是家居或室外活动都可穿着，是人人爱穿的一种上衣。

夹克衫是丰富多彩的服装品种之一，其面料的选择有以下几种。

（1）棉布类　各种华达呢、卡其、贡呢、马裤呢、灯芯绒、厚重的色织物、牛仔布等。

（2）毛呢类　杂色华达呢、马裤呢、驼丝锦、贡呢、巧克丁、花呢、麦尔登、海军呢等。

（3）丝绸类　各种厚重的丝织物，如绸、缎、呢、绒等。

图3-6　夹克衫

（4）麻布类　平纹布、涤麻混纺布、麻细帆布、亚麻西服布等。

（5）化纤布类　混色华达呢、卡其、仿毛花呢、中长巧克丁、贡呢、马裤呢等。

夹克衫的色泽一般以平素的深浅咖啡、黑、杂色为主，也有灰、蓝以及条、格、印花、绣花等。

（四）衬衫

衬衫又称衬衣，是穿在人体上半身的贴身衣服，指前开襟带衣领和袖子的上衣，如图3-7所示。衬衫做工讲究，缝制精细，平整挺直，缝纫线路针脚均匀，对称部分合拢，棱角分明，衣领挺括，弹性好，平整，不卷边，耐磨、耐洗，不走样。要求领面服帖，领尖丰满，硬领要挺括常新，硬而不板。软领要软而平整，洗涤后不变形，不起皱，耐洗涤，易熨烫，平整，洗可穿。对于衬衫面料总的要求是衣料外观和悬垂性好，重量适宜，透气性、保温性、吸湿性、吸水性均优良，耐汗性好，抗拉伸力强，肤感舒适、卫生等。

1. 男衬衫

男衬衫的主要款式有长袖衬衫、卡腰长袖衬衫、外翻边长袖衬衫、圆下摆长袖衬衫、短袖衬衫、套头短袖衬衫、外翻边短袖衬衫、前后过肩短袖衬衫和田间汗衫等。其面料的选择主要有以下几种。

（1）棉布类　纯棉精梳纱优质府绸、棉的确良、各色麻纱、各色纱罗、皱布、色织薄条格布、泡泡纱、凹凸轧纹布等。

图 3-7　衬衫

（2）毛呢类　毛高级薄绒、亮光薄呢、毛薄纱、毛薄软绸、高支毛涤纶、麦司林、毛葛、毛巴里纱、毛维也纳、精毛和时纺等。

（3）丝绸类　各类绢、绸、绫、罗、缎等平整滑爽、紧密的丝及其混纺织物。

（4）麻布类　苎麻细布、丝光布、亚麻漂白布、细布、夏布、麻的确良、荷兰亚麻布等。

（5）化纤布类　各类化纤仿毛、仿麻、仿丝细布，如尼丝塔夫绸、涤丝绸等。

男衬衫的色泽主要以冷色调淡色为主，多为平素色。例如，漂白、本白、月白、牙灰、银灰、浅驼、米色等。毛、毛混纺以及涤棉等产品色泽多为条染、纱染组成的各类色彩条、格，也有印花、混色、杂色等。

2. 女衬衫

女衬衫种类繁多，主要有西装领短袖衬衫、青果领短袖衬衫、蝴蝶领短袖衬衫、小铜盒领镶育克短袖衬衫、脱育克连短袖套衫、香蕉领连短袖套衫、海军领短袖套衫、长方领中袖衬衫、长圆角领缉塔克中袖衬衫、后开门小腰身中袖衬衫、扎结领短中袖衬衫、折裥式中长袖衬衫、硬领脱育克长袖衬衫、连锁脚硬领长袖衬衫、蝙蝠式旅游衫、女式东方衫、女式海滨衫等。女衬衫的面料选择主要有以下几种。

（1）棉布类　高支纯棉府绸、棉巴里纱、各色高支细布、印花布、提花布等轻薄滑爽的纯棉织物。

（2）毛呢类　高级毛薄绒、亮光薄呢、薄毛呢、毛雪尼尔、达马斯克、精纺薄花呢、毛薄纱、麦司林、缪斯薄呢、派力司、毛巴里纱、胖比司呢、鲍别林、舒挺美薄织物、维也纳、凡立丁、精毛和时纺、啥味呢、法兰绒、粗纺薄花呢等。

（3）丝绸类　各色绢、绸、绫、罗、锦、缎、绒、纱等艳丽的丝及其混纺织物。

（4）麻布类　各色苎麻细布、丝光布、亚麻漂白布、细布、麻的确良等。

（5）化纤布类　各色化纤仿毛、仿麻、仿丝细布、提花布、印花布等。

女衬衫不仅款式多、变化多，而且色彩绚丽多姿，五彩缤纷，可以说是色彩最丰富、款式变化最多的服装品种之一，常常兼有内外衣之功能。其色泽一般可分为平素色，印花色，色织、混色和提花三类。现分述如下。

① 平素色。

白色：本白、漂白、象牙白、月白等。

黄色：橙黄、金黄、藤黄、土黄、柠檬黄等。

红色：朱红、桃红、玫瑰红、一品红、大红、枣红等。

绿色：草绿、墨绿、苹果绿、蓝绿、葱绿等。

蓝色：天蓝、湖蓝、孔雀蓝等。

咖啡色：烟色、驼色、栗色等。

紫色：紫酱色、青莲色、雪青色等。

灰色：牙灰、铁灰、银灰、瓦灰、鸽灰等。

② 印花色。有各种大小花型、套色等。

③ 色织、混色和提花。

色织：大小色条、色格及其装饰线。

混色：主要是指先染纤维原料，然后混合纺出各种不同色彩的纱线，织出不同色调的色织布。

提花：主要是指通过织物组织纹的变化来构成各种花型，如各种锦缎、提花织物、泡泡纱、凹凸织物等。

（五）中式上衣

中式上衣一般指在民国劳动服装的基础上改进而来的中国传统服装，又称便装。它以中国传统的襟袍式服装为造型基础，工艺结构为人体平面几何形。这种服装的造型简洁、巧妙，服装前身与后身为一体，衣袖与衣身为一体，整体服装只有衣身侧缝与袖底缝连接的两条结构缝，无起肩、袖窿设置。其特点是式样简朴，穿着随身、舒适，多为中老年人做罩衣、棉袄等用。它的品种主要有对襟上衣和偏襟上衣两大类。

1. 对襟上衣

对襟上衣如图 3-8 所示，其特点是左右对称，布局均衡，一般有两个大贴袋或斜暗袋，布扣，也有采用一般塑料扣的，最适宜老年人做冬季中式棉袄罩衣。该服装的特点是式样美观、朴素大方、宽大舒适、劳动灵活、裁制简便等。

对襟上衣可分为男式平袖插袋对襟上衣、男式平袖贴袋对襟上衣、女式平袖交门对襟上衣、女式平袖齐对襟上衣、女式装袖对襟便领上衣、女式装袖镶胸对襟便领上衣等。对襟上衣的面料选择有以下几种。

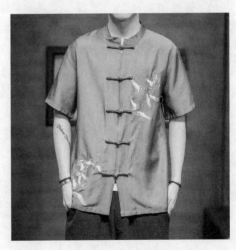

图 3-8　对襟上衣

（1）棉布类　蓝平布、灰平布、色府绸等。

（2）毛呢类　精纺凡立丁、毛涤纶等。

（3）化纤布类　仿毛黏锦凡立丁、仿毛黏涤凡立丁等。

色泽一般以平素蓝、灰、咖啡色为主，也有元青色和杂色，要求色牢度好，耐洗涤，易熨烫。

中青年妇女多穿用色织格条或印花罩衣，也有选用细窄条或印花有圈点的花型。有时，还在罩衣上配以机绣或手工绣花，此时多选用中浅色，例如米色、浅天蓝、藕荷色等。女青年结婚时喜欢穿着大红、大绿等鲜艳绮丽的色泽，其面料一般为平绒，金丝绒、绸缎等高档面料。

2. 偏襟上衣

偏襟上衣如图 3-9 所示，可分为男式和女式两种款式，但以女装多见。

女装偏襟上衣可分为中西式琵琶襟短装和中式挖襟罩两类。其特点是开襟在衣式右侧，多用打结或盘结扣，式样朴素大方，穿着舒适，是民族服装的一种典型式样，面料一般选用丝绸、锦缎、革绒、灯芯绒和各类印花布。

男装偏襟上衣多为长袍，适合于老、中、青等不同年龄的男士穿着。其特点是式样美观，朴素大方，宽大舒适，伸展灵活，坚固耐穿等。面料一般选用纯棉、毛呢、绸缎和化纤等织物。色泽一般以平素的灰、天蓝、藏蓝为主，也有深驼、元青和杂色。

图 3-9　偏襟上衣

（六）两用衫

两用衫是一种既可作外衣，又可作内衣的衬衫款式，是春夏秋季男女老少皆可穿着的轻便装，如图 3-10 所示。其款式很多，但基本上可分为男装两用衫和女装两用衫两大类。

1. 男装两用衫

男装两用衫可分为斜插袋两用衫、衬衫领两用衫、西服领贴袋两用衫、蟹钳领两用衫、西服领断育克两用衫、西服领脱止口两用衫、带复势两用衫、披肩袋两用衫、装连袖两用衫、夹克式两用衫等。面料的选择有如下几种。

（1）棉布类　各类平纹细布、府绸、色织布、棉派力司、卡其、华达呢等。

（2）毛呢类　精纺纯毛或混纺花呢、凡立丁、派力司、毛涤纶、啥味呢、粗纺法兰绒和花呢等。

（3）丝绸类　各类绉、绸、纺、绢及其部分锦、缎、呢等挺爽丝织物。

图 3-10　两用衫

（4）麻布类　各种麻类平布、细布、印花布，涤麻混纺布等。

（5）化纤布类　各类混纺仿毛、仿麻、仿丝细布、色织布、印花布等。

男装两用衫色泽以中浅色为主，也有印花的，如浅灰、中驼、本白、漂白、浅天蓝以及中深色的格条和印花产品。

2. 女装两用衫

女装两用衫的款式有 V 字形领两用衫、连领脚燕子领两用衫、尖角领断育克两用衫、大青果领两用衫、西装尖驳领两用衫、西服驳领脱止口两用衫、方驳角领两用衫、四角领两用衫、连领脚立领两用衫、铜盒领连袖两用衫、紧袖口连育克两用衫等。其面料选择一般有以下几种。

（1）棉布类　各类鲜艳的印花细布、府绸、色织布、提花布等。

（2）毛呢类　各种精纺薄花呢、麦司林、毛涤花呢、派力司、凡立丁、粗纺法兰绒、粗纺花呢、火姆司本等。

（3）丝绸类　各类绉、绸、纺、绢、纱、锦、缎及部分呢、绒等丝织物。

（4）麻布类　各种印花或色织平布、细布及混纺麻类织物。

（5）化纤布类　各种印花或色织的仿毛、仿麻、仿丝织物。

色泽的选择，夏季多以中浅色为主，如浅粉、草绿、姜黄、藕荷、天蓝等鲜艳漂亮色，及美丽活泼的花卉、动物等印花产品。也有深浅、精细不同的格条等色织、提花产品。秋冬季多选用中深色的红、黄、绿、蓝等印花或色织提花的、质地与花色协调的漂亮色。

（七）无袖上衣

无袖上衣可穿于外衣之内，也可穿于外面，便于双手活动。它包括坎肩、马甲和背心三种款式。西式男装多称坎肩，中式女装多称马甲，外饰、保暖用的多称背心。无袖上衣具有多型、多变、多风格的特色，因而，既有里面穿的单、夹、棉、皮等对襟款式，又有外面穿的单、夹、棉、皮等大襟或对襟款式。它具有造型美观、式样新颖、朴素大方、结构牢固、贴身合体、缝制精细、实用耐穿等特点。

1. 坎肩

坎肩是西装三件套的必备衣着，如图 3-11 所示，一般为无领，多呈 V 字形，也有方、圆、鸡心开口式，有衣袋四个或无袋的款式。有衬里的坎肩，多选用与外衣质地相同的面料，后身多用黑色的绸缎，以方便穿着。西服坎肩讲究贴身，因此，坎肩背后有卡腰，用以调节贴身程度。坎肩的面料一般为毛织物的精纺花呢、啥味呢、驼丝锦、板司呢、法兰绒、麦尔登等；丝绸类有锦、缎、绸、呢、绨类等；化纤布类主要是长丝织物。

色泽一般与西服外衣相同，采用鲜艳色的多用丝绸锦缎或绣花。

2. 马甲

马甲如图 3-12 所示，女装马甲多为卡腰，面料通常采用棉布类的各种印花布、色织布、平绒、条绒和金丝绒等；毛呢类的华达呢、哔叽、花呢、毛涤花呢、麦尔登和法兰绒等；丝绸类一般选用锦缎等。其色泽基本上为素、艳两类，根据个人的喜好、年龄及外衣质地互为取舍，既有艳丽夺目式，也有红装素裹式。总之，女装马甲比男装坎肩更富于变化。

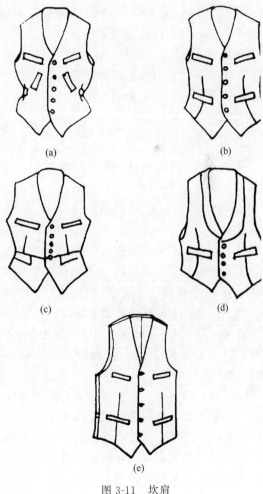

(a)　　　(b)

(c)　　　(d)

(e)

图 3-11　坎肩

图 3-12　马甲

图 3-13　背心

3. 背心

背心如图 3-13 所示。一般的保暖背心衬里加绒，背心多为直筒式，背心的衬垫物为驼绒、丝绵、羽绒等富有弹性和保暖性好的絮。面料多选用紧密光滑的丝绸、化纤绸、羽绒绸或涂层织物，以方便穿着，防止里絮外逸。色泽多为米黄、驼、灰、天蓝、咖啡、纯白等中浅漂亮色或格条花型。

（八）裙子

裙子是围穿于人下体的服装，如图 3-14 所示。因其通风散热性能好，穿着方便，行动自如，美观大方，样式变化多端等，被人们广泛接受，其中以女性和儿童穿着较多。

图 3-14　裙子

裙子的种类和款式很多，一般都由裙腰和裙体两部分构成，但有的裙子只有裙体而无裙腰。如果对不同类型的裙子进行细化分类，通常有七种方法：按面料分，有呢裙、绸裙、布裙和皮裙；按裙长短分，可分为长裙（及踝）、超长裙（拖地）、中长裙（裙摆至膝以下，及腿肚）、短裙（裙摆至膝盖以上）、超短裙（含特短裙、热短裙，又称迷你裙，裙摆仅及大腿中部以上）；按裙腰在腰节线的位置不同分，可分为高腰裙、齐腰裙（中腰裙）、低腰裙；按款型分，有窄裙、直筒裙（统裙）、蓬裙、宽幅裙、圆裙、半圆裙、扇形裙、分层裙、两节裙、三节裙、多节裙、四片裙、马面裙、多片裙、百裥裙（百褶裙）、喇叭裙、A字裙、裤裙、细裥裙、褶裥裙、阴扑裥裙、偏襟裙、镶嵌裙、花边缀裙、分割式裙、无腰裙、连腰裙、背带裙、西装裙、旗袍裙、定型裙等；按构成层数分，有单裙和夹裙；按裙体外形轮廓分，有筒裙、斜裙和缠绕裙；按造型风格分，有古典式、运动式、梦幻式、民族式。虽然裙子的分类方法很多，但是，实际上裙子的类型可归纳为统裙、斜裙、连衣裙和两件套式裙四大类。

用于裙子的面料很多，主要是鲜艳漂亮、悬垂性好、抗皱性能强的各类棉、毛、丝、麻和化纤织物，如棉府绸、细布、印花布、牛仔布等棉织物；毛花呢、金银花呢、巴里纱、麦司林、维也纳、苏格兰花呢、法兰绒、麦尔登等毛织物；绉、绸、纱、罗、锦、缎、呢、绒等丝织物；丝光布、细布等麻类；长丝及其短纤维混纺织物等化纤织物；也有选用羊皮的。在选择面料时，应考虑下半身的动作、裙子款式、穿着季节和穿着场合，以及穿裙者的年龄与职业等。同时，还应考虑如何与上装组合配套协调。面料的颜色也是选择的一个重要因素，一般而言，深色的裙子显得整洁，适宜于不同年龄的女性穿着，而白色或浅色的裙子则会使年轻的姑娘显得更漂亮，婀娜多姿。又如，盛夏季节穿的裙子以采用全棉细布、府绸、涤棉细布、丝绸为宜，裙料不宜过薄，过薄的裙料应配衬裙。性格活泼的青年女性宜选用色泽艳丽的印花布面料，性格恬静的青年女性则宜选用白色或浅色面料。中老年女性则宜选用花型素雅的印花布面料或深杂色面料。白色衬衫宜配深色的裙子。

（九）旗袍

旗袍是中国特有的一种传统女装，也是袍子的一种，富有浓郁的民族韵味，如图 3-15 所示。旗袍的设计构思甚为巧妙，结构十分严谨，造型质朴而大方，线条简练而优美。旗袍自上至下由整块衣料裁剪而成，各部位的衣料没有重叠之处，整件旗袍上没有不必要的带、襻、袋等装饰，能充分体现女性的体态，产生女性人体曲线的自然美。旗袍的卡腰、门襟、领等款式，妩媚而婀娜多姿。由于较贴身，使富于青春美的三围曲线显现出来，下摆则开衩，不仅行走方便，而且行走时给人以轻快、活泼之感。

图 3-15　旗袍

旗袍的品种很多，主要有中（短）袖旗袍、前胸缉塔克短袖旗袍、方驳领短袖旗袍、鸡心领旗袍、露臂式旗袍、仿古女旗袍、长方领旗袍、对门襟长旗袍、女式三角西服领短袖长旗袍、尖角驳领短袖长旗袍、小方反领短袖长旗袍、小露肩方形领短袖长旗袍、扣边圆形领短袖长旗袍等。旗袍面料选择有下面几种。

（1）日常便服多选用棉、棉和化纤混纺平素色或花素色缝制，也有用绢丝、色织、印花条格的。常用旗袍的色泽，可根据个人的气质和性格选择冷色调或暖色调。

（2）礼服、节日服面料主要是丝织物，如缎类的织锦缎、软缎、金雕缎、绣花缎、库缎等；锦类的云锦、宋锦等；绸类的蓓花绸、双宫绸等；绉类的乔其绉、碧绉、留香绉、涤丝绉等；也有的用绢类、纺类等较光滑厚重的真丝或混纺丝织物。毛织物主要选用高支精纺花呢，如高级毛薄绒、亮光薄呢、维也纳、精毛和时纺、高支毛涤纶、金银花呢、毛薄软绸、毛葛等。光泽好，抗皱性强，花型以大方秀丽为主，颜色应与穿着者的身份和出席的社交场合相协调。总之，礼服、节日服旗袍的色泽与面料要求艳丽而不轻浮，漂亮而不失庄重，给人以典雅、名贵、高级之感。

（十）风雨衣

风雨衣又称风衣，是一种既可用于防风挡雨，又可用于防尘御寒、保护服装的大衣，适合于春、秋、冬季外出穿着，是近年来比较流行的服装，如图 3-16 所示。它具有造型灵活多变、健美潇洒、美观实用、携带方便等特点，深受中青年男女的喜爱，甚至一些老年人也爱穿。它的款式很多，主要在袖、领、衣袋、过肩等处富于变化，一般有单排扣风雨衣、双排扣风雨衣、连袖风雨衣、翻关领风雨衣和大驳领风雨衣等。

图 3-16　风雨衣

风雨衣的面料主要是棉、毛、化纤及部分丝和麻混纺织物。面料要求紧密、扼水，重量适中，抗风沙，耐脏污，挺括。如棉丝光线卡（纱卡）、丝光华达呢等；毛华达呢、克莱文特呢、驼丝锦等；化纤的涤卡、长丝织物；丝绸的涤丝、尼丝塔夫绸、羽绒绸等；涤麻丝光平布等。其色泽一般以耐脏的米黄、浅棕、橄榄绿、浅灰为主，女装有银灰、雪青、海蓝、锈红、墨绿、鸽灰、象牙白、本白等。

（十一）大衣

大衣指衣长过臀的，在春、秋、冬季正式外出时穿着的防寒服装。大衣的种类繁多，按身长可分为长大衣、中大衣和短大衣；按穿用季节和用途不同可分为春秋大衣、冬大衣、风雪大衣等；按穿着性别又可分为男大衣和女大衣等。

1. 男大衣（图 3-17）

（1）双排扣棉短大衣　该款式的特点是大翻领，斜插暗袋，有双排明扣。面料多选用棉华达呢、卡其，涤棉华达呢、卡其，中长化纤华达呢、卡其等，也有用灯芯绒、坚固呢、贡呢、薄帆布等缝制的。其色泽以耐脏污的中深色为主，例如元青色、藏蓝色、深咖啡色、深灰色、军绿色或杂色等。

（2）双排扣棉长大衣　这种大衣的款式和面料的选择，基本上同棉短大衣，多用棉及其化纤混纺织物或纯化纤仿毛产品，如黏锦华达呢、纯涤巧克丁等。

图 3-17　男大衣

（3）双排扣呢绒短大衣　该款大衣的特点是大驳头翻领，双排扣，有两个带盖的贴袋，后身有背缝，面料多选用比较厚暖的粗纺呢绒，例如雪花大衣呢、平厚大衣呢、立绒大衣呢、长顺毛大衣呢、拷花大衣呢、银枪大衣呢以及各种花式大衣呢等，也有用较厚的制服呢、粗服呢、劳动呢、海军呢缝制的。呢料的色泽多以混灰色、灰色、蓝色、元青色、藏蓝色为主，也有采用军绿色、咖啡色及其杂色的。

（4）呢料西服领短大衣　该款大衣的特点是西服领，单排扣，贴袋有袋盖，后身有背缝，此款大衣较省面料，其余同双排扣呢绒短大衣。

（5）暗扣倒关领大衣　该款大衣的特点是西服倒关领，暗扣，斜插袋，后身有背缝。面料一般多为精纺或粗纺呢绒，例如精纺华达呢、缎背华达呢、驼丝锦、巧克丁、马裤呢、贡呢等；粗纺呢绒有麦尔登海军呢、劳动呢、制服呢、平厚大衣呢、雪花大衣呢等。也有用毛与化纤、棉与化纤、纯化纤仿毛产品缝制的。色泽多以中深平素色或混色为主，如元青色、灰色、蓝色、咖啡色、军绿色、混灰色、栗驼色等。

（6）呢绒双排扣大衣　该款大衣与双排扣棉长大衣相似，其特点是大驳头翻领，双排扣，斜插袋，后背有缝，后身下边开衩，筒袖有三个明扣。此种大衣是冬季多用的款式，其呢料多选用粗纺中较厚重些的纯毛或毛与化纤混纺的呢料，例如平厚大衣呢、雪花大衣呢、立绒大衣呢、长顺毛大衣呢、拷花大衣呢、银枪大衣呢、羊绒大衣呢、驼绒大衣呢以及各种花色大衣呢等。面料的颜色以混灰色、蓝灰色、元青色、藏蓝色为主，也有军绿色、咖啡色和杂色的。

（7）插肩袖大衣　该款大衣的特点是插肩式袖子，西服翻领，前门襟有暗扣4个，斜插大袋，后背有缝，下边开衩，筒袖有襻带。一般采用精纺或粗纺呢绒缝制，其面料和色泽同暗扣倒关领大衣。

（8）风雪大衣　该款大衣的特点是翻关两用领，前后有过肩，有两个带盖的明大贴袋，5个明扣，后背有缝，中腰有腰卡带，活帽子，袖口有袖襻，该款大衣一般里衬棉絮、驼绒、丝绵或长毛绒、人造毛皮等，是冬季防风雪、御严寒的重要外装。它的面料多用坚牢、耐磨的棉灯芯绒、坚固呢、色卡、涤卡、克罗丁、贡呢以及化纤仿毛的黏锦华达呢、涤黏华达呢、哔叽、巧克丁，也有的用涤棉府绸、丝光防雨府绸、锦纶绸、涤纶绸及化纤涂层织物等。面料色泽，中老年人多选平素灰色、蓝色、咖啡色、深米黄色，也有选用元青色、藏青色等杂色；青年人多喜欢中浅漂亮色，例如米黄色、橄榄绿色、栗驼色、艳蓝色、紫黑色、本白色等，特别是化纤绸涂层织物的色泽更漂亮些。

（9）拉链短风雪大衣　该款大衣的特点是身连帽子，前门襟上有拉链，斜插袋，筒袖带襻，后背有缝，衣里衬棉絮、驼绒、丝绵、腈纶絮或人造毛皮等。拉链短风雪大衣又称棉猴，是男女老幼皆可穿用的大衣，穿着方便，保暖性强，面料使用范围广，棉、毛、丝、麻、化纤均可，但一般多选用纯棉卡其、灯芯绒，或色织华达呢、卡其、坚固呢等。近年来，流行用涤棉卡其、华达呢，或中长化纤仿毛华达呢、巧克丁、哔叽等，也有用毛、麻、丝或混纺织物，衬里多用人造皮革缝制的较高档的拉链短风雪大衣。面料色泽一般根据人的年龄、性格和职业、爱好的不同，可选择平素的灰色、蓝色、咖啡色，也可以选择中浅色的米黄色、驼色、银灰色、海蓝色等。童装多为色格条或漂亮的红色、黄色、绿色、蓝色等。

2. 女大衣

女大衣如图3-18所示，款式变化较多，通常可分为普通款式和时髦装两类。实际上，许多普通款式也是时髦装演变而来的。

（1）普通女大衣

① 圆头尖领脱止口中长大衣。该款大衣的特点是圆头尖翻领，脱止口，单排5个明扣，两下暗大袋，前襟富于变化。

② 蟹钳领脱止口中长大衣。该款大衣的特点是蟹钳大翻领，双排明扣，衣式呈V字形，有两下明贴袋，前身与后背均有筋缝，以增加美感，并起到挺括的作用。

③ 大圆角铜盆领中长大衣。该款大衣的特点

图3-18　女大衣

是大圆角铜盆翻领，单排 5 个明扣，两暗插袋，款式变化小，易于缝制。

④ 圆头尖领系腰中长大衣。该款大衣的特点是圆头尖翻领，单排 4 个明扣，下摆略大，具有裙式特点，中腰有同质地衣料系带紧身，有两斜暗插袋，适于青年女性穿用。

⑤ 波浪式中长大衣。该款大衣的特点是西装大翻领，呈裙式，走起路来易摆动，故有波浪式之称。多用双排明扣，也有单排系腰带的款式。

⑥ 西服领筒式中长大衣。该款大衣的特点是西服领，筒式，单排 3 个明扣，有两侧筋缝，适宜中年女性穿用。

⑦ 小下摆中长大衣。该款大衣的特点是翻领，一般是单排 4 个明扣，明衣袋，是中青年女性常穿用的款式。

普通女大衣面料，主要是粗纺呢绒，例如麦尔登、法兰绒、海军呢、粗纺花呢、女式呢、平厚大衣呢、雪花大衣呢、立绒大衣呢、长顺毛大衣呢、拷花大衣呢、银枪大衣呢、羊绒大衣呢、牦牛毛大衣呢等，也有用毛混纺和纯化纤仿粗纺毛织物的面料缝制的。普通女大衣的色泽，主要是平素色、灰色、蓝色、咖啡色和混色，也有选用枣红色、锈红色、驼色、米色、草绿色、墨绿色、海绿色、天蓝色、莲紫色等颜色。

（2）时髦女大衣

① 大翻领女大衣。该款大衣的特点是大披肩式的翻领，中卡腰，多明迹缝线，双排明扣。面料选用麦尔登、粗纺女式呢、法兰绒等。色泽主要为平素色、枣红色、墨绿色、橘黄色、黑灰色、蟹青色、混色等，也有各种条格花型的式样。其适宜中青年女性穿用。

② 挖袋女大衣。该款大衣的特点是大开翻领，大盖暗袋，卡腰，裙式下摆，其面料和色泽同大翻领女大衣。

③ 插肩女大衣。该款大衣的特点是一字翻领，插肩，衣式呈裙状，中腰系卡带，斜插暗袋。一般多选用对比色或同类色拼缝，显得静中有动，富于变化。面料多用粗纺麦尔登、海军呢、粗纺女式呢或粗纺低支粗平花呢。色泽多为中浅色，适宜青少年女子穿用。

④ 披肩连帽女大衣。该款大衣的特点是披肩连帽，中系腰带，明扣，斜下插暗袋，略宽下摆。面料多选用经防水处理的涤棉府绸、丝光防雨府绸或涤卡；毛织物多选用精纺华达呢、克莱文特呢。色泽多为米黄色、浅棕色、橄榄绿色、雪青色、银灰色、锈红色、墨绿色、枣红色、本白色等颜色。其适宜青年女性春秋季防风雨、御寒和旅游时穿用。

⑤ 连领贴袋呢大衣。该款大衣的特点是立式连领，明贴袋，暗扣，翻袖口，整个大衣显得简洁、零碎少，给人以干净利落、充满朝气的美感。面料多选用色泽平素淡雅的麦尔登、海军呢，适宜性格外向的女青年旅游、休假时穿用。

⑥ 盘花大衣。该款大衣是一般为大开领，富于变化的插袋衣面绣花或贴花，呈绶带状环身，是中式绣花旗袍与呢料大衣的结合款式，别具民族风格，是女性结婚时爱穿的外装，也是女性参加社交活动和节日活动时的时髦大衣款式。面料多选用平素深色的麦尔登、海军呢、驼丝锦等，也可以采用绸缎加以绣花、贴花缝制而成。

（十二）棉袄与羽绒服

1. 棉袄

棉袄是中国传统的用于冬季御寒的棉上衣，如图 3-19 所示，一般由面、里组成，中间絮以棉花或其他填料。面料采用一些较厚的颜色鲜艳或有花纹的布料，里料一般采用较薄的布料。棉袄的样式比较丰富和多变，有长式、中长式和短式，其中以女式棉袄的样式最为丰富。棉袄品种较多，一般可分为中式棉袄、中西式棉袄和缉线棉袄等。

图 3-19　棉袄

中式棉袄有男式和女式两种。其特点是平面裁剪，立领，衣袖连体，衣长至臀，保暖性好，穿着舒适，活动方便，外观文雅大方。男式一般为对襟，暗纽，直身形，两侧摆缝插袋，摆缝下端开衩，门襟首粒纽常用葡萄直脚纽，用来扣紧衣领，其下为 6 粒暗纽。女式棉袄除对襟外，也有偏襟、琵琶襟等，有直腰和紧腰两类，两侧暗插袋，摆线开衩或不开衩，前门襟采用 5 对葡萄纽或盘花纽，常用绲边、嵌线、荡条、缀花边等工艺装饰。中式棉袄的面料常用纯棉织物、丝绸或化纤仿丝绸织物，里料有棉絮、腈纶絮、三维卷曲涤纶絮、太空棉、喷胶棉、驼毛、骆驼绒、丝绵、羽绒等。

中西式棉袄是指中式与西式相结合的女棉袄。在款式上吸收了西式收腰、装袖、开袋等优点，但也保留了中式立领、对襟、扣合至领等特点，有时还保留中式摆缝袋与下摆开衩的优点，也可采用镶、嵌、烫、滚等传统的制衣工艺。面料和填料与中式棉袄相同。中西式棉袄较中式棉袄挺括，保暖性好，穿着舒适。

缉线棉袄是一种表面有缉线的紧身棉上衣。其特点是紧身、保暖，多用作中山装、军装等制服的内衬棉衣。絮料一般用棉絮、驼毛和化学纤维絮（如腈纶絮、三维立体卷曲涤纶絮、喷胶棉等）。在衣身和衣袖缉有纵向平行的缉线，以保护絮料不致散落。

2. 羽绒服

羽绒服是采用鸭、鹅羽绒作絮料（填料）制成的一种防寒服，是一种具有良好保暖性能的冬季服装，如图 3-20 所示。羽绒服具有轻、软、暖的特点。一件用尼丝纺作面、里的羽绒上衣，总质量是其他御寒服质量的 17%～50%。羽绒服的品种较多，按用途可分为运动服和生活服。运动服有滑雪服（以夹克衫款式为主）、登山服（以连帽短大衣为主）等，要求面料的色彩鲜艳夺目，易于被人发现。生活服种类较多，有各类上衣、

图 3-20　羽绒服

大衣、裤、背心以及起局部保暖作用的护腰、护膝、帽、袜和手套等。

羽绒服面料、里料品种主要有纯棉织物、涤棉混纺织物和尼龙丝纺织物三大基本类型。面、里料一般用经纬纱高密度织物，有的采用涂层工艺，经轧压处理，如高支高密的卡其、斜纹布、涂层府绸、尼丝纺以及各式条格印花布等。

（十三）睡衣

睡衣是指睡觉时穿的衣服，属于内衣的一种，如图 3-21 所示。因其主要供睡觉时穿用，兼作室内便衣，故它的最大特点是宽松舒适，肤感柔软，穿脱方便，睡眠时不受领子和袖子的牵制，陪伴人们在轻松的环境中进入梦乡。

睡衣包括上衣、裤子，以及睡袍和睡裙，款式很多，男女皆有。其设计主要强调舒适、安逸、爽快，穿得舒心与健康。男式睡衣裤常采用素净的织物为面料，上衣的款式类似于衬衫，而裤子则多为中式裤，较肥宽。常在领口、袖口、袋边、门襟上口、裤脚翻边等处加上各种嵌绒，也有在胸袋上绣上英文字母、花卉图案作为装饰。而女式睡衣裤则以花色织物为主，上衣的款式多为开衫或套衫，一般采用宽松的领圈，袖山头较浅，袖壮较大。与上衣配套的睡裤，也多为中式裤，裤裆较大，臀围较宽，以适合女性的身材，使整套睡衣穿着舒适、活动方便，便于干家庭杂活。两件套睡衣一般不缩袖口，裤子一般使用松紧带，串有束结绳带不做上

图 3-21　睡衣与睡袍

腰。睡袍近年来越来越受到人们的钟爱，但一般不在睡眠时穿用，而作为家居服使用，其衣长要超过里面穿的睡衣。睡袍一般是没有扣子的，左压右或右压左，系一条带子，一般以青果领、和尚领为主，其款式不宜复杂而以整体简洁舒适为主。除此之外，还有女式睡裙，这是年轻女性喜欢穿用的。

睡衣的面料非常考究，睡裤的面料要求耐穿耐洗，因为它受压磨的时间较长，洗涤的次数也多，面料最好经过永久免烫整理，缩水率要低于 5%，缝线要求坚牢而不易开线。夏季睡衣要求轻薄柔软，透气透湿，有丝绸感；冬季则要求松厚保暖，弹性好，有绒毛感。高档的睡衣裤一般选用电力纺、杭纺、绢丝纺、杭罗、柞丝绸、茛纱等真丝织物作面料。它的特点是高贵华丽、轻薄柔软、平挺爽滑、飘逸透凉，穿着比较舒适。其颜色可选用乳白色、漂白色、灰色，花纹选用彩格、彩条、印花等，再加上刺绣、包边、镶纳等作为装饰，显其华贵高雅。普通的睡衣裤，一般采用全棉或涤棉混纺的色织绒布，具有手感丰满柔和、保暖性好、耐磨性强、色织的花型配色新颖等特点，不仅穿着舒服暖和，而且显得典雅大方，也可采用全棉府绸、涤棉府绸、涤棉细纺等面料。花色有漂白、杂色、色织、提花、印花等。泡泡纱也常被用来缝制睡衣裤。比较低档的睡衣裤则采用全棉市布、细布或维棉混纺布作面料，其颜色一般选用清新淡雅一些的本白色、草绿色、中灰色、本色、鸽灰色、米色、浅棕色、稻草黄色等，这些颜色能给人一种安静舒适的感觉。

（十四）内衣

内衣是指紧贴人体皮肤表面穿着的衣服，它具有吸汗、矫形、衬托身体、保暖及不受来自身体污秽危害的作用。它的品种很多，如衬衣、衬裤、三角裤、抹胸、胸罩、汗衫、背心乃至肚兜、棉毛衫裤等都是内衣家庭的成员。内衣按其功能的不同可分为贴身内衣、补正内衣和装饰内衣三类。贴身内衣是指接触皮肤、穿在最里面的衣服，如汗衫、背心、内裤等；补正内衣是指弥补人体缺陷、增加人体曲线美的衣服，如胸罩、腹带、束腰、臀垫、裙撑

等；装饰内衣是指穿在贴身内衣与外衣裙之间的衬装，它能完善外衣，还能使外衣裙穿脱时光滑，行走时不贴身，如雷丝内衣、连胸长衬裙、短衬裙等。

内衣的材质大多选用针织品，但也有一些是由机织物缝制成的，均以天然纤维为主。因为天然纤维具有轻、薄、细、爽的特点，是内衣的理想材质，也有部分内衣采用化纤为原料。例如，黏胶人造丝汗衫、背心、三角裤等；锦纶丝汗衫裤、锦黏混纺棉毛衫裤、锦棉混纺汗衫衣裤和棉毛衫裤；维棉混纺汗衫裤；腈纶棉毛衫裤、腈纶与棉交织绒衣裤；氯棉混纺棉毛衫裤等。

（十五）T恤衫

图 3-22　T恤衫

T恤衫是春夏季人们最喜爱的服装之一，特别是在烈日炎炎、酷暑难耐的盛夏，T恤衫以其自然、舒适、潇洒而又不失庄重的优点，成为人们乐于穿着的时令服装，如图 3-22 所示，现已成为全球男女老幼均爱穿着的时尚服装。

T恤衫除具有一般服装功能以外，还具有方便随意、舒适大方、简洁素净和平等时尚等特点。它所用原料很广泛，一般有棉、麻、毛、丝、化纤及其混纺织物，尤以纯棉、麻或棉麻混纺为佳，具有透气、柔软、舒适、凉爽、吸汗、散热等优点。T恤衫常为针织品，也有部分是机织面料，这种T恤衫常用罗纹领、罗纹袖、罗纹衣边，并点缀以机绣、商标，使T恤衫别具一格，增添了服饰美。在机织T恤衫面料中，首选的要数具有轻薄、柔软、滑爽等特点的真丝织品，贴肤穿着特别舒适。也有采用仿真丝绸的涤纶绸、水洗锦纶绸、由人造丝与人造棉交织的富春纺、经砂洗的真丝绸和绢纺绸等。一般采用平汗布、网眼布、棉毛布等制作。

图 3-23　海滩装

（十六）海滩装

海滩装又称沙滩装，是在浴场进行日光浴或海滩度假穿用的服装，如图 3-23 所示。它要求款式简洁、自然、明快，富有活力。通常有海滩三件套，即泳衣、海滩外套和海滩衬衫，随着社会的进步和个性化的发展，也可以随意选配组合，主要包括泳装、超短裙、裙裤、沙滩裤、吊带连衣裙、纱笼裙、浴袍、宽松式袍裙、披肩、遮阳帽、沙滩鞋、太阳镜等。海滩装选用的布料要求柔软、吸汗、透气、易洗，以棉质为主，如针织布、毛巾布、斜纹布、网眼布等，色彩鲜艳明快，较多选用条格、花草或海洋景观图案，具有青春活力和奔放感。

（十七）冲锋衣

冲锋衣有时又作为风衣或雨衣使用，它是一种功能性风衣，是户外运动爱好者的必备装备之一，也就是功能性外衣，如图 3-24 所示。冲锋衣的基本功能在于防水、防风、透气等，并不具备保暖效果。

冲锋衣面料的好坏主要取决于面料的防水性与透气性。目前，市场上防水透湿织物有以下三大类型。

（1）高密度织物 高密度织物是利用高支棉纱和超细合成纤维制成的紧密织物，有较高的水蒸气透过性，经过拒水整理后具有一定的防水性。高密度织物的特点是透湿性好，柔软性和悬垂性好，但耐水压性较低，次品率高，染整加工困难，耐摩擦性较差。

（2）涂层织物 涂层织物分为亲水涂层织物和微孔涂层织物两种。如果高分子链上有亲水基团，含量和排列合适，则它们可以与水分子作用，借助氢键和其他分子间力，在高湿度一侧吸附水分子，通过高分子链上亲水基团传递到低湿度一侧解吸。

图 3-24　冲锋衣

涂层织物一般加工简单，其特点是透湿小、耐水压不大。由于原料、工艺及这种方法本身的局限，一直不能解决透湿、透气和耐水压、耐水洗之间的矛盾。

（3）层压复合织物 这种织物将防水透湿性和防风保暖性集于一身，具有明显的技术优势。它运用层压技术把普通织物与 E-PTFE（膨体聚四氟乙烯）复合于一体，取长补短，是目前防水透湿织物的主要发展方向。

（十八）马褂

马褂穿于袍服外，对襟，平袖端，盘扣，身长至腰，前襟缀扣襻五枚。马褂原为清代的"行装"之褂（男性正装"袍褂"的外褂则较长，长至膝盖或更偏下，与短款的马褂不同），后逐渐成为日常穿用的便服，至民国时期成为礼服，一般用黑色面料，织暗花纹，不做彩色织绣图案，如图 3-25 所示。

马褂是有袖上衣，不同于无袖的马甲。样式多为圆领、对襟、琵琶襟、大襟、人字襟；有长袖、短袖、大袖、窄袖，均为平袖口，不做马蹄式。马褂按季节又可分为单式和夹式两种，其面料除绸缎、棉、毛、麻等织物外，还有皮毛等，但不能使用亮纱。夏季的面料多采用（丝绸中的）纱、绸，冬季多用呢、缎或翻毛制品制作。作为正式出行装的马褂喜用天青色，夏装多用棕色。

图 3-25　马褂

（十九）牛仔服

牛仔服是指以牛仔布（坚固呢）为主要面料缝制而成的套装，如图 3-26 所示，主要由牛仔夹克衫与牛仔裤或牛仔裙配套组成。此外，还有牛仔衬衫、牛仔背心、牛仔帽、牛仔泳装、牛仔靴等配套品种。除纯棉面料外，还有涤棉牛仔布、弹力牛仔布、毛涤牛仔布、真丝牛仔布等。在织造方面，已开发出条格、提花、电子机绣、嵌金银丝等品种。牛仔布的颜色已由传统的靛蓝色拓展出浅蓝色、白色、煤黑色、铁锈色、孔雀绿色、杏黄色等多种颜色以及双色、印花等，但仍以靛蓝色最为流行。牛仔服的款式变化很快，现已从保守走向夸张，装饰手法有订珠、贴皮、花边、喷色、补丁、拼接、破洞等多种变化。

（二十）休闲服装

休闲服装又称为便服，原指人们在工作、学习以外休息、度假等闲暇时间所穿着的服装，以简洁、自然的风格表达着装者随意、轻松的生活状态与心理状态，如图 3-27 所示。休闲服装主要分为前卫休闲装、运动休闲装、浪漫休闲装、古典休闲装、民族休闲装、乡村休闲装等几大类。休闲服装具有几个主要特征：舒适与随意性、实用与功能性、时尚与多元性。

休闲服装一般选用针织面料和机织面料，其中针织面料的应用最为广泛，如平针织物、网眼织物、绒类织物等。

图 3-26　牛仔装

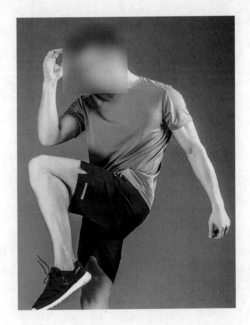

图 3-27　休闲服装

（二十一）裤子

裤子泛指人穿在腰部以下的服装，如图 3-28 所示，指从腰部向下至臀部后分为两条裤管的下装，是穿于下体的常用服装。一般有裤腰、裤裆、两条裤腿（裤管）和裤门襟（或侧开口）以及裤袋、四合扣、钉、商标等附件。

（a）

（b）

图 3-28　裤子

裤子的品种繁多，有如下分类方法。

① 按品种分，有西裤、牛仔裤、直筒裤、紧身裤、灯笼裤、阔脚裤、喇叭裤、铅笔裤、工装裤、背带裤、哈尼裤、裙裤、短裤、内裤和羊绒裤。

② 按风格分，有中式裤和西式裤。

③ 按材质分，有布裤、绸裤、呢裤、皮裤和棉裤、羽绒裤等。

④ 按造型分，有紧身裤、直筒裤、宽松裤、喇叭裤、灯笼裤、方形裤、裙裤等。

⑤ 按腿位分，有长裤、中裤、齐膝裤、短裤等。

⑥ 按穿着对象分，有男裤、女裤、婴儿裤（开裆裤）等。

⑦ 按穿法分，有内衬裤、外穿裤和罩裤等。

⑧ 按面料分，有机织布裤和针织布裤。

裤子的面料，有机织面料和针织面料。主要是前者，常见的有棉、毛、麻、丝、化纤织物及其混纺织物，品种繁多，根据穿用要求而选择不同质地、不同厚薄和不同颜色的面料。

（二十二）正规西装

正规西装也称为传统的礼服，一般是在欧洲王室、宫廷，国家的重大仪式或庆典，国际性会议或音乐会等社交场合穿用。它主要包括燕尾服、晨礼服、半正式礼服和正规套装四种。

1. 燕尾服

燕尾服的穿用时间一般是在每天的 18 时后，是夜间的正式礼服，如图 3-29 所示。燕尾服的特点是上衣呈燕尾状，色泽为黑色或深蓝色，领子多为半剑领或丝瓜领，并佩带领绢。前身似背心般短，左右各缝 3 个装饰纽扣，后身下摆，在腰围处开衩，呈燕尾形。裤子与上衣同色同料，裤脚是单的，配套坎肩面料也同衣裤，

图 3-29　燕尾服

但要求衬衫、领带和手套是白色的，领带打蝴蝶结，帽子是丝织大礼帽，靴子、袜子均为黑色，上衣口袋的小饰巾是硬挺白麻纱质地。

燕尾服的衣裤、背心的呢绒面料一般多选用纯毛礼服呢，横贡呢，驼丝锦，麦尔登等光泽好、较厚重的高档毛织物。

2. 晨礼服

晨礼服又称为男礼服、晨燕尾服、常燕尾服，是白天正式礼服，如图3-30所示，主要是在参加仪式（如婚丧礼仪）时穿用，其款式大致同燕尾服。面料的色泽以黑色为主，但也有灰色的，特别是裤子可选择条纹裤面料，例如，纯毛花呢、单面花呢。坎肩的面料质地和色泽可以与上衣不同，可选用灰色法兰绒或凸条纹毛呢。领带以白条纹或银灰色为主，参加葬礼时用黑色，手套可用白色或灰色，帽子为黑色中折帽，上衣口袋饰巾为白麻或白绢等织物。上衣面料仍以黑色为主，也可用深灰色，面料一般选用精纺礼服呢、横贡呢、驼丝锦、麦尔登、开司米等。总而言之，晨礼服要比燕尾服简朴、随意。由于衣着色彩和内外装都有一定的变化，就更显得自然、大方、随和。

图3-30　晨礼服

3. 半正式礼服

半正式礼服又称为半正规套装，它既可部分代替礼服，又可作为日常服装。但它毕竟属于礼服，因此，对款式与面料也有较严格的规定与要求。它主要有三种类型：夜会用半正式礼服、昼间用半正式礼服和黑色套装。

（1）夜会用半正式礼服　夜会用半正式礼服是指在夜间宴会、观剧、舞会时广泛穿用的礼服，如图3-31所示。上衣款式有单排或双排扣子，领子有剑领或丝瓜领两种。上衣色泽主要是黑色或深藏蓝色，面料多选用精纺礼服呢、贡呢、驼丝锦、马海毛织物，以及纯毛中厚花呢、银枪花呢、克瑟密绒厚呢等。夏季多用白色的纯毛华达呢、缎背华达呢、贡呢等。白色衬衫，黑领结，配套背心。裤子面料的质地、色泽与上衣相同，单脚裤。手套多为灰色皮质，普通黑皮鞋，上衣口袋饰巾为白麻织物，夏季穿白上衣时用黑丝绸手绢。

图3-31　夜会用半正式礼服

（2）昼间用半正式礼服　该礼服可作为晨礼服的代用服装，如图3-32所示。黑色西装上衣和显条纹的黑色或灰色的裤子与背心配套。西服上衣的面料一般选用精纺贡呢、礼服呢、驼丝锦、麦尔登和开司米等。

（3）黑色套装　黑色套装是双排扣子或单排扣子的普通西服。该款式采用剑领、单裤脚，附属品同晨礼服。其面料多选用黑色的精纺礼服呢、贡呢、驼丝锦等。

4. 正规套装

正规套装也称为正统西装，是保守型的精纺男装，如图3-33所示。西装造型大方，选材讲究，工艺精致，外观挺括，稳重高雅，适合不同人群穿着，能够体现人们高雅、稳重、成功的气质，成为当今男士必备的自选服装。西装面料主要是全毛精纺、粗纺呢绒，精纺呢绒如驼丝锦、贡呢、花呢、哔叽、啥味呢、华达呢等，粗纺呢绒如麦尔登、海军呢等，也有选用毛涤花呢面料的。色泽多为藏青色、蓝色、中灰色、深炭灰色等。花型有平素、中细条子，多数是绒面产品，也有光面产品。

图 3-32　昼间用半正式礼服

图 3-33　正规西装

（二十三）非正规西装

非正规西装又称为常用便装，由于近年来全世界服装向自由化、舒适化和轻便化发展，某些高雅的套装成为专门在特定场合穿用的服装，而非正规西装就成为人们日常喜爱的衣着款式。当前，我国流行的西装，基本上属于此类款式。非正规西装主要包括非正规西套装、搭配西装等。

1. 非正规西套装

非正规西套装又称为西便装，是在正规西装的基础上发展变化而来的，如图 3-34 所示。它适应的范围广，四季均可穿着，款式变化多。其面料及色泽的选择范围广，根据个人的喜爱，既可选用平素的灰色、蓝色、咖啡色以及各种杂色，又可选用彩点、彩格、彩条、隐条、隐格等精粗纺。面料一般选用精纺花呢、啥味呢、海力蒙、板司呢、混纺花呢、马海毛织物、单面花呢、巧克力、贡呢、哔叽、华达呢、舒挺美、羊绒花呢、金银毛花呢等；粗纺产品有粗纺花呢、海力斯粗花呢、法兰绒、毛圈粗呢、火姆司本、席纹粗呢、雪特兰织物、苏格兰呢、斯保特克斯等。也有用丝织物的绸、缎、锦及其化纤仿毛织物和亚麻西服布、毛麻混纺织物，如真丝塔夫绸、织锦缎、软缎、宋锦、仿毛花呢、毛麻涤花呢等。

2. 搭配西装

搭配西装又称为不配套西装，属于自由化西装，如图 3-35 所示。它讲究面料质地协调，例如，上衣可选用毛粗纺产品，而裤子选用毛精纺产品，这样可起到上重下轻的感觉，不仅行动自由方便，而且也给人一种上宽下窄的雄伟感；反之，就不雅观了。通常，上、下衣的面料颜色不一样，但要协调，要有衬托性和色调和谐感。因此，搭配西装的上衣一般多选用粗纺花呢、低支粗花呢、火姆司本、钢花呢、萨克森法兰绒、多内加耳粗呢等富有彩点、粗犷美的毛织物。裤子的色泽多与上衣相配合，面料一般用较挺括的平素精纺毛织物，如哔叽、华达呢、啥味呢、单面花呢、马海毛织物和波拉呢等。

图 3-34　非正规西套装

图 3-35　搭配西装

（二十四）婴儿服与童装

1. 婴儿服

婴儿服一般是指不满周岁的婴儿穿用的服装。对抵抗力弱的婴儿，其穿用的服装应有特殊的要求，必须触感柔软、轻，同时不致造成皮肤障碍现象，并要做防燃处理。

（1）婴儿毛衫、毛裤　婴儿毛衫、毛裤如图 3-36 所示。一般为无领、无扣、开裆，适宜于婴幼儿穿用。面料多选用纯棉布、薄平绒等，色泽为平素、白色、浅淡的粉色、黄色、绿色等。

（2）幼童田鸡裤　幼童田鸡裤如图 3-37 所示，开裆，连衣身，穿用方便，多为一岁左右的婴儿在夏季穿用。面料多选择纯棉织物的平纹绒布、本色或漂白斜纹绒布以及稀薄柔软、吸湿性好的平纹细布和各类纯棉针织品。

2. 童装

童装是指刚会走路到学龄前儿童的服装，如图 3-38 所示。为了适应儿童的心理状态，应选择色泽鲜艳、质地柔软、漂亮的衣料。童装品种繁多，款式多变，工艺上有滚、嵌、镶、绣、带、绊等。绣花多为贴花绣、挖花绣、绒绣、丝绣等，图案多为可爱活泼的鹿、熊猫、白兔、花卉、彩蝶等，色泽

图 3-36　婴儿毛衫、毛裤

鲜艳。面料选择棉、毛、丝、麻、化纤织物均可，款式也可是大人服式的缩小化、简易化，例如儿童西装、儿童夹克、儿童连衣裙、儿童风衣、儿童大衣、儿童旗袍等。

图 3-37　幼童田鸡裤

图 3-38　童装

二、专用服装面料的选择

（一）泳装

泳装是指人们在游泳时所穿的衣服，又称泳衣。泳装主要是在游泳和海滨日光浴时穿着，而在进行游泳、跳水、水球、滑水板、冲浪、潜泳等运动时，运动员主要穿着紧身游泳衣。泳装要求在剧烈的运动时肩部不撕裂，在水下动作时不鼓胀兜水，减少水中阻力，从水中出来后肤感要好，因此宜选用密度高、轻薄、伸缩性好、布面光滑的高收缩超细涤纶、弹力锦纶或衬氨纶、腈纶等化纤类针织物制作，并佩戴塑料、橡胶类紧合兜帽。

（二）职业服

职业服是指从事某种职业的社会集团，为了标识其身份、职业，体现社会集团的形象（大多数统一着装）穿用的专用服装服饰，如图 3-39 所示。职业服通常分为防护服、标识服和办公服三类。在满足职业功能的前提下，职业服具有实用性、标识性、美观性和配套性。

图 3-39　职业服

职业服面料一般为棉型面料卡其、斜纹布、华达呢、灯芯绒等；麻型面料的涤麻混纺织物；毛型面料的薄哔叽、凡立丁、派力司等；化纤面料的莱赛尔、莫代尔、改性腈纶等。不同季节对面料的选择也不同，春、秋、冬季穿着的职业服一般选用棉卡其、华达呢、斜纹布、灯芯绒、摇粒绒等织物；夏季职业服一般选用凡立丁、派力司、薄哔叽等织物。面料的色彩以近似色和同类色、对比色为主，多为浅亮明快的色彩，如淡蓝色。

（三）婚纱

婚纱是指结婚时新娘穿的一种特制的礼服，如图 3-40 所示。目前，我国较为流行的婚

图 3-40　婚纱

纱大致可分为传统式、现代式和浪漫式三种。传统式婚纱的特点是高领，衣身修长，并采用大量的花边、珍珠或胸花点缀等，适合于颈部修长的新娘穿着，可以更好地展示其端庄而优雅的身姿。现代式婚纱承袭了当代服装的简洁线条，摒弃了过于花哨的装饰细节，其选用高档面料，颜色素雅，线条简洁，适合于传统而典雅的新娘穿着，可衬托出高雅的气质。浪漫式婚纱则是追求时尚和气质优雅的新娘常穿着的婚礼服，常采用（丝绸中的）纱或绸来制作，利用纱轻薄而飘逸、比较透明的质感，将其层层堆积起来便会产生云雾状的视觉效应，而绸的质地较厚，光泽艳丽，极富悬垂感。

　　一般而言，婚纱面料多选用细腻、轻薄、透明的（丝绸中的）纱、绢以及易于造型的化纤缎、乔其纱、塔夫绸、山东绸、织锦缎、针织网眼布等。在工艺装饰手段上，运用刺绣、抽纱、雕绣、镂空、拼贴、镶嵌等手法，使婚纱产生层次感和雕塑效果。

　　关于婚纱颜色的选择，除了需要考虑新娘的肤色之外，新娘的爱好也是重要的选择依据。一般为象牙白、米白色、乳白色、香槟色、银色、金色、红色及黑色等。

（四）时装

　　时装也称流行时髦装，它具有强烈的时新性。构成时装的关键要素有款式、色泽、面料质地、特定地区与时间等，如图 3-41 所示。时装不仅取决于人们的需要，而且依靠它去激起人们的欲望、需求，是刺激购买力、引导消费类型的服装。时装经常具有创新的变化，一般多在领、袖、兜、开身处。色泽多以泼辣、活泼、出奇制胜为主，面料质地高、中、低档均可，通常以中、低档为多见，大有"艳花不香"的味道。

图 3-41　时装

　　时装主要以女装为主。所用面料一般为精纺花呢、混纺花呢、啥味呢、女士呢、粗纺花呢、粗纺女士呢和法兰绒等。

（五）运动装

　　这是男女老少均可穿用的西装便服，它穿着舒适，醒目合体，色彩绚丽，给人以向上的朝气。由于具体穿用场合的不同，又可分为猎装、骑马服、登山服、滑雪服、棒球服、橄榄球服、高尔夫球服等。运动装效仿运动员衣着款式，服装色泽鲜艳，充满青春的活力，有一种轻便、快活、方便、舒适感。色泽以驼、咖为主，兼有蓝、灰、杂色等。上衣多以格型为主，裤子以条子为主。其面料一般多选用萨克森法兰绒、苏格兰呢、雪特兰呢、马裤呢、巧克丁、啥味呢、雪克斯金细呢等。

（六）民族服装

我国是一个多民族国家，各民族除了有共同的服装服饰以外，每个民族还有特定的服装款式、质地、色调和花型等。民族服装的显著特点是：有的艳丽多彩，有的古朴大方，有的粗犷奔放，有的文静典雅。即使是同一个民族，由于居住地域的差异，其服装也有不同的变化。

1. 蒙古族长袍

蒙古族男女都喜欢穿长袍束腰带，如图3-42所示，男女式样差别不大，其差别主要表现在颜色和质量上。面料的选择，日常便服主要是棉卡其、华达呢和条绒、棉与化纤混纺织物、中长化纤仿毛织物；礼服多选用绸缎，也有用毛料缝制的。牧民主要是穿老羊皮袍。有的在皮袍周围镶上绒边，女装的色泽大多是红、绿、紫、蓝灰和土黄等鲜艳漂亮的平素色。男装的色泽主要是平素中深色，如灰、蓝、咖等，一般忌黑色。

2. 藏袍

藏族男女都普遍穿大襟长袍，藏语叫作"褚巴"，如图3-43所示。藏袍主要是用氆氇呢缝制，它是一种急斜纹组织的纯毛及其混纺的制服呢，也有用纯棉或化纤织制的。男装多为黑色，女装多为枣红、米黄、墨绿、黑、孔雀蓝等多色交织。牧民的长袍主要是用皮革缝制的。喇嘛穿紫红色长裙，长及脚面，上身穿背心，披紫色袈裟。

图 3-42　蒙古族长袍

图 3-43　藏袍

3. 傣族无领服和筒裙

傣族服装如图3-44所示，男了穿着人体相同，多为青年便装，一般上衣为对襟小袖短衣，老年人为大襟小袖短衣，无领。傣族妇女装束较秀丽、淡雅，西双版纳地区的傣族妇女，内着小褂，外穿紧袖短衣，细腰，下摆稍宽，成荷叶状，用轻软的白细布或绢绸缝制服装，色泽有纯白、粉红、水绿、杏黄等。筒裙面料多为黑色的纯棉或丝织物，近年也有选用化纤及其混纺织物的。

4. 苗族服装

苗族男子多穿右开襟或对襟短衣，束青布腰带，长裤多为长裤口，春冬季裹腿，如图3-45所示。妇女都喜欢穿百褶裙，长短不一，颜色有藏青、蓝、白数种。裙面素净，有绣花或蜡染。衣料多选用纯棉布，部分地区用麻布，习惯用青色。苗族蜡染蓝白花布具有手工艺品风味，是深受苗族妇女欢迎的衣料。

图 3-44　傣族服装

图 3-45　苗族服装

5. 壮族服装

壮族女装传统样式为黑色斜襟上衣，百褶裙，如图 3-46 所示，风格古朴。而随着生活水平的提高和纺织品种的丰富，色调多鲜艳明快，款式大方。衣料主要是棉、丝绸和化纤织物，壮锦是壮族做衣裙、服饰、巾被的高档衣料。

6. 高山族服装

高山族服装如图 3-47 所示，男装以红布头巾、对襟长袖上衣、黑色镶红边大坎肩为主。女装则为无领对襟上衣，下着短裙，色调清新明朗。衣料主要是棉织物、棉与化纤混纺或纯化纤织物。

7. 黎族服装

黎族服装如图 3-48 所示。除在五指山中部的黎族男子穿麻布对襟、无领的服装外，其余地区的黎族服装与汉族相同。黎族妇女裙子一般选用黑色的棉、麻或丝绸衣料，现在也有选用化纤及其混纺织物的。

图 3-46　壮族服装（女）

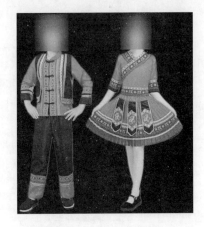

图 3-47　高山族服装

图 3-48　黎族服装（女）

8. 侗族服装

侗族服装如图 3-49 所示，一般分单、夹、棉三类，色泽多为紫、青、白、蓝等。男装基本与汉族相同。

9. 彝族服装

男装是右开襟青色土布夹衣，外披叫"擦耳瓦"，类似斗篷，如图 3-50 所示，用粗毛线织成，是他们主要的防寒和防雨工具，下装为肥脚裤子。女装略似男装，也是右开襟，只有袖身多绣花，也外披一件"擦耳瓦"，下装为长裙，拖地，类似百褶裙，多为皱褶，黑布包头。

图 3-49　侗族服装（女）

图 3-50　彝族服装（女）

10. 维吾尔族服装

维吾尔族服装如图 3-51 所示。男士普遍喜欢穿一件宽直条，蓝白、黑白、红白或条花布制成的长袍，维吾尔语叫"袷袢"。女装长裙多用舒库拉（爱得利斯）绸，是一种呈变化条纹或几何图形的紫、红、橘黄、绿或葱绿、天蓝、枣红、本白印花图形。女装面料一般选用棉织物、棉和化纤混纺织物以及纯化纤织物，节日礼服多为真丝绸或化纤绸、锦缎、纱罗等。

图 3-51　维吾尔族服装（女）

图 3-52　朝鲜族服装（女）

11. 朝鲜族服装

朝鲜族服装如图 3-52 所示。男装多为右襟，白色；外套紧身黑、灰、咖等深色坎肩，紧裤口的白裤子。衣料多为纯棉、棉与化纤混纺、纯化纤织物或丝绸。礼服选用丝绸质地。妇女穿长裤外罩长裙子，裙长而肥，配以浅色斜襟短上衣。衣料多为真丝绸、化纤绸、锦缎、纱罗。短上衣的色泽同裙料，有白、粉白、红、绿等漂亮色彩。

12. 哈萨克族服装

男女都穿宽大的服装，袖口长出手指，腰束皮带，如图 3-53 所示。妇女夏天穿连衣裙，青年妇女的连衣裙多褶，有的还穿一件色彩鲜艳的丝绒坎肩。夏季多穿布衣，一般喜爱黑色，特别喜欢穿黑色绒；其他季节多穿皮衣。

图 3-53　哈萨克族服装

（七）艺装

艺装泛指音乐、舞蹈、京剧、话剧、杂技、马戏、昆剧、粤剧、沪剧、豫剧、越剧、评剧、花鼓戏、河北梆子、相声等演员穿着的服装，总而言之，艺装就是舞台艺术服装，如图 3-54 所示。由于剧种、人物和反映的年代及内容的不同，其服装的款式和色泽也有很大的不同。例如，有古代的，现代的；有中国的，外国的；有少数民族的，也有地方特色的；有集体演出的，也有个人表演的。因此，艺装的款式变化和色泽的浓淡丰富多彩。

图 3-54　艺装

艺装的面料选择有以下几种。

（1）棉布类　主要是适应角色需要的各种组织的平纹、斜纹、缎纹等纯棉布。

（2）毛呢类　凡立丁、华达呢、海军呢、军用马裤呢、女士呢、粗花呢等。

（3）丝绸类　主要是纺、绢、绸、缎、罗、绡、呢、绒等类真丝或混纺交织物。

（4）麻布类　主要是丝光、高支细麻布和绣饰台布等。

（5）化纤布类　主要是长丝和化纤仿毛产品等。

艺装颜色的选择，一般应遵循以下五个原则。

（1）由于舞台与观众中间的距离以及强烈的灯光色彩的变化对服装的色彩有影响，因此要求艺装比一般生活服装色彩的饱和度强得多，浓艳得多。

（2）不能以演员个人的喜恶为转移，而是首先要服从节目的内容、情节和扮演角色的需要。尤其是主角所穿的服装，配色要比配角突出、醒目。

（3）舞台上的人物化妆、道具、布景等都经过艺术夸张处理，服装的配色要注意与它们相互之间的呼应、陪衬、协调，但要注意，不能让天幕背景的颜色把服装色彩"吃掉"。

（4）除了把整个舞台及演员服装的配色作一个统一画面考虑色调外，还要把前后几幕联系起来做整体设计，否则就容易缺乏主调，杂乱无章，破坏舞台艺术的效果。

（5）要注意到优秀的舞台服装（款式与色彩）带来的社会影响。实际上，许多观众往往从我们的文艺舞台上，从戏剧、歌舞、电影、电视的服饰中来丰富美化自己的生活服装。从这个意义上来说，舞台服装又起到时装表演的宣传效果。因此，舞台服装的设计者要从源于生活、高于生活，改造、丰富生活的高度去进行艺装的款式设计与色彩选择，促使服装多样化与蒸蒸日上的经济同步发展。

第四章

纺织纤维与服用织物的鉴别

构成服装面料的纺织纤维品种繁多，鉴别纺织纤维的方法也有多种，一般可分为物理鉴别方法和化学鉴别方法两种：前者有感官法（手感目测法）、密度法、熔点法、色谱法、红外吸收光谱法、双折射率法、黑光灯法、光学投影显微镜法和扫描电子显微镜法等；后者有燃烧法、热分析法、溶解法、试剂显色法、试剂显色染色法、热分解法和点滴法等。这两种方法各有优缺点，有些方法鉴别也比较麻烦，通常都采用比较简单而又方便的光学显微镜法和燃烧法，其他鉴别的详细方法请参阅相关文献与资料。

第一节　纺织纤维鉴别前试样的预处理

纺织纤维的鉴别是采用物理或化学的方法来测定未知纤维所具有的特征或基本性能，并且与已知纤维具有的各种性能和特征进行比较，从而确定未知纤维的品种。为了使鉴别快速而准确地进行，必须对待鉴别的未知纤维进行必要的试样预处理，将浆料和染整时附着在纤维表面的染料和各种整理助剂去除。试样预处理的具体方法如下。

1. 脱脂处理

试样用四氯化碳浸透 10min 后，取出挤干，再换用新的四氯化碳浸 10min 后，取出干燥以除去四氯化碳，最后在热水中处理 5min，进行水洗并干燥。也可以用三氯乙烷、乙醚或乙醇等有机溶剂洗涤或萃取脱脂，但不能选用那些同时也能溶解纤维的有机溶剂。脱脂处理除能去除油脂以外，还能去除试样中夹带的蜡质、尘土或者其他会掩盖纤维特征的杂质。

2. 退浆处理

对于纤维素纤维制品，用碳酸钠稀热溶液洗净已足够；也可以在浓度为 2%～5%，温度为 50～60℃的淀粉酶溶液中浸渍 1h，再用水洗净并干燥；还可以在 0.25%盐酸溶液中煮沸 15min，再分别用热水、0.2%氨水和水依次洗净并干燥。蛋白质纤维制品不能用碱液处理，可用上述的稀酸退浆方法处理。

3. 脱树脂处理

一般在定性分析时，纤维上的树脂或其他整理剂大多对鉴别没有妨碍，只是对着色的纤维鉴别实验结果有干扰，故进行着色鉴别实验前必须先除之。

脱树脂处理，可将试样放在 0.5%稀盐酸中煮沸 30min，水洗后再在 1%碳酸钠溶液中煮沸 30min。也可用前面所述的稀酸退浆方法脱除树脂。脱脲醛树脂时，将试样放入带回流冷凝器的圆底烧瓶或微型蒸馏精制仪中，用稀盐酸（0.02%）溶液煮沸 30min 后，用温水洗净。脱三聚氰胺-甲醛树脂时，将试样放入含有 2% 磷酸、0.15% 尿素的溶液中，在 80℃条件下处理 20min 后，再用温水洗净。硅整理剂通常用肥皂及 0.5% 碳酸氢钠溶液处理，但很难彻底清除。

4. 脱色处理

对试样中染色纤维上的染料，通常可视为纤维的一部分，不必去除。如果试样上的染料对鉴别有干扰，可用任何去除染料的方法脱色，但不应损伤纤维或使纤维的性质有任何改变，然后将试样洗净并干燥。

脱色处理，一般先用氧化漂白剂脱色，但此法只适用于纤维素纤维制品，不适用于蛋白质纤维制品。若此法不能脱色，可再用还原漂白剂继续脱色。例如，用 5% 亚硫酸氢钠溶液，滴入几滴 1% 氨水溶液，升温至沸腾，一直持续微微沸腾至试样脱色为止。或者用 50℃的亚硫酸氢钠-氢氧化钠（2g 亚硫酸氢钠和 2g 氢氧化钠溶于 100mL 水中）溶液处理 30min，但这种方法不适用于蛋白质纤维及醋酯纤维制品。对于蛋白质纤维制品，可用氨水溶液脱除直接染料或酸性染料。若上述方法仍不能使试样脱色，还可用溶剂处理方法进行脱色：第一，吡啶法，采用 20% 吡啶溶液，用萃取器洗涤，能除去直接染料和分散染料；第二，二甲基甲酰胺法，用萃取器萃取，能除去棉纤维上的偶氮染料及某些还原染料；第三，氯苯法，将试样放入氯苯中，在 100℃ 以下可从醋酯纤维上除去分散染料，采用萃取器或微型精密装置则可从聚酯纤维上除去分散染料；第四，5% 乙酸法，将试样放入沸液中处理，可除去碱性染料。

第二节　鉴别方法

一、纤维的鉴别方法

（一）手感目测法

1. 棉纤维

纤维细短，长度在 30mm 左右，长度整齐度较差，有天然卷曲，光泽暗淡，有棉结杂质。手感柔软，干爽，有温暖感，弹性较差。纤维强力稍大，湿水后强力还会增加，伸长度较小。

2. 麻纤维

纤维较粗硬、挺括、坚韧，常因存在胶质而呈小束状（非单纤维状）。纤维比棉纤维长，但短于羊毛，纤维间长度差异大于棉纤维。纤维较平直，几乎无转曲，弹性和光泽较差，拉伸时伸长度小，但强度比棉纤维高，湿水后强力还会增大，有凉爽感，在长度方向上有结节。

3. 毛纤维

（1）羊毛　纤维长度较棉、麻长，有明显的天然卷曲，光泽柔和。手感柔软、滑糯、温暖、干爽、蓬松，极富弹性。强力较低，拉伸时伸长度较大。纤维长度细毛为 60～120mm，半细毛为 70～180mm，粗毛为 60～400mm。纤维中含有植物性杂质。

（2）山羊绒　纤维极细软，长度较羊毛短。白羊绒为 34～58mm，青羊绒为 33～41mm，紫羊绒为 30～41mm。手感轻、暖、软、滑，光泽柔和，卷曲率低于羊毛，但强度、弹性和伸长度均优于羊毛。

（3）牦牛绒　绒毛细短，长度为 26～60mm，平均 36mm，手感柔软、蓬松、温暖，保暖性与羊绒相当，优于绵羊毛。颜色多为黑色、褐色、黄色、灰色，纯白色极少，光泽暗淡，在特种动物毛中是最差的。强力较羊绒高，卷曲率高于山羊绒，含有植物性杂质。

（4）马海毛　纤维长而硬，长度一般在 120～150mm 之间，表面平滑，对光的反射较强，具有蚕丝般的光泽。纤维卷曲形状呈大弯曲波形，很少小弯曲。断裂强度高于羊毛，而伸长度低于羊毛。

（5）驼绒　纤维细而匀，卷曲较多，但不如羊毛那样有规则。平均长度为 28mm，优质驼绒平均长度为 42mm。手感柔软、蓬松、温暖，富有光泽，颜色有乳白、浅黄、黄褐、棕褐等，品质优良的驼绒呈浅色。其断裂强力略低于马海毛，而伸长度略优于马海毛。

（6）兔毛　纤维长、松、白、净。长度一般在 35～100mm 之间，纤维松散不结块，比较干净，含水含杂少，色泽洁白光亮。手感柔软、蓬松、温暖，表面光滑，卷曲少，强度小。

（7）羊驼毛　纤维细长，细度 50～70 支，毛丛长度一般为 200～300mm，少数为 100～200mm 或 300～400mm。颜色由浅至深分为白色、浅褐黄、灰、浅棕、棕色、深棕、黑色及杂色 8 种。霍加耶种羊驼毛纤维多卷曲，有银色光泽，而苏力种羊驼毛纤维顺直，卷曲少，有强烈的丝光光泽。

4. 丝纤维

丝纤维包括长丝和短丝，短丝又有绢丝和绸丝之分。绸丝的质量差于绢丝，纤维相对较短而含杂较高。丝纤维纤细、均匀、光滑、平直，手感柔软，富有弹性，光泽明亮柔和。有凉爽感，强度较好，伸长度适中。

5. 竹原纤维

纤维长度由使用要求而定，长度较整齐，细度均匀，手感细腻滑爽，色泽洁白光亮，挺直平滑。纤维纵向有深状沟纹，有清凉感。强度较高，弹性偏小。

6. 黏胶纤维

手感柔软、滑爽，弹性较差，有长丝和短纤维两类，短纤维长度整齐。有光丝和无光丝色泽有很大的差别，有光丝光泽明亮，稍有刺目感，消光后的无光丝光泽较柔和。纤维外观有平直光滑的，也有卷曲蓬松的。强度较低，特别是湿水后强力下降较多，其伸长度适中。

7. 天丝纤维

天丝纤维是再生纤维素纤维的一种。其外观形态与黏胶纤维相似，手感柔软、光滑，富有弹性。纤维等长，具有丝一般的光泽，干、湿强力均较高，干强远超过其他一般纤维素纤维，湿强约为干强的 85%。伸长度适中，水膨胀度较低。

8. 莫代尔纤维

莫代尔纤维是再生纤维素纤维的一种。外观形态与黏胶纤维相似，纤维细而等长，手感柔软、顺滑，具有真丝一般的光泽（分亮光型和暗光型两种）、棉的柔软、麻的滑爽。纤维干强较高（在纤维素纤维中是最高的），湿强为干强的 55%～60%，伸长度适中。

9. 大豆蛋白纤维

再生植物蛋白纤维的一种。纤维纤细，相对密度小，手感柔软、滑糯、蓬松，保暖性强。纤维明亮柔和，光泽亮丽，具有蚕丝般的光泽，吸湿快干。

10. 蛹蛋白丝

由蛹蛋白液与黏胶溶液共混纺丝获得的皮芯结构的蛋白纤维，蚕蛹蛋白主要聚集在纤维表面。它集真丝和黏胶纤维的优良性能于一身，手感柔软、滑爽，强度低于黏胶丝，伸长度与黏胶相当，光泽柔和，相对密度大于蚕丝而小于黏胶纤维。

11. 聚乳酸纤维

一种生物可降解合成纤维。手感柔软、光滑、蓬松，有良好的肌肤触感。具有蚕丝般的光泽，柔和而明亮。有一般合成纤维的特征，相对密度较大，强度略高于锦纶，伸长度较好。

12. 合成纤维

合成纤维品种较多，纤维的粗细和长短根据用途的不同而略有变化，它们的共同特点是强力较高、弹性较好、手感光滑，但不够柔软，采用感官法有时很难准确地加以鉴别，通常可采用熔点法来加以鉴别。采用感官法只能进行初步鉴别，现对纺织上常用的几种合成纤维的特点介绍如下：

（1）涤纶　纤维强力高，弹性好，吸湿性极差。手感爽挺、光滑，有凉感，有金属光泽，色泽淡雅，拉伸时伸长小。

（2）锦纶　纤维强力较其他合成纤维高，弹性较好，呈卷曲状。手感较涤纶软塌，光滑感接近于蚕丝，有凉爽感，色泽鲜艳。

（3）腈纶　较为蓬松、温暖，手感与羊毛类似，有弹性，光滑而干爽，人造毛感强。用手搓揉时会产生"丝鸣"的响声。

（4）维纶　形态与棉纤维类似，但不如棉纤维柔软。弹性差，有凉爽感，光泽较差。

（5）丙纶　相对密度很小，完全不吸湿，强力较好，手感生硬、挺括、干爽、光滑，有蜡状感，浅色，光泽较差。

（6）氯纶　手感温暖，摩擦易产生静电，弹性和色泽较差。

（7）氨纶　最显著的特征是弹性和伸长度在合成纤维中是最大的，其伸长率可达到400%～700%，柔软、光滑，光泽较差。

（二）光学投影显微镜法鉴别纺织纤维

采用光学投影显微镜法观察、鉴别纺织纤维是一种最直观的方法，它可以根据纤维的纵向形态和横截面形态特征综合鉴别纤维。采用投影显微镜法观察、鉴别纤维，要求检验（鉴别）者熟悉各类纤维的纵向和横截面形态特征，才能进行准确鉴别。

现将主要服用纤维在光学显微镜下的形态特征列于表 4-1 中。

表 4-1　主要服用纤维在光学显微镜下的形态特征

纤维种类	纵向形态特征	横截面形态特征
棉	扁平带状，有天然转曲	腰圆形，有中腔
丝光棉	顺直，粗细有差异	接近圆形
彩色棉	扁平带状，有天然转曲，颜色深浅不一致	不规则的腰圆形，带有中腔
苎麻	有竹节，带有束状条纹，粗细有差异	腰圆形或椭圆形，有中腔和裂纹
亚麻	长带状，无转曲，有横节，竖纹，粗细较均匀	不规则三角形，中腔较小，胞壁有裂纹
大麻(汉麻)	有竹节，带有束状条纹，粗细有差异	扁平长形，有中腔
黄麻	长带状，无转曲，有横节，竖纹	不规则多边形，中腔较大

续表

纤维种类	纵向形态特征	横截面形态特征
竹原纤维	有外突形竹节,有束状条纹,粗细有差异	扁平长形,有中腔,胞壁均匀
羊毛	细长柱状,自然卷曲,表面有鳞片	圆形或近似圆形,有些有毛髓
山羊绒	鳞片边缘光滑,且紧贴毛干,环状覆盖,间距较大	圆形或近似圆形
牦牛绒	有鳞片,纤维顺直,鳞片边缘光滑	接近圆形
驼绒	有鳞片,纤维顺直,粗细差异大,鳞片边缘光滑	接近圆形或椭圆形
马海毛	表面鳞片平且紧贴毛干,很少重叠,卷曲少,鳞片边缘光滑	大多为圆形,且圆整度高
兔毛	表面有鳞片,鳞片边缘明显,卷曲少,有断开的髓腔,如同电影胶片一样	哑铃形,髓腔有单列和多列
羊驼毛	有鳞片,纤维顺直,粗细差异大,鳞片边缘光滑,有通体髓腔	接近圆形,且圆整度高
桑蚕丝	平直光滑	不规则三角形
柞蚕丝	平直光滑	不规则三角形,比桑蚕丝扁平,有大小不等的毛细孔
黏胶纤维	有平直沟槽	锯齿形,皮芯结构
富强纤维	平直光滑	圆形或较少为齿形,几乎全芯层
天丝纤维	表面光滑,较细,粗细一致,纤维顺直	多为圆形
莫代尔纤维	粗细一致,纤维顺直,表面带有斑点	圆形
大豆蛋白纤维	有不规则裂纹,纤维顺直,粗细一致	哑铃形
牛奶蛋白纤维	有较浅的条纹,纤维顺直,粗细一致	圆形或腰圆形
铜氨纤维	表面光滑,较细,粗细一致,纤维顺直	圆形
醋酯纤维	有1~2根沟槽	不规则带形或腰子形
维纶	有较浅且均匀的条纹,纤维顺直,粗细一致	多为一致
涤纶	平直光滑	圆形
锦纶	平直光滑	圆形
腈纶	平滑或1~2根沟槽	不规则哑铃形、蚕形、土豆形等
改性腈纶	长形条纹	不规则哑铃形、蚕形、土豆形等
乙纶	表面平滑,有的带有疤痕	圆形或接近圆形
丙纶	平直光滑	圆形
氨纶	较粗且粗细一致,纤维光滑	不规则形状,有圆形、土豆形
氯纶	平滑或1~2根沟槽	近似圆形
芳纶	纤维光滑顺直,粗细一致,较细	圆形
聚四氟乙烯纤维	表面光滑	圆形或近似圆形
聚砜酰胺纤维	表面似树枝状	似土豆状
碳纤维	黑而匀的长杆状	不规则的炭末状
甲壳素纤维	表面有不规则微孔	近似圆形

（三）燃烧法鉴别纺织纤维

纺织纤维品种很多,大多数是有机高分子聚合物,也有一些是无机纤维。纤维的组成成分只有少数是相同的,大多数存在相当大的差异,正是由于这些差异,它们燃烧所产生的化学反应及燃烧特征是不同的,据此可对纤维进行鉴别。在观察纤维燃烧特征时应主要观察以下几点:

（1）纤维靠近火焰时的状态　仔细观察试样慢慢靠近火焰时,在火焰热带中的反应,有无发生收缩及熔融现象。

（2）纤维进入火焰中的状态　观察纤维在火焰中燃烧的难易程度以及火焰的颜色、火焰的大小、纤维燃烧速度、是否产生烟雾及烟雾的浓淡和颜色以及燃烧时有无爆鸣声。

（3）燃烧时的气味　闻一闻纤维在燃烧时散发出的气味。

（4）纤维离开火焰时的状态　纤维燃烧后从火焰中取出，观察其是否有延燃或阴燃的情况。

（5）燃烧后纤维生成灰分的状态　观察纤维燃烧后灰烬的颜色和性状，用食指和拇指搓捻一下灰烬，是否易被捻碎。

燃烧法鉴别纤维的实质是纤维遇到火源后发生热裂解并产生可燃气体，与空气中的氧气发生化学反应，产生可燃性气体、挥发物及难挥发的裂解产物和固体含炭残渣，同时也会产生一些不燃性气体。燃烧时产生的大量热量又使纤维进一步裂解。因此，燃烧的过程就是纤维、热、氧气3个要素构成的循环过程，图4-1为纤维燃烧过程示意图。

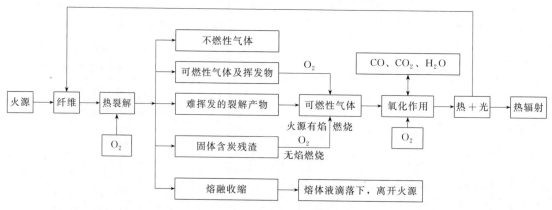

图 4-1　纤维燃烧过程示意图

由图4-1可看出，纤维燃烧主要有4个循环过程，即：纤维吸热；纤维产生热裂解；热裂物的扩散与对流；热裂解物与空气中的氧发生化学反应，产生热和光。燃烧时产生的热量再提供给气体和氧气（氧化剂）的存在是纤维燃烧的必要条件。

用燃烧法鉴别服用纤维列于表4-2中。

表 4-2　纤维的燃烧状态

纤维名称	燃烧性	燃烧状态			燃烧时的气味	灰烬残留物特征
		接近火焰时	在火焰中时	离开火焰时		
棉、木棉纤维	易燃	软化、不熔、不缩	立即快速燃烧，不熔融	继续迅速燃烧	燃纸臭味	灰烬很少，呈细而柔软灰黑絮状
麻纤维	易燃	软化、不熔、不缩	立即快速燃烧，不熔融	继续迅速燃烧	燃纸臭味	灰烬少，灰粉末状，呈灰色或灰白色絮状
竹原纤维	易燃	软化、不熔、不缩	立即快速燃烧，不熔融	继续迅速燃烧	燃纸臭味	灰烬少，灰粉末状，呈灰色或灰白色絮状
毛纤维	可燃	熔并卷曲，软化收缩	一边徐徐冒烟，一边微熔、卷缩、燃烧	燃烧缓慢，有时自灭	烧毛发臭味	灰烬多，呈松脆而有光泽的黑色块状，一压就碎
黏胶纤维	易燃	软化、不熔、不缩	立即燃烧，不熔融	继续迅速燃烧	燃纸臭味	灰烬少，呈浅灰色或灰白色
醋酯纤维、三醋酯纤维	可燃	软化、不熔、不缩	熔融燃烧，燃烧速度快，并产生火花	边熔边燃	醋酸味	灰烬有光泽，呈硬而脆不规则黑块，用手指压即碎

纤维名称	燃烧性	燃烧状态			燃烧时的气味	灰烬残留物特征
		接近火焰时	在火焰中时	离开火焰时		
铜氨纤维	易燃	软化、不熔、不缩	立即快速燃烧，不熔融	继续迅速燃烧	燃纸臭味	灰烬少，呈灰白色
天丝纤维	易燃	软化、不熔、不缩	不熔融，迅速燃烧	继续迅速燃烧	燃纸臭味	灰烬少，呈浅灰色或灰白色
莫代尔纤维	易燃	软化、不熔、不缩	立即快速燃烧，不熔融	继续快速燃烧	燃纸臭味	灰烬少，呈浅灰色或灰白色
大豆蛋白纤维	可燃	软化、熔并卷缩	熔融燃烧	继续燃烧	烧毛发的臭味	灰烬呈松而脆块状，用手指可压碎
涤纶	可燃	软化、熔融、卷缩	熔融，缓慢燃烧，有黄色火焰，焰边呈蓝色，焰顶冒黑烟	继续燃烧，有时停止燃烧而自灭	略带芳香味或甜味	灰烬呈硬而黑的圆球状，用手指不易压碎
锦纶	可燃	软化、收缩	卷缩，熔融，燃烧缓慢，产生小气泡，火焰很小，呈蓝色	停止燃烧而自熄	氨基味或芹菜味	灰烬呈浅褐色透明圆珠状，坚硬不易压碎
腈纶	易燃	软化、收缩，微熔发焦	边软化熔融，边燃烧，燃烧速度快，火焰呈白色，明亮有力，有时略冒黑烟	继续燃烧，但燃烧速度缓慢	类似烧煤焦油的鱼腥（辛辣）味	灰烬呈脆性不规则的黑褐色块状或球状，用手指易压碎
维纶	可燃	软化并迅速收缩，颜色由白色变黄到褐色	迅速收缩，缓慢燃烧，火焰很小，无烟，当纤维大量熔融时，产生较大的深黄色火焰，有小气泡	能继续燃烧，缓慢地停燃，有时会熄灭	电石气的刺鼻臭味	灰烬呈松而脆的不规则黑灰色硬块，用手指可压碎
丙纶	可燃	软化、卷缩，缓慢熔融成蜡状物	熔融，燃烧缓慢，冒黑色浓烟，有胶状熔融物滴落	能继续燃烧，有时会熄灭	类似烧石蜡的气味	灰烬呈不定形硬块状，略透明，与蜡颜色相似，不易压碎
氯纶	难燃	软化、收缩	一边熔融，一边燃烧，燃烧困难，冒黑色浓烟	立即熄灭，不能延燃	刺激的氯气味	灰烬呈不定形的黑褐色硬球块，不易压碎
氨纶	难燃	先膨胀成圆形，而后收缩熔融	熔融燃烧，但燃烧速度缓慢，火焰呈黄色或蓝色	边熔融，边燃烧，缓慢地自然熄灭	特殊的刺激性石蜡味	灰烬呈白色橡胶块状
乙纶	可燃	软化、收缩	边熔融，边燃烧，燃烧速度缓慢，冒黑色浓烟，有胶状熔融物滴落	能继续燃烧，有时会自熄	类似烧石蜡的气味	灰烬呈鲜艳的黄褐色不定形硬块状，不易压碎
聚四氟乙烯纤维	难燃	软化、熔融、不收缩	熔融能燃烧	立即熄灭	刺激性氟化氢气味	灰烬呈硬圆黑球状
聚偏氯乙烯纤维	难燃	软化、熔融、不收缩	熔融燃烧，冒烟，燃烧速度缓慢	立即熄灭	刺鼻辛辣药味	灰烬呈黑色不规则硬球状，不易压碎

续表

纤维名称	燃烧性	燃烧状态			燃烧时的气味	灰烬残留物特征
		接近火焰时	在火焰中时	离开火焰时		
聚烯烃纤维	可燃	熔融、收缩	熔融燃烧,燃烧缓慢	继续燃烧,有时会自熄	有类似烧石蜡气味	灰烬呈灰白色不定形蜡片状,不易压碎
聚苯乙烯纤维	可燃	熔融、收缩	熔融燃烧,燃烧缓慢	继续燃烧,冒浓黑烟	略带芳香味	灰烬呈黑而硬的小球状,不易压碎
芳砜纶(聚砜酰胺纤维)	难燃	不熔、不缩	卷曲燃烧,燃烧速度缓慢	自熄	带有浆料味	灰烬呈不规则硬而脆的粒状,可压碎
酚醛纤维	不燃	不熔、不缩	像烧铁丝一样发红	不燃烧	稍有刺激性焦味	灰烬呈黑色絮状,可压碎
碳纤维	不燃	不熔、不缩	像烧铁丝一样发红	不燃烧	略有辛辣味	呈原来纤维束状
石棉纤维	不燃	不熔、不缩	在火焰中发光,不燃烧	不燃烧,不变形	无味	无灰烬,纤维颜色略变深
玻璃纤维	不燃	不熔、不缩	变软,发红光	不燃烧,变硬	无味	变形,呈硬珠状,不能压碎
不锈钢纤维	不燃	不熔、不缩	像烧铁丝一样发红	不燃烧	无味	变形,呈硬珠状,不能压碎

二、常见服用织物的感官鉴别

常见服用织物的感官鉴别方法如表 4-3 所示。

表 4-3　常见服用织物的感官鉴别

织物类别		感官特征
棉型织物	纯棉织物	光泽较暗(如果是丝光产品则光泽亮),手感柔软,有温暖感,但不光滑,弹性较差,容易产生褶皱;用手捏紧布料后再松开,可见明显折痕;从布边抽出几根纱解捻后观察,纱中纤维细而柔软、长短不一;比蚕丝重,垂感差
	涤/棉织物	光泽明亮,色泽淡雅,布面平整洁净,手摸布面有滑、挺、爽的感觉;用手捏布面能感觉出一定的弹性,放松后折痕不明显且恢复较快
	黏/棉织物	布面光泽柔和,色彩鲜艳,用手摸布面平滑光洁,触感柔软,但捏紧放松后的布面有明显折痕,不易恢复
	维/棉织物	布面光泽不如纯棉布,色泽较暗,手感较粗糙,有不匀感,捏紧布料放松后的折痕情况介于涤/棉和黏/棉织物之间
	丙/棉织物	外观类似涤/棉织物,挺括、弹性好,但手摸感觉稍粗糙,弹性稍差
麻型织物	纯麻织物	具有天然麻纤维淳朴、自然、柔和的光泽,手感较棉粗硬,但具有挺括、凉爽的感觉;其纱线或纤维强力较大,湿强力更高;用手捏紧布料后再松开,折痕多,恢复慢,比蚕丝重,垂感差
	涤麻织物	布面纹路清晰,光泽较亮,手感较柔软。手捏布面放松后不易产生折痕
	棉麻织物	外观风格介于纯麻和纯棉织物之间,有不硬不软的手感
	毛麻织物	布面清晰明亮,弹性好,手捏紧放松后不易产生折痕

织物类别		感官特征
毛型织物	纯毛织物	布面平整、丰满,色泽柔和自然,手感柔软有弹性,用手捏紧布面后再松开,几乎无折痕,即使有折痕也能很快恢复原状;织物垂感较好;从织物中拆出纱线观察,其纤维较棉粗、长,有天然的弯曲、卷曲
	毛/黏织物	布面光泽较暗,手感柔软,身骨差,捏紧布面后松开有折痕,可以慢慢恢复(黏胶纤维比例大时折痕明显,不易恢复)
	毛/涤织物	布面光泽明亮,织纹清晰,手感平整、光滑,稍有硬板感,弹性很好,手捏紧布面后再松开,几乎无折痕或有少量折痕,迅速恢复原状
	毛/腈织物	具有毛型感强、色泽鲜艳的特点,手感蓬松,富有弹性,手捏紧布面后再松开,折痕少,恢复快
	毛/棉织物	布面平整,但毛型感差,外观似蜡样光泽,手感硬挺不柔软,用手捏紧布料后松开有一定折痕,可慢慢恢复
丝型织物	蚕丝织物	绸面平整细洁,色泽柔和、均匀、自然,悦目不刺眼,外观悬垂飘逸,手感柔软光滑,有身骨;用手捏紧绸面后再放松,无折痕或有轻微折痕,恢复较纯毛织物慢;纤维细而长,长度在1000m左右
	黏胶丝织物	绸面光泽明亮、耀眼,但不如蚕丝柔和,手感滑爽柔软,悬垂性好,但不及真丝绸挺括、飘逸,用手捏绸面后有折痕,且恢复较慢。从纱中抽出的纤维沾湿后,很容易拉断(湿强大大低于干强)
	涤长丝织物	绸面光泽明亮,有闪光效应,手感滑爽、平挺而不柔和,用手捏紧绸面后再松开,无明显折痕;垂感较好;纱中纤维沾湿后,强力无变化,不易拉断
	锦纶丝织物	绸面光泽较暗,有蜡样光泽,色彩亦不鲜艳,手感较硬挺,身骨疲软,用手捏紧绸面后再松开出现较轻折痕,但能缓慢恢复;垂感一般;纱中纤维沾湿后,可见明显强力变化(湿强低于干强)

附　录

一、化学纤维名称对照

化学纤维名称对照见附表1。

附表1　化学纤维名称对照

国家统一命名		学术名称	市场上曾出现过的名称
短纤维	长丝		
人造纤维 黏胶纤维	黏胶纤维长丝	黏胶纤维	黏胶
铜氨纤维	铜氨纤维长丝	铜氨纤维	铜氨
醋酯纤维	醋酯纤维长丝	醋酯纤维	醋酯、醋酯纤维
三醋酯纤维	三醋酯纤维长丝	三醋酯纤维	三醋酯
富强纤维	富强纤维长丝	高湿模量黏胶纤维	波里诺西克纤维、虎木棉、富强纤维、天丝、莫代尔
合成纤维 聚酰胺66纤维	聚酰胺66丝	聚酰胺纤维	尼龙66
聚酰胺6纤维	聚酰胺6丝	聚己内酰胺纤维	尼龙6、卡普隆
涤纶	涤纶丝或涤丝	聚对苯二甲酸乙二酯纤维	涤纶、的确良、聚酯
维纶	维纶丝或维丝	聚乙烯醇缩甲醛纤维	维尼纶、妙纶
腈纶	腈纶丝或腈丝	聚丙烯腈纤维	奥纶、爱克司兰、开司米纶
氯纶	氯纶丝或氯丝	聚氯乙烯纤维	氯纶、天美龙
偏氯纶	偏氯纶丝或偏氯丝	聚偏二氯乙烯纤维	沙龙、克瑞哈龙
过氯纶	过氯纶丝或过氯丝	过氯乙烯纤维	过氯乙烯
乙纶	乙纶丝或乙丝	聚乙烯纤维	聚乙烯
丙纶	丙纶丝或丙丝	聚丙烯纤维	聚丙烯
氨纶	氨纶丝或氨丝	聚氨基甲酸酯纤维	聚氨酯纤维、斯潘德克斯、乌利纶

二、常用纺织专业计量单位及其换算

常用纺织专业计量单位及其换算见附表2。

附表2　常用纺织专业计量单位及其换算

名称	原用单位		法定计量单位		换算关系
	名称	中文简称	名称	符号	
纯棉纱细度	英制支数 号数	英支 号	特(克斯) 特(克斯)	tex tex	特克斯(tex)数 $=\dfrac{583.1}{英制支数}$

续表

名称	原用单位		法定计量单位		换算关系
	名称	中文简称	名称	符号	
毛纱、麻纱细度	公制支数	公支	特(克斯)	tex	特克斯(tex)数$=\dfrac{1000}{公制支数}$
丝纤维	旦尼尔	旦	特(克斯) 分特(克斯)	tex dtex	特克斯(tex)数$\approx0.11\times$旦尼尔 1tex$=$10dtex
	公制支数	公支	特(克斯)	tex	特克斯(tex)数$=\dfrac{1000}{公制支数}$
棉纤维细度、麻工艺纤维支数	公制支数	公支	特(克斯) 分特(克斯)	tex dtex	特克斯(tex)数$=\dfrac{1000}{公制支数}$
羊毛细度	平均直径	微米	微米	μm	特克斯(tex)数$=\dfrac{1000}{公制支数}$
	公制支数 品质支数	公支 支	特(克斯)	tex	
捻度	每米捻数 每10cm捻数	捻/米 捻/10cm	捻/米 捻/10cm	捻/m 捻/10cm	
经纬密度	每10cm根数	根/10cm	根/10cm	根/10cm	
单纤维、单纱强力	克、克力	牛(顿) 厘牛(顿)	牛 厘牛	N cN	1gf≈0.0098N≈0.98cN

三、各种衣料的缩水率

各种类衣料的缩水率见附表3~附表8。

附表3　印染棉布衣料的缩水率参考

印染棉布品种		最大缩水率%	
		经向	纬向
丝光布	平布(粗支、中支、细支)	3.5	3.5
	斜纹、哔叽、贡呢	4	3
	府绸	4.5	2
	纱卡其、纱华达呢	5	2
	线卡其、线华达呢	5.5	2
本光布	平布(粗支、中支、细支)	6	2.5
	纱卡其、纱华达呢、纱斜纹	6.5	2

附表4　色织布的缩水率参考

色织棉布品种	最大缩水率/%	
	经向	纬向
男女线呢	8	8
条格府绸	5	2
被单布	9	5
劳动布(预缩)	5	5
二六元贡(礼服呢)	11	5

附表5　毛织物的缩水率参考

毛织物品种			最大缩水率/%	
			经向	纬向
精纺毛织物		纯毛或羊毛含量在70%以上	3.5	3
		一般毛织品	4	3.5
粗纺毛织物	呢面或紧密的露纹织物	羊毛含量在60%以上	3.5	3.5
		羊毛含量在60%以下及交织物	4	4
	绒面织物	羊毛含量在60%以上	4.5	4.5
		羊毛含量在60%以下	5	5
	织物组织比较稀松的织物		5以上	5以上

附表6　丝织物的缩水率参考

丝织物品种	最大缩水率/%	
	经向	纬向
桑蚕丝织物(真丝绸)	5	2
桑蚕丝与其他纤维交织物	5	3
绉线织物和绞纱织物	10	3

附表7　麻织物的缩水率参考（印染涤麻布、亚麻布可参照印染棉布缩水率）

印染涤(苎)麻混纺布品种	最大缩水率/%	
	经向	纬向
本光平布	3.5	2
丝光平布	1.5	1.5
丝光线平布	2	1.5

附表8　化纤织物的缩水率参考

化纤织物品种		最大缩水率/%	
		经向	纬向
黏胶纤维织物	人造棉、人造丝绸、有光仿人造丝	10	8
	人造丝与真丝交织物	8	3
	富纤织物	5	4
	线绨	8	4
涤纶织物	涤/黏、涤/富织物	3	3
	涤/棉平布、细纺、府绸	1.5	1
	涤/棉卡其、华达呢	2	1.2
	涤/腈中长纤维织物	2	3
	涤/黏中长化纤布	3	3
锦纶织物	化纤呢绒	3.5	3
	黏/锦华达呢	5	4.5
	黏/锦凡立丁	4.5	4.2
腈纶织物	腈/黏布	5	5

续表

化纤织物品种		最大缩水率/%	
		经向	纬向
维纶织物	棉/维卡其、华达呢	5.5	2.5
	棉/维平布	3.5	3.5
	棉/维府绸	4.5	2.5
丙纶织物	棉/丙漂色、花布	5	5
	棉/丙布	3.5	3

参考文献

[1] 邢声远．服装面料的选用与维护保养［M］．北京：化学工业出版社，2007.

[2] 邢声远，郭凤芝．服装面料与辅料手册［M］．2版．北京：化学工业出版社，2021.

[3] 邢声远．服装面料简明手册［M］．北京：化学工业出版社，2012.

[4] 邢声远，等．非织造布［M］．北京：化学工业出版社，2003.

[5] 李丹月．服装材料与设计应用［M］．北京：化学工业出版社，2020.

[6] 邢声远．如何打理你的衣物［M］．北京：化学工业出版社，2009.

[7] 赵翰生，邢声远．服装·服饰史话［M］．北京：化学工业出版社，2018.

[8] 郭凤芝，邢声远，郭瑞良．新型服装面料开发［M］．北京：中国纺织出版社，2014.

[9] 邢声远．常用纺织品手册［M］．北京：化学工业出版社，2012.

[10] 邢声远．服装基础知识手册［M］．北京：化学工业出版社，2014.

[11] 邢声远．服装知识入门［M］．北京：化学工业出版社，2022.

[12] 邢声远．纺织纤维鉴别方法［M］．北京：中国纺织出版社，2004.

[13] 邢声远，周硕，曹小红．纺织纤维与产品鉴别应用手册［M］．北京：化学工业出版社，2016.

[14] 万融，邢声远．服用纺织品质量分析与检测［M］．北京：中国纺织出版社，2002.